U0320510

VMware NSX

网络虚拟化入门

王春海 著

人民邮电出版社

北 京

图书在版编目（CIP）数据

VMware NSX网络虚拟化入门 / 王春海著. -- 北京
人民邮电出版社，2021.10
ISBN 978-7-115-56622-5

Ⅰ．①V… Ⅱ．①王… Ⅲ．①虚拟处理机 Ⅳ．
①TP317

中国版本图书馆CIP数据核字(2021)第103976号

内 容 提 要

本书介绍 VMware 网络虚拟化产品 NSX，包括 NSX 的体系结构和安装配置、基于 NSX 的分布式防火墙的配置与使用以及基于 NSX 负载均衡等内容。本书虚拟化平台采用 VMware vSphere 7.0 U1 版本，NSX-V 采用 6.4.8 版本，NSX-T 采用 3.1.0 版本。

本书内容比较丰富，操作步骤比较清晰，讲解比较细致，适合读者自学和课堂教学。本书可供虚拟化技术爱好者、虚拟化数据中心管理员和系统集成商参考，也可作为培训机构的教学用书。

◆ 著　　　　王春海
　　责任编辑　王峰松
　　责任印制　王　郁　焦志炜

◆ 人民邮电出版社出版发行　　北京市丰台区成寿寺路 11 号
　　邮编 100164　　电子邮件 315@ptpress.com.cn
　　网址 https://www.ptpress.com.cn
　　大厂回族自治县聚鑫印刷有限责任公司印刷

◆ 开本：787×1092　1/16
　　印张：21.75
　　字数：527 千字　　　　　　　　2021 年 10 月第 1 版
　　印数：1– 2 000 册　　　　　　2021 年 10 月河北第 1 次印刷

定价：99.80 元

读者服务热线：(010)81055410　印装质量热线：(010)81055316
反盗版热线：(010)81055315
广告经营许可证：京东市监广登字 20170147 号

前　言

这是一本 VMware NSX 网络虚拟化入门书。

VMware 公司是一家比较优秀的公司，从推出适合个人用户的虚拟机产品 VMware Workstation，到推出工作组级产品 VMware GSX Server 和 VMware Server，再到推出企业级虚拟化产品 VMware ESX Server 和 VMware ESXi，VMware 公司的虚拟化产品都在"引领时代"。

说到 VMware 公司，不得不提 vSphere。vSphere 是 VMware 公司的核心产品和基础平台，VMware 公司的其他产品大多数基于 vSphere 开发或者是为 vSphere 产品服务的。vSphere 是业界领先的计算虚拟化平台，提供虚拟机和虚拟网络功能。vSphere 主要包含两个产品：ESXi 和 vCenter Server。ESXi 是基础业务平台，安装在物理服务器上，是虚拟化的核心产品，提供虚拟机和虚拟网络功能；vCenter 是管理平台，用于管理多台 ESXi 并组成集群。大多数情况下，vCenter Server 是运行在 ESXi 中的一台虚拟机。简单来说，vSphere 提供虚拟机和虚拟交换机等虚拟设备，虚拟机通过虚拟交换机接入物理网络并为用户提供服务。vSphere 中的虚拟交换机相当于二层可网管的交换机，vSphere 中的虚拟交换机没有三层功能，如果为虚拟机分配了不同网段的 IP 地址，虚拟机之间的通信需要由上层的物理交换机或路由器提供数据转发服务。

NSX 是 VMware 公司的网络虚拟化产品，NSX 提供了虚拟交换机、虚拟路由器和虚拟防火墙等一系列虚拟网络设备，它可以实现 L2 到 L7 层的网络服务。在使用由 NSX 提供的虚拟网络设备时，虚拟机之间的通信不需要借助物理网络设备，仅通过 NSX 就可以实现。

NSX 包括两个产品，分别是 NSX-V 和 NSX-T。NSX-V 只用于 VMware vSphere 环境；NSX-T 是跨平台产品，除了可以用于 VMware vSphere 环境，还可以用于 KVM、OpenStack、Kubernetes 和 Docker。NSX-V 的全称是 NSX Data Center for vSphere，NSX-T 的全称是 NSX-T Data Center。

本书共 8 章：第 1 章至第 3 章，介绍 vSphere 与 vSphere 虚拟网络；第 4 章至第 5 章，介绍 NSX-V 网络虚拟化体系架构、NSX-V 网络组建、NSX-V 分布式防火墙和 NSX Edge 防火墙；第 6 章至第 8 章，介绍 NSX-T 网络虚拟化体系架构、NSX-T 网络组建、NSX-T 防火墙和入侵检测等。

如何学习本书

学习本书需要有一定的实验条件，例如至少需要一台主机用于安装 ESXi，一台笔记本或台式计算机用于管理 vSphere。推荐至少 2 台主机和 1 台共享存储组成的虚拟化环境，或者至少 3 台主机组成的 vSAN 实验环境。此外，还需要 1 台具有三层可网管功能的交换机，至少 1 台路由器或防火墙连接到 Internet。

学习本书还需要有一定的 vSphere 虚拟化基础，例如需要了解 VMware 虚拟化基础知识，能安装配置 vCenter Server 与 ESXi，能创建管理虚拟机等。同时需要有一定的网络基础，需要了解 IP 地址、子网掩码、路由和交换等基础的网络知识。

本书每一章都包含一个或多个实验环境，每个实验环境都有网络拓扑图，实验中用到的物理机或虚拟机、物理交换机或虚拟交换机、物理路由器或虚拟网络设备都规划了 IP 地址、子网掩码、网关和 DNS。读者在学习这些内容时，最好将对应的拓扑图打印或画出来，然后根据自己的实验环境做一个对比表格，在对比表格中分别记录书中示例的 IP 地址和自己实验环境中规划的 IP 地址，子网掩码、网关和 DNS 等参数也要对照列出，对照书中的内容进行实验。读者可以先按照书中的内容操作一遍，在实验成功之后，再根据自己的实际情况做出改动。

作者在学习 NSX 的初期是比较费劲的，因为看到的介绍 NSX 的图书和资料大多数只介绍 NSX 产品本身，对于"从 NSX 虚拟网络到物理网络之间怎么连接""物理网络一端如何配置"，这些我认为最重要的内容基本没有介绍。作者认为，对于网络虚拟化的产品学习，如果不介绍物理网络，不介绍怎样从虚拟网络连接到物理网络，那虚拟网络就成了无源之水、无本之木。本书的 NSX-V 与 NSX-T 章节都详细介绍了从虚拟网络到物理网络的连接，以及物理交换机与 NSX 虚拟网络互联的内容。

这本书可能不会让读者对 NSX 有多深的了解，但是，通过对这本书的学习，读者理解物理网络与 vSphere 虚拟网络以及 NSX 虚拟网络之间的关系、学会 NSX 安装配置、学会规划与设计 NSX 虚拟网络、掌握 NSX 组网与基本应用，应该是没有问题的。

尽管写作本书时，作者已经为每章精心设置了应用场景和实验案例，并且考虑到一些相关企业的共性问题。但是，就像天下没有完全相同的两个人一样，每个企业都有自己的特点和特定的需求。所以，书中设计的案例可能并不能完全适合读者的企业，在应用时应该根据实际情况进行变更。

作者写作本书的时候是尽自己最大的努力来完成的，但有些技术问题，尤其是比较难的问题落实到书面上的时候，可能不好理解。读者在阅读的时候，看一遍可能会看不懂，这时就需要多思考、多实践。阅读技术类的图书，不能像看流行的小说，或像"吃快餐"一样一带而过。阅读技术类的图书需要多加思考。技术类图书尤其是专业的技术类图书，学习起来相对来说是比较枯燥的。但是，"世上无难事，只要肯登攀"，我们通过不懈的学习和努力，肯定可以达成我们的学习目标！

作者介绍

本书作者王春海，1993 年开始学习计算机知识，1995 年开始从事网络与集成方面的工作。在 1996 年至 1999 年主持组建河北省国税、地税和石家庄市铁路分局的广域网组网工作，近年来一直从事政府与企事业单位的系统集成与虚拟化数据中心的规划设计与实施工作。在多年的工作中作者解决过许多疑难问题，受到客户的好评。一些典型问题的解决方法和案例发表在作者的个人博客中，感兴趣的读者可以查阅。

作者最早于 2000 年学习使用 VMware 公司的虚拟化产品，从最初的 VMware Workstation 1.0 到现在的 VMware Workstation 16.0，从 VMware GSX Server 1.0 到 VMware GSX Server 3.0 和 VMware Server，从 VMware ESX Server 1.0 再到 VMware ESXi 7.0 U1c，作者亲历过每个版本的产品的使用。作者从 2004 年开始使用及部署 VMware Server（VMware GSX Server）

和 VMware ESXi（VMware ESX Server），已经为许多地方政府和企业成功部署并应用至今。作者成功实施的虚拟化版本有 ESX Server 3.5、4.0、4.1，vSphere 5.0、5.1、5.5，vSphere 6.0、6.5、6.7。近两年，作者已经为多家企事业单位实施了从 vSphere 6.0 到 vSphere 6.5 或 vSphere 6.7 的升级，以及 vSphere 7.0 的全新安装工作，作者早期实施的虚拟化项目正常运行多年并且在需要的时候顺利升级到了更新的版本。

早在 2003 年，作者即在人民邮电出版社出版了第一本虚拟机方面的专著《虚拟机配置与应用完全手册》，而近几年出版的图书有《VMware vSphere 6.5 企业运维实战》和《VMware vSAN 超融合企业应用实战》，分别介绍 vSphere 6.5 与 vSphere 6.7 的内容，有需要的读者可以参考选用。

此外，作者还熟悉 Microsoft 虚拟化技术，熟悉 Windows 操作系统、Microsoft 的 Exchange、ISA、OCS、MOSS 等服务器产品，是 2009 年度 Microsoft Management Infrastructure 方向的 MVP（微软最有价值专家）、2010—2011 年度 Microsoft Forefront（ISA Server）方向的 MVP、2012—2015 年度 Virtual Machine 方向的 MVP、2016—2018 年度 Cloud and Datacenter Management 方向的 MVP。

提问与反馈

由于作者水平有限，并且本书涉及的系统与知识点很多，尽管作者力求完善，但仍难免有不妥之处，诚恳地期望广大读者不吝赐教。作者个人 QQ：2634258162，QQ 群：297419570。

如果读者遇到 VMware 虚拟化方面的问题，在网上搜索作者的名字再加上问题的关键字，一般便可找到作者写的相关文章。例如，如果读者有 VMware Workstation 虚拟机与 vSphere 虚拟机导入、导出问题，可以搜索"王春海 虚拟机交互"；如果遇到 Horizon 虚拟桌面登录后黑屏，可以搜索"王春海 黑屏"。

如果需要观看视频，读者可浏览 51CTO 学院的官网，找到讲师"王春海"的页面观看。对于收费视频，本书读者可以最高七折优惠购买，请通过 QQ 联系作者获得优惠券。

最后，谢谢大家，感谢每一位读者！你们的认可，是我最大的动力！

王春海

2021 年 1 月

资源与支持

本书由异步社区出品，社区（https://www.epubit.com/）为您提供相关资源和后续服务。

配套资源

本书提供如下资源：

- 书中彩图文件。

要获得以上配套资源，请在异步社区本书页面中单击 配套资源 ，跳转到下载界面，按提示进行操作即可。注意：为保证购书读者的权益，该操作会给出相关提示，要求输入提取码进行验证。

如果您是教师，希望获得教学配套资源，请在社区本书页面中直接联系本书的责任编辑。

提交错误信息

作者和编辑尽最大努力来确保书中内容的准确性，但难免会存在疏漏。欢迎您将发现的问题反馈给我们，帮助我们提升图书的质量。

当您发现错误时，请登录异步社区，按书名搜索，进入本书页面，单击"提交勘误"，输入错误信息，单击"提交"按钮即可。本书的作者和编辑会对您提交的错误信息进行审核，确认并接受后，您将获赠异步社区的 100 积分。积分可用于在异步社区兑换优惠券、样书或奖品。

扫码关注本书

扫描下方二维码，您将会在异步社区微信服务号中看到本书信息及相关的服务提示。

与我们联系

我们的联系邮箱是 contact@epubit.com.cn。

如果您对本书有任何疑问或建议，请您发邮件给我们，并请在邮件标题中注明本书书名，以便我们更高效地做出反馈。

如果您有兴趣出版图书、录制教学视频，或者参与图书翻译、技术审校等工作，可以发邮件给我们；有意出版图书的作者也可以到异步社区在线投稿（直接访问 www.epubit.com/selfpublish/submission 即可）。

如果您所在的学校、培训机构或企业，想批量购买本书或异步社区出版的其他图书，也可以发邮件给我们。

如果您在网上发现有针对异步社区出品图书的各种形式的盗版行为，包括对图书全部或部分内容的非授权传播，请您将怀疑有侵权行为的链接发邮件给我们。您的这一举动是对作者权益的保护，也是我们持续为您提供有价值的内容的动力之源。

关于异步社区和异步图书

“异步社区”是人民邮电出版社旗下 IT 专业图书社区，致力于出版精品 IT 技术图书和相关学习产品，为作译者提供优质出版服务。异步社区创办于 2015 年 8 月，提供大量精品 IT 技术图书和电子书，以及高品质技术文章和视频课程。更多详情请访问异步社区官网 https://www.epubit.com。

“异步图书”是由异步社区编辑团队策划出版的精品 IT 专业图书的品牌，依托于人民邮电出版社数十年的计算机图书出版积累和专业编辑团队，相关图书在封面上印有异步图书的 LOGO。异步图书的出版领域包括软件开发、大数据、人工智能、测试、前端、网络技术等。

异步社区

微信服务号

目　　录

第 1 章　虚拟化基础概述

虚拟化主要解决计算、存储、网络等 3 个方面的问题。在规划设计虚拟化数据中心的时候，在产品选型阶段要根据企业的需求和预算，在计算（主要是 CPU 和内存）、存储、网络三者之间进行合理的选择。本章简要介绍虚拟化数据中心的组成和虚拟机网络基础知识。

1.1　单台服务器虚拟化应用案例介绍

如果企业需要同时运行的虚拟机数量较少，并且在不考虑硬件冗余的前提下，可以配置单台服务器实施虚拟化。单台服务器的硬件选择主要指对服务器的 CPU、内存、硬盘和网络进行选择。

单台服务器提供虚拟化应用没有多台服务器的冗余，但服务器本身的配件还是需要有一定的冗余。例如为服务器配置 2 个电源和 2 颗 CPU，配置多块硬盘和 RAID 卡为数据存储提供冗余，还可以通过配置多块网卡或多端口网卡实现网络的冗余。单台服务器虚拟化网络拓扑如图 1-1-1 所示。

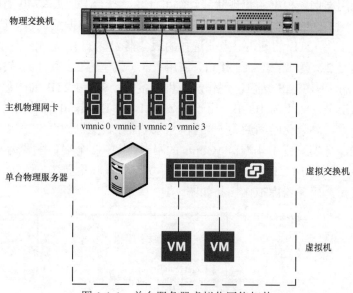

图 1-1-1　单台服务器虚拟化网络拓扑

在实验测试需求或者可靠性要求不高的场合下，单台服务器虚拟化可以不配置冗余硬件，例如服务器可以配置 1 个电源和 1 颗 CPU，可以配置单条内存和 1 块硬盘。当中小企业物理服务器数量较少，并且允许服务器硬件故障后停机维修时，单台服务器虚拟化就比较适合。下面介绍一个具体的应用案例。

某单位原有 9 台物理服务器，这些服务器已经使用多年需要更换。现有服务器的用途和 IP 地址等情况整理如表 1-1-1 所列。

表 1-1-1　现有服务器的用途和 IP 地址等情况

序号	业务系统名称	IP 地址	主机 CPU		内　　存		硬盘
			型号	使用率	配置内存/GB	已使用/GB	已使用/GB
1	主域控服务器	172.16.100.254	Xeon E5410	28%	2	1.1	52.8
2	辅助域服务器	172.16.100.250	Xeon E5110	46%	4	2	63.1
3	迈克菲杀毒服务器	172.16.100.242	Xeon E5410	88%	2	1.57	25
4	补丁服务器	172.16.100.220	Xeon E5110	42%	5	3.8	81.1
5	办事处远程服务器	172.16.100.249	i5-2300	30%	8	3	50
6	项目管理系统	172.16.100.248	i5-4690	15%	8	2.5	46
7	辅助 ERP 服务器	172.16.100.247	Core E4650	30%	4	1.5	54
8	主 ERP 服务器	172.16.100.251	Xeon 5160	35%	4	1.5	102
9	数据库服务器	172.16.100.252	Xeon 5160	30%	4	2.3	58

对于表 1-1-1 所列的现有物理机，如果使用虚拟化技术，一般按如下原则配置。

（1）根据现有业务系统服务器及应用，按 1:1 的比例配置虚拟机，即原有 1 台物理机则配置 1 台对应的虚拟机。

（2）在配置每台虚拟机的时候，CPU 资源按原物理机已使用资源 3 至 5 倍分配，内存按已使用内存 3 至 5 倍分配，虚拟机硬盘容量大小按现有使用空间 2 至 3 倍分配。

对于当前应用案例，根据用户现状和预算，配置了一台 DELL R740 的服务器，该服务器配置了 1 颗 Intel Gold 5218 的 CPU 和 128GB 内存，系统和数据配置了 6 块 1.2TB 的硬盘，数据备份配置了 1 块 12TB 的硬盘。当前选择的服务器配置了 12 个 3.5 英寸盘位。配置的 6 块 1.2TB 的硬盘是 2.5 英寸的，SAS 接口，采用了 3.5 英寸转 2.5 英寸的转换托架。12TB 的硬盘是 3.5 英寸的，NL-SAS 接口，用作虚拟机的备份。6 块 1.2TB 的硬盘使用 RAID-5 划分为 2 个卷，第 1 个卷大小为 10GB，用于安装 VMware ESXi 6.0 的虚拟化系统；剩余的空间划分为第 2 个卷，剩余总空间约为 5.45TB，用来保存虚拟机。

当前选择的服务器配置了 4 端口 1Gbit/s 的网卡，其中 2 个端口配置为 vSwitch0 虚拟交换机，用于 ESXi 主机与 vCenter Server 的管理；另 2 个端口配置为 vSwitch1 虚拟交换机，用于虚拟机的流量。服务器虚拟化拓扑如图 1-1-2 所示。

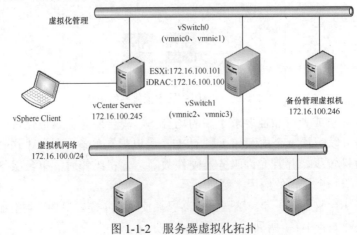

图 1-1-2　服务器虚拟化拓扑

虚拟化平台规划 IP 地址与用途如表 1-1-2 所列。

表 1-1-2　虚拟化平台规划 IP 地址与用途

序号	IP 地址	用途
1	172.16.100.100	物理服务器安装 ESXi 之后的管理地址
2	172.16.100.101	服务器 iDRAC 的 IP 地址，能通过浏览器登录管理服务器、查看服务器的硬件信息，也能以远程 KVM 方式管理服务器，例如服务器开机、关机、重启等操作，重启服务器并进入 BIOS 设置，为服务器安装系统等
3	172.16.100.245	vCenter Server 的 IP 地址，用来管理 ESXi 服务器

主要安装配置步骤和过程如下。

（1）服务器到位之后，将 6 块 1.2TB 的硬盘安装在服务器前 6 个插槽中，将 12TB 的 3.5 英寸硬盘安装在第 7 个插槽中。

（2）打开服务器的电源并进入 RAID 配置界面，将 6 块 1.2TB 的硬盘采用 RAID-5 配置并划分为 2 个卷。第 1 个卷大小为 10GB，第 2 个卷使用剩余的空间（大小约为 5.45TB），初始化第 1 个和第 2 个卷。将 12TB 的硬盘配置为 Non-RAID 方式。配置完成后退出 RAID 配置界面，按 Ctrl+Alt+Del 组合键重新启动服务器。

（3）使用 VMware ESXi 6.0 的安装盘启动服务器，将 VMware ESXi 6.0 安装到 10GB 的卷中。安装完成后重新启动服务器，再次进入 ESXi 系统后按 F2 键进入 ESXi 控制台配置界面，选择 vmnic0 和 vmnic1 为管理接口，并设置 ESXi 服务器的管理 IP 地址为 172.16.100.101。子网掩码与网关根据实际情况设置。

（4）将服务器的 4 块网卡接入网络。在本示例中，4 块网卡都连接到交换机的 Access 端口，并且划分的地址属于 172.16.100.0/24 的网段。

（5）使用网络中一台计算机作为管理工作站，在该计算机中安装 vSphere Client 6.0，安装之后运行 vSphere Client 并连接到 VMware ESXi，然后安装 vCenter Server 6.0。本示例中 vCenter Server 的 IP 地址为 172.16.100.245。

（6）将 6 块 1.2TB 硬盘采用 RAID-5 配置并划分的第 2 个卷添加为 VMFS 数据存储，本示例中数据存储名称为 Data。将 12TB 的硬盘添加为 VMFS 数据存储，数据存储名称为 Veeam-backup。删除安装 ESXi 系统所在的 VMFS 卷（该卷剩余大小约为 5GB），因为该卷剩余空间很小，后期也不会用到。删除此数据存储不影响 ESXi 主机的启动。

（7）使用 vSphere Client 连接到 vCenter Server，在 vCenter Server 中创建数据中心，并添加 IP 地址为 172.16.100.101 的 ESXi。

（8）创建名为 vSwitch1 的虚拟交换机，使用 vmnic2 和 vmnic3 的端口，并为 vSwitch1 创建端口组。

（9）使用 VMware Converter 迁移物理机到虚拟机。在迁移的过程中，目标虚拟机保存在名为 Data 的数据存储中，不要保存在 12TB 的数据存储中。每迁移完成一台虚拟机，把对应的物理机网线拔下或者关闭对应的物理机，进入虚拟机控制台，在虚拟机中设置原来的物理机对应的 IP 地址、子网掩码、网关与域名服务器（Domain Name Server，DNS），用虚拟机代替原来物理机对外提供服务。如果虚拟机对外服务正常，下架原来的物理机。这样一一将所有的物理机迁移到虚拟机。

（10）创建一台基于 Windows Server 2016 或 Windows Server 2019 的虚拟机，安装 Veeam 10.0 备份软件，以复制的方式将生产虚拟机复制到名为 Veeam-backup 的数据存储中。

项目完成后如图 1-1-3 所示。在图中可以看到已经将原有物理机迁移到虚拟机，并且当前有 2 个数据存储，名称分别为 Data 和 Veeam-backup。如果由于病毒、误操作或其他故障导致虚拟机出问题或数据丢失、数据损坏，可以通过备份进行恢复。

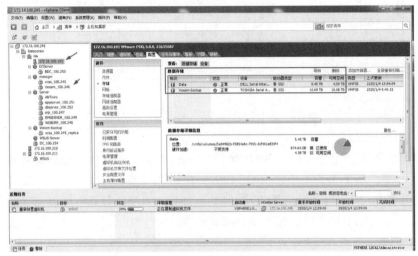

图 1-1-3　项目完成后

1.2　共享存储虚拟化应用案例介绍

在分布式软件共享存储推出之前，虚拟机系统运行在物理服务器上，而虚拟机数据保存在共享存储中。服务器本身不配硬盘（使用共享存储分配的小容量卷）或者配容量较小的磁盘用于安装虚拟化系统。使用共享存储的虚拟化拓扑如图 1-2-1 所示。

图 1-2-1 中画出了 2 台服务器和 1 台共享存储的连接示意。在使用共享存储的虚拟化架构中可以配置更多数量的物理服务器，其连接方式与图 1-2-1 中的 2 台物理服务器的连接相同。每台服务器一般配置至少 4 块网卡和 2 块 FC HBA 接口卡。4 块网卡中每 2 块组成一组，其中一组用于虚拟化主机的管理，另一组用于虚拟机的流量。2 块 FC HBA 接口卡分别连接到 2 台光纤存储交换机。共享存储配置 2 个控制器，每个控制器至少有 2 个 FC HBA 接口，每个控制器的不同接口分别连接到 2 台不同的光纤存储交换机。在此种连接方式下，服务器到存储是冗余连接的。任何一台光纤存储交换机、任何一条链路和仜何一台服务器的任何一块 FC HBA 接口卡故障都不会导致服务器到存储的连接中断。同样，在网络方面，2 台网络交换机采用堆叠方式（或者采用其他冗余方式）连接到核心交换机。任意一台服务器到核心交换机都是用 2 条独立的链路连接，任何一处的故障都不会导致管理网络或虚拟机业务网络中断。这样就形成了网络与存储的全冗余连接。

在中小企业虚拟化环境中，使用共享存储的虚拟化架构，一般配置 3 至 10 台服务器和 1 至 2 台共享存储。在服务器与存储配置足够的前提下，可以提供 30 至 150 台左右的虚拟机，这可以满足大多数中小企业的需求。下面介绍一个使用共享存储的虚拟化案例。

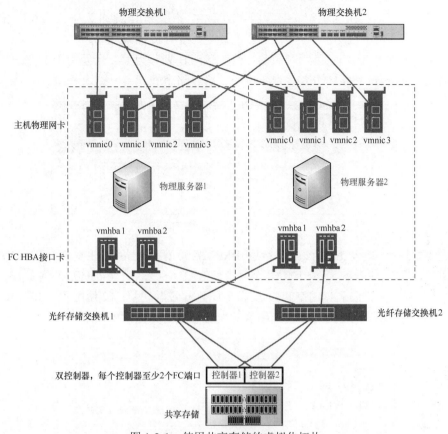

图 1-2-1 使用共享存储的虚拟化拓扑

某企业配置 2 台联想 3650 M5 的服务器（每台服务器配置 2 颗 Intel Xeon E5-2650 V4 处理器、512GB 内存、4 端口 1Gbit/s 网卡、2 端口 8Gbit/s FC HBA 接口卡）和 1 台 IBM V3500 存储（配置了 11 块 900GB 的 2.5 英寸 SAS 磁盘和 13 块 1.2TB 的 2.5 英寸磁盘）组成虚拟化环境，该硬件配置同时运行了 30 多台虚拟机，用于企业的办公自动化（Office Automation，OA）、企业资源计划（Enterprise Resource Planning，ERP）、文件服务器、文档加密服务器等应用，虚拟机列表如图 1-2-2 所示。

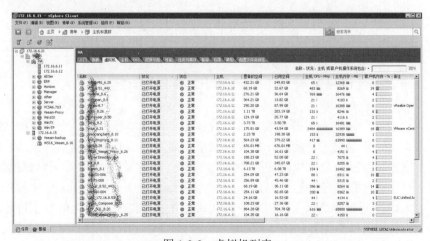

图 1-2-2 虚拟机列表

另外配置了一台 1U 的机架式服务器（图 1-2-2 中左侧 IP 地址为 172.16.6.15 的主机）用于备份，这台备份主机配置了 4 块 12TB 的硬盘，使用 RAID-5 划分为 2 个卷，第 1 个卷大小为 10GB 用于安装 ESXi 系统，剩余的大约 32.05TB 划分为第 2 个卷用于备份。如图 1-2-3 所示，名为 Data-esx15 的 VMFS 卷是备份服务器存储空间。

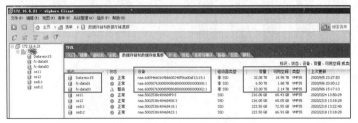

图 1-2-3　查看存储空间

在图 1-2-3 中，名为 fc-data01 的卷是 IBM V3500 存储设备中 11 块 900GB SAS 磁盘的空间（1 块为全局热备磁盘，另外 10 块配置了 2 组 RAID-5），名为 fc-data03 的卷是 IBM V3500 存储设备中 13 块 1.2TB 磁盘的空间（1 块为全局热备磁盘，另外 12 块配置了 2 组 RAID-5）。在 IBM V3500 存储管理界面可以看到磁盘的配置情况，如图 1-2-4 所示。

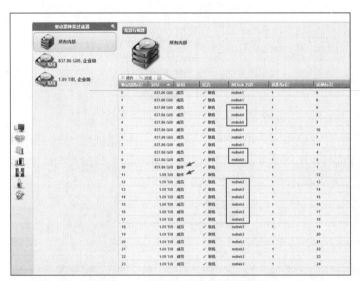

图 1-2-4　查看存储磁盘配置情况

1.3　分布式软件共享存储虚拟化案例介绍

通过分析共享存储作为虚拟化服务器的载体可知，共享存储是单点故障和性能瓶颈可能产生处。如果共享存储出现问题，保存在共享存储上的所有的虚拟机都无法访问。随着同一集群中物理服务器以及虚拟机数量的增加，每台虚拟机的性能受限于存储控制器性能、存储接口、存储磁盘数量等参数。VMware 从 vSphere 5.5 U1 开始推出 vSAN 架构，该架构使用服务器本地硬盘和传统以太网组成分布式软件共享存储，很好地解决了传统共享存储的缺点。这一架构的网络拓扑如图 1-3-1 所示。

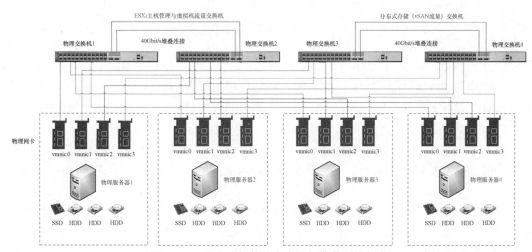

图 1-3-1　分布式软件共享存储架构的网络拓扑

分布式软件共享存储架构中不需要配置传统的共享存储，也不需要传统的光纤存储交换机，而是使用服务器本地硬盘，以软件的方式通过传统的以太网络交换机组成分布式共享存储。对比图 1-3-1 与图 1-2-1 可见，图 1-2-1 在传统共享存储中采用的是光纤存储交换机，而图 1-3-1 在分布式软件共享存储架构中采用的是以太网交换机。

vSAN 架构中不配备共享存储，采用服务器本地硬盘先组成磁盘组，然后通过网络组成分布式软件共享存储。虚拟机在磁盘组中以 RAID-0、RAID-5 或 RAID-6 的方式保存数据，服务器之间通过网络实现类似 RAID-10、RAID-50 或 RAID-60 的整体效果。多台服务器的多块磁盘共同组成可以在服务器之间共享的 vSAN 存储。任何一台虚拟机保存在其中一台主机的 1 块或多块磁盘中，并且至少有 1 个完全相同的副本保存在另一台主机中，同时有 1 个见证文件保存在第 3 台主机中。虚拟机在不同主机的磁盘组中的数据是使用 vSAN 流量的 VMkernel 进行同步的，vSAN 架构（图 1-3-1 右边的网络交换机）为 vSAN 流量推荐采用 10Gbit/s 网络或更快的网络，例如 40Gbit/s 和 100Gbit/s 的网络，vSAN 也支持使用 1Gbit/s 的网络。

在 vSAN 架构中，每台虚拟化主机可以配置 1 至 5 个磁盘组。每个磁盘组中至少 1 块固态盘（Solid State Disk，SSD）用作缓存磁盘，1 块硬盘（Hard Disk Drive，HDD）或 1 块 SSD 用作容量磁盘。推荐每台主机配置不少于 2 个磁盘组，每个磁盘组配备 1 块 SSD 和 4 至 7 块 HDD（或 SSD）。基于 vSAN 架构的分布式软件共享存储，根据虚拟机存储策略的不同，整体相当于 RAID-10、RAID-5、RAID-6 或 RAID-50、RAID-60 的效果。

从图 1-2-1 与图 1-3-1 可以看出，无论是传统数据中心还是超融合架构的数据中心，用于虚拟机流量的网络交换机可以采用同一个标准进行选择。

对于物理主机的选择，在传统数据中心中可以不考虑或少考虑本机磁盘的数量。但如果采用 vSAN 架构，则应尽可能选择支持较多盘位的服务器。物理主机的 CPU、内存、本地网卡等其他配件选择方式相同。

传统架构中需要为物理主机配置 FC 或 SAS HBA 接口卡，并配置 FC 或 SAS 存储交换机。vSAN 架构中需要为物理主机配置 10Gbit/s 或更高速度的以太网卡，并且配置 10Gbit/s 或更高速度的以太网交换机。

无论是在传统架构还是在 vSAN 架构中，对 RAID 卡的要求都比较低。前者是因为采用共享存储（虚拟机保存在共享存储，不保存在服务器本地硬盘），不需要为服务器配置过多磁盘，所以不需要 RAID-5 等方式的支持，最多 2 块磁盘配置 RAID-1 用于安装 VMware ESXi 系统。而在 vSAN 架构中，VMware ESXi Hypervisor 直接控制每块磁盘，不再需要阵列卡这一级。如果服务器已经配置 RAID 卡，则需要将每块磁盘配置为直通模式或 Non-RAID 模式，如果 RAID 卡不支持这 2 种模式，可以将每块磁盘配置为 RAID-0。在 vSAN 架构中，选择 RAID 卡的时候要考虑队列深度，不要采用队列深度太低的 RAID 卡。

VMware vSAN 可以组成标准 vSAN 集群、2 节点直连延伸集群或双活数据中心集群，其中标准 vSAN 集群应用最广。要组成标准 vSAN 集群，一般是从 4 台提供计算、存储和网络的服务器起配。在 4 节点 vSAN 标准集群中，一般每台服务器配置至少 1 颗 CPU，内存最小从 128GB 甚至 256GB 起配，配置至少 1 个磁盘组，每个磁盘组至少有 1 个缓存磁盘和 4 至 6 个容量磁盘，每台服务器配置至少 4 个 1Gbit/s 的网卡。表 1-3-1 是某企业 4 节点 vSAN 标准集群的硬件配置。

表 1-3-1 某企业 4 节点 vSAN 标准集群的硬件配置

序号	项目	内容描述	数量	单位
	虚拟化主机（同样配置需要 4 台）			
1	分布式服务器硬件平台	联想 SR 650，2 颗 Intel 5218(16C/32T，2.3Ghz) CPU，Think System 930-24i RAID 卡，24 个 2.5 英寸盘位，2 块 900W 电源，导轨。4 端口 10Gbit/s SFP+网卡	1	台
	服务器内存	DDR-4，Dual Rank，2666MHz，64GB	8	条
	系统硬盘	256GB SATA 2.5 英寸 SSD	1	块
	数据缓存硬盘	Intel DC P3600 或三星 PM1725A，1.6 TB，NVME SSD	2	块
	数据存储硬盘	DELL 2.5 英寸，10kr/min，SAS，2.4TB	10	块
	数据中心 10Gbit/s 交换机			
2	业务与管理网络交换机	S6720S-26Q-SI，产品参数：提供 24 个 10GE SFP+端口，2 个 40GE QSFP+端口。交换容量 2.56Tbit/s，包转发率 480Mp/s	2	台
	分布式存储交换机	S6720S-26Q-LI。产品参数：提供 24 个 10GE SFP+端口，2 个 40GE QSFP+端口。交换容量 1.28Tbit/s，包转发率 480Mp/s	2	台
	多模-LC-LC-3M 光纤线	服务器连接到交换机	12	条
	多模-850-300m 双纤	SFP+多模光模块，速率为 10Gbit/s，波长为 850nm，传输距离为 0.3km，双 LC 接口	24	个
	QSFP-40G 连接线	QSFP-40G 高速电缆，3m	4	条

【说明】这是 2019 年的配置清单。如果是在 2021 年开始采购，数据缓存硬盘推荐使用三星 PM1735 1.6TB NVME SSD。

在用表 1-3-1 所列的配置组成的 VMware vSphere 虚拟化项目中，运行了 110 台各种应用的虚拟机，如图 1-3-2 所示。

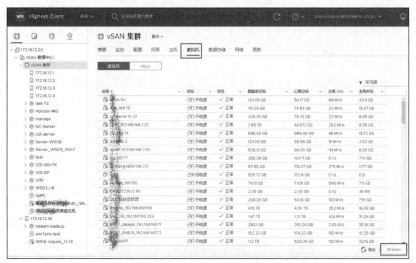

图 1-3-2　运行的虚拟机

在运行了 110 台各种应用虚拟机的前提下，主机的资源使用率比较低，CPU 使用率平均不到 6%，内存使用率平均不到 32%，系统整体负载较轻，如图 1-3-3 所示。

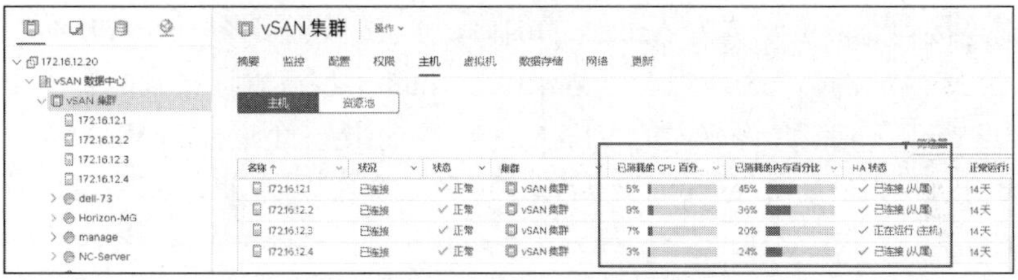

图 1-3-3　虚拟化项目中主机资源使用率

1.4　vSphere 虚拟网络概述

vSphere 提供虚拟机和虚拟网络接入功能。vSphere 的网络接入功能由其提供的 vSphere 标准交换机和分布式交换机实现，这两种虚拟交换机都相当于二层可网管的交换机，不提供三层功能。本节简要介绍 vSphere 标准交换机，分布式交换机下节介绍。

1.4.1　ESXi 主机与 vSphere 标准交换机的网络连接与网络关系

虚拟化主要解决计算、存储和网络问题。VMware vSphere（主要包含 vCenter Server 与 ESXi）解决了计算问题和有限的存储与网络问题。VMware vSAN 解决了共享存储问题，VMware vSAN 使用标准的 X86 服务器实现了传统共享存储的功能。VMware NSX 提供网络虚拟化功能，在软件层实现了网络中 2 到 7 层的能力。VMware vSphere 的虚拟化提供了简单的网络功能，其提供的 vSphere 标准交换机和 vSphere 分布式交换机相当于二层交换机，它本身没有三层的处理能力。vSphere 标准交换机与分布式交换机可在同一 VLAN 中的虚拟机之间进行内部桥接，并连接至外部网络。

要提供主机和虚拟机的网络连接，应将主机的物理网卡连接到 vSphere 标准交换机或分布式交换机上的上行链路端口。虚拟机具有在 vSphere 标准交换机或分布式交换机上连接到端口组的网络适配器（vNIC）。每个端口组可使用一块或多块物理网卡来处理其网络流量。为了说明虚拟机、虚拟交换机、物理主机和物理交换机之间的网络连接和网络关系，本书将通过不同的示例进行介绍。

物理服务器一般配置至少 2 端口网卡，大多数服务器配置 4 端口网卡。使用虚拟化技术的时候，根据服务器的硬件配置（CPU、内存和存储）以及需要支持的虚拟机的数量，可以选择使用其中 1 块、2 块或多块网卡。在配置较为复杂的虚拟化环境中，服务器作为虚拟化主机会配置数量更多和速率更高的网卡。在图 1-4-1 的示例中，该服务器配置了 2 端口 1Gbit/s 的网卡（在图中用 vmnic0 和 vmnic1 表示）。

在安装 ESXi 软件时，会在主机上为管理流量创建名为 vSwitch0 的 vSphere 标准交换机，默认选择主机一块连接到网络的网卡作为上行链路。在图 1-4-1 中，如果 vmnic0 连接到物理交换机并且处于连通状态，则会选择 vmnic0 用作 vSwitch0 的上行链路。为了提供冗余，可以将 2 块或更多块物理网卡连接到 vSwitch0 标准交换机以进行流量管理。例如在图 1-4-1 中，将 vmnic0 与 vmnic1 作为 vSwitch0 的上行链路。主机物理网卡 vmnic0 与 vmnic1 连接到物理网络，vmnic0 与 vmnic1 作为同一台虚拟交换机的上行链路可以连接到同一台物理交换机，也可以分别连接一台物理交换机。但无论是连接到同一台物理交换机，还是连接到不同的物理交换机，其连接到物理交换机的端口一般要配置相同的属性。例如 vmnic0 与 vmnic1 都连接到交换机配置为 Access 的端口，并且要划分为同一个 VLAN。除了连接到划分为同一个 VLAN 的 Access 端口，vmnic0 与 vmnic1 也可以连接到配置为 Trunk 的端口（如果配置为 Trunk，应该允许相同的 VLAN 通过）。不能一个连接到 VLAN11 的 Access 端口、另一个连接到 VLAN12 的 Access 端口，或者一个连接到 Access 端口、另一个连接到 Trunk 端口。

如果同一台虚拟交换机的上行链路连接到多台不同的物理交换机，那么这些物理交换机应该互通，例如图1-4-1中的这两台物理交换机应都上连到同一台或同一组的核心交换机，或者两台物理交换机以堆叠模式连接再上连到核心物理交换机。

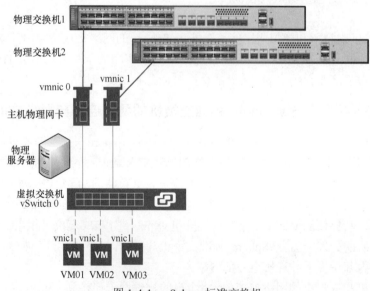

图 1-4-1　vSphere 标准交换机

在 ESXi 主机创建的虚拟机通过虚拟网卡连接到虚拟交换机。例如图 1-4-1 中的 VM01、VM02 和 VM03 共 3 台虚拟机，每台虚拟机都配置了一块虚拟网卡（vnic1），每台虚拟机的 vnic1 连接到虚拟交换机 vSwitch0。

在安装 ESXi 的时候创建名为 vSwitch0 的虚拟交换机，同时会在 vSwitch0 虚拟交换机创建名称为 VM Network 的端口组和一个名称为 vmk0 的 VMkernel，该 VMkernel 设置的地址（本示例中为 172.18.96.45）用于 ESXi 主机的管理。如图 1-4-2 所示，名称为 VM Network 的端口组连接了 3 台虚拟机。

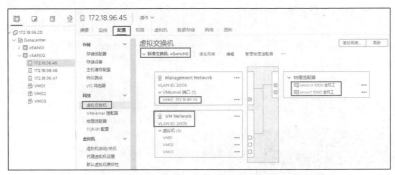

图 1-4-2　vSphere 标准交换机 vSwitch0

【说明】每台 vSphere 标准交换机可以创建多个标准端口组，网络服务通过端口组连接到标准交换机。端口组定义通过虚拟交换机连接网络的方式，通常单台 vSphere 标准交换机与一个或多个端口组关联。端口组为每个端口指定了诸如宽带限制和 VLAN 标记策略之类的端口配置选项。

在图 1-4-2 的示例中，VM Network 端口组以及 vmk0 的 VMkernel 所属的端口组的 ID 都被设置为 2006，这是因为当前示例中 vSwitch0 的上行链路（本示例为 vmnic0 和 vmnic1）连接到物理交换机配置为 Trunk 的端口，该 Trunk 端口允许所有 VLAN。图 1-4-2 的示例中，物理主机所连接的物理交换机划分了多个 VLAN，其中包括 ID 为 2006 的 VLAN。

示例：图 1-4-2 中（两台）物理交换机的部分配置如下，其中主机物理网卡 vmnic0 和 vmnic1 分别连接到每台交换机的第 13 端口（两台交换机通过 Trunk 端口上连到核心交换机）。

```
vlan batch  2001 to 2006
vlan 2001
vlan 2002
vlan 2003
vlan 2004
vlan 2005
vlan 2006

interface Vlanif2001
ip address 172.18.91.253 255.255.255.0
interface Vlanif2002
ip address 172.18.92.253 255.255.255.0
interface Vlanif2003
ip address 172.18.93.253 255.255.255.0
interface Vlanif2004
ip address 172.18.94.253 255.255.255.0
interface Vlanif2005
```

```
ip address 172.18.95.253 255.255.255.0
interface Vlanif2006
 description Server
 ip address 172.18.96.253 255.255.255.0

interface GigabitEthernet0/0/13
 port link-type trunk
 port trunk allow-pass vlan 2 to 4094
interface GigabitEthernet1/0/13
 port link-type trunk
 port trunk allow-pass vlan 2 to 4094
```

在当前示例环境中，ESXi 主机的管理网段使用 VLAN 2006。安装完 ESXi 之后，在 ESXi 主机控制台按 F2 键进入系统配置界面，在 "Network Adapters" 中选中 vmnic0 和 vmnic1 用于主机管理（vSwitch0 标准交换机），如图 1-4-3 所示。

因为 vmnic0 和 vmnic1 连接到物理交换机的 Trunk 端口，当前主机规划使用 VLAN 2006，所以应在 VLAN 配置中指定 VLAN ID 为 2006，如图 1-4-4 所示。

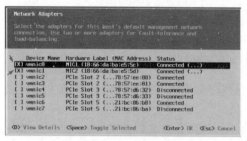

图 1-4-3　选择用于主机管理的网卡

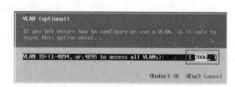

图 1-4-4　指定 VLAN ID

【说明】如果 ESXi 主机 vSwitch0 标准交换机上行链路连接到交换机的 Access 端口，则不需要在图 1-4-4 中指定 VLAN ID。

在 IPv4 Configuration 中为 ESXi 主机设置管理 IP 地址、子网掩码和网关，本示例中 IP 地址为 172.18.96.45，子网掩码为 255.255.255.0，网关为 172.18.96.253，如图 1-4-5 所示。

设置完成之后保存设置退出，在控制台中可以看到当前主机设置的 IP 地址以及当前主机的系统版本、CPU 型号及内存大小，如图 1-4-6 所示。

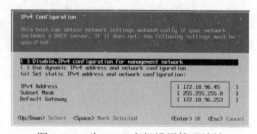

图 1-4-5　为 ESXi 主机设置管理地址

在为 ESXi 主机设置了管理地址之后，使用浏览器登录 ESXi 主机（本示例中为 https://172.18.96.45，未安装 vCenter Server 之前使用 vSphere Host Client 管理 ESXi）。在 "网络→端口组" 中将 VM Network 的 VLAN ID 设置为 2006，如图 1-4-7 所示。如果当前集群中有多台主机（每台主机的 vSwitch0 交换机上行链路连接到交换机 Trunk 端口），也应该将其他主机的 VM Network 的 VLAN ID 设置为 2006。

在小型的虚拟化环境中，虚拟机数量不多时，虚拟机使用 vSwitch0 的 VM Network 端口组即可。如果需要为虚拟机使用另外的 VLAN，可以在 vSwitch0 标准交换机中添加端口组并且为端口组指定其对应的 VLAN ID。例如在本示例中，如果虚拟机需要使用 VLAN 2001 的 IP 地址，可以在 vSwitch0 中创建名为 vlan2001 的端口组，并指定 vlan2001 的端口组的 VLAN

ID 为 2001，如图 1-4-8 所示；为虚拟机选择名为 vlan2001 的端口组即可，如图 1-4-9 所示。

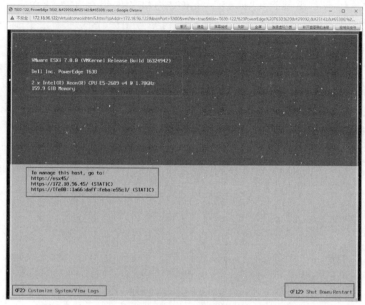

图 1-4-6 主机信息

图 1-4-7 设置 VM Network 端口组的 VLAN ID

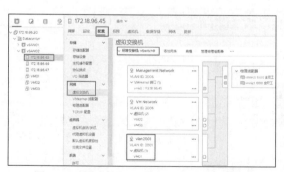

图 1-4-8 添加 VLAN ID 为 2001 的端口组

图 1-4-9 虚拟机使用 vlan2001 端口组

在同一个数据中心中，如果为某台主机添加或更新了 vSphere 标准交换机的端口组配置，应该在其他主机进行同步添加或修改。这样虚拟机使用 vMotion 技术在不同主机之间进行热迁移的时候，或者由于集群启用了高可用（High Availability）及分布式资源调度（Distributed Resource Scheduler，DRS）导致虚拟机在不同主机之间自动迁移时，在目标主机上可以找到同样的端口组名称及配置，这样不会导致迁移无法进行或者迁移之后虚拟机网络中断。

示例：图 1-4-8 的集群中有 3 台 ESXi 主机，IP 地址依次是 172.18.96.45、172.18.96.46 和 172.18.96.47，每台主机都有 vSwitch0 标准交换机，如果在 172.18.96.45 与 172.18.96.47 的 vSwitch0 都添加了名称为 vlan2001（VLAN ID 为 2001）的端口组，但在 172.18.96.46 上没有添加时，在达到 DRS 的迁移阈值时，使用 vlan2001 端口组的虚拟机只会在 172.18.96.45 与 172.18.96.47 的主机之间迁移，而不会迁移到 172.18.96.46 的主机。如图 1-4-10 所示，这是在此情况下试图迁移时提示"当前已连接的网络接口'Network adapter 1'使用不可访问的网络'vlan2001'"的错误。

对于虚拟机数量比较多的虚拟化环境，标准交换机 vSwitch0 一般只用于 ESXi 主机管理和 vCenter Server 虚拟机流量。例如在当前的环境中，vCenter Server 的虚拟机名称为 vcsa7_172.18.96.20，这台虚拟机的网络适配器使用的是 VM Network，如图 1-4-11 所示。

图 1-4-10 迁移提示错误

图 1-4-11 vCenter Server 虚拟机使用的网络适配器

1.4.2 多台 vSphere 标准交换机与主机的网络关系

在较大型的虚拟化环境中，当主机配置有更多网卡的时候，可以创建第 2 台 vSphere 标准交换机或分布式交换机用于其他流量。在图 1-4-12 所示的环境中，该主机配置了 4 端口网卡，创建了 2 台 vSphere 标准交换机。

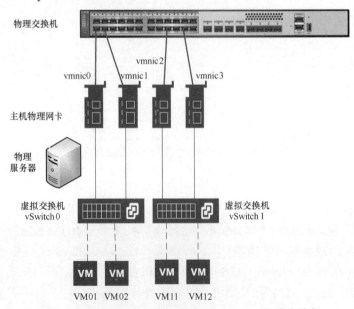

图 1-4-12 每台 ESXi 主机配置 2 台 vSphere 标准交换机

在图 1-4-12 的示例中，每台主机配置 4 端口网卡（或者 2 个 2 端口网卡），vmnic0 与 vmnic1 用于 vSwitch0，该标准交换机用于 ESXi 主机管理。vmnic0、vmnic1、vmnic2 和 vmnic3 连接到物理交换机的 Trunk 端口。在 vSwitch1 上创建多个端口组，每个端口组指定不同的 VLAN ID。在本示例中，物理服务器 4 端口网卡连接到物理交换机的第 13、14、15 和 16 端口，物理交换机主要配置如下。

```
vlan batch  2001 to 2006
vlan 2001
vlan 2002
vlan 2003
vlan 2004
vlan 2005
vlan 2006

interface Vlanif2001
ip address 172.18.91.253 255.255.255.0
interface Vlanif2002
ip address 172.18.92.253 255.255.255.0
interface Vlanif2003
ip address 172.18.93.253 255.255.255.0
interface Vlanif2004
ip address 172.18.94.253 255.255.255.0
interface Vlanif2005
ip address 172.18.95.253 255.255.255.0
interface Vlanif2006
ip address 172.18.96.253 255.255.255.0

interface GigabitEthernet0/0/13
 port link-type trunk
 port trunk allow-pass vlan 2 to 4094
interface GigabitEthernet0/0/14
 port link-type trunk
 port trunk allow-pass vlan 2 to 4094

interface GigabitEthernet0/0/15
 port link-type trunk
 port trunk allow-pass vlan 2 to 4094
interface GigabitEthernet0/0/16
 port link-type trunk
 port trunk allow-pass vlan 2 to 4094
```

在本示例中，主机物理网卡 vmnic0 和 vmnic1 分别连接到物理交换机的第 13 和 14 端口，vmnic2 和 vmnic3 分别连接到物理交换机的第 15 和 16 端口。

vSwitch0 有一个名为 VM Network 的端口组。vSwitch1 创建了 3 个端口组，分别为 vlan2001、vlan2002 和 vlan2003。其中 VM01 与 VM02 使用 VM Network 的端口组，VM11 使用 vlan2001 的端口组，VM12 使用 vlan2002 的端口组，VM03 使用 vlan2003 的端口组。

VM01 与 VM02 使用 172.18.96.0/24 的地址段，VM11 使用 172.18.91.0/24 的地址段，VM12 使用 172.18.92.0/24 的地址段，VM03 使用 172.18.93.0/24 的地址段。

IP 地址为 172.18.96.45 的 ESXi 主机标准交换机配置如图 1-4-13 所示。

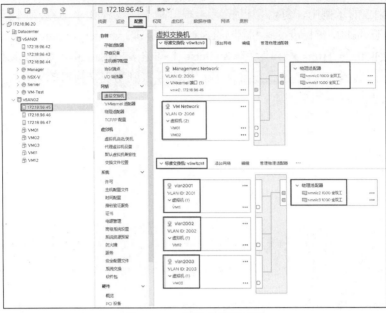

图 1-4-13　标准交换机配置

如果虚拟机要在不同主机之间迁移，集群中另 2 台主机（本示例为 172.18.96.46、172.18.96.47）也应该有相同的配置，IP 地址为 172.18.96.46 的 ESXi 主机 vSwitch1 的配置如图 1-4-14 所示。

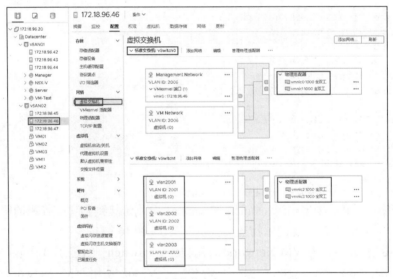

图 1-4-14　集群其他主机 vSwitch1 配置

1.4.3　无上行链路标准交换机的虚拟机流量

在 vSphere 虚拟网络中，可以创建没有上行链路的标准交换机，也可以为某个端口组在绑定和故障切换顺序中取消关联上行链路物理网卡。如果端口组没有上行链路，同一台 ESXi 主机上使用相同端口组的虚拟机可以互相进行通信，而无法与外部网络进行通信。无上行链路标准交换机的一个典型的示例如图 1-4-15 所示。

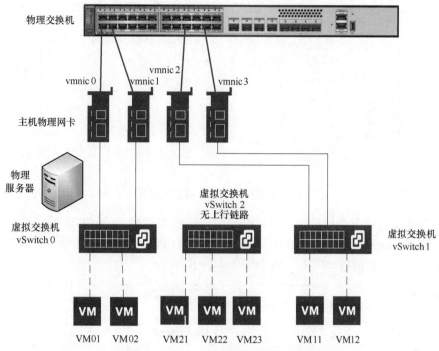

图 1-4-15　无上行链路标准交换机示例

vSwitch0 和 vSwitch1 有上行链路，vSwitch2 无上行链路，其相关配置如图 1-4-16 所示。

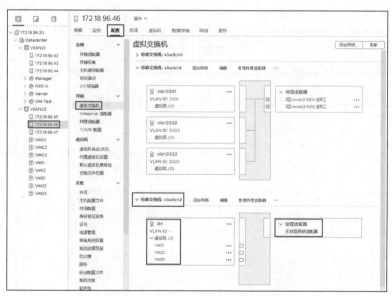

图 1-4-16　无上行链路标准交换机配置

在默认情况下，对于有上行链路的标准交换机的端口组会继承交换机的配置而绑定上行链路。在 vSphere 标准交换机中单击端口组会显示当前端口组到上行链路的链接，如图 1-4-17 所示。在本示例中，名为 vlan2003 的端口组绑定了 vmnic2 与 vmnic3 共 2 条上行链路。

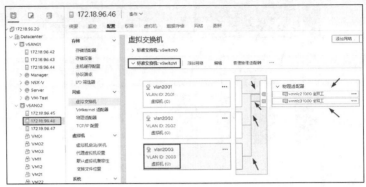

图 1-4-17　查看端口组上行链路

　　如果要修改端口组上行链路，可以编辑端口组设置，在"vlan2003-编辑设置"对话框的"绑定和故障切换"中选中"替代"，将"活动适配器"中的上行链路移动到"未用的适配器"列表中，调整前后如图 1-4-18 和图 1-4-19 所示。

图 1-4-18　活动适配器

图 1-4-19　未用的适配器

　　调整之后 vlan2003 的配置如图 1-4-20 所示，此时 vlan2003 端口组没有上行链路。

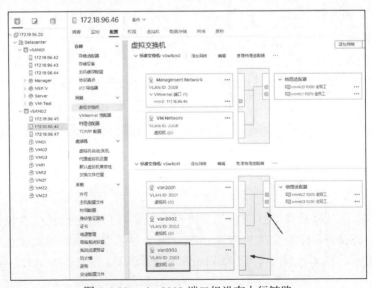

图 1-4-20　vlan2003 端口组没有上行链路

1.4.4 较多主机时使用 vSphere 分布式交换机

vSphere 标准交换机的配置保存在每台 ESXi 主机。集群中有多台 ESXi 主机时，如果使用 vSphere 标准交换机管理虚拟机网络，需要在每台主机上添加相同的 vSphere 标准交换机，并在对应的每台 vSphere 标准交换机上添加相同的端口组及相同的配置（例如配置相同的 VLAN ID，或者都不配置 VLAN ID 等）。如果不同 ESXi 主机的端口组名称相同但 VLAN ID 配置不同，虚拟机在不同主机之间切换后，虚拟机的网络可能不通。

示例：在集群中有 A 和 B 共 2 台主机，这 2 台主机都配置了名为 vSwitch1 的标准交换机，并在 vSwitch1 上添加了名为 vlan2001 的端口组，其中 A 主机 vlan2001 的端口组的 VLAN ID 设置为 2001，B 主机（错误）名称为 vlan2001 的端口组配置 VLAN ID 为 201。虚拟机 VM1 在 A 主机上运行，使用名称为 vlan2001 的端口组，在将虚拟机 VM1 从 A 主机迁移到 B 主机之后，虚拟机虽然继续运行，但由于 B 主机上名称为 vlan2001 的端口组的 VLAN ID 设置为 201，因此配置错误导致虚拟机 VM1 网络不通。

vSphere 标准交换机用在集群中 ESXi 主机数量较少，并且端口组数量配置较少的虚拟化环境中。如果 ESXi 主机重置（在 ESXi 主机控制台按 F2 键进入系统配置界面，重置系统），或者重新安装了 VMware ESXi（全新安装，非升级安装），原来 ESXi 主机上的网络配置将丢失，此时系统会重新创建名为 vSwitch0 的标准交换机，其他的虚拟交换机（例如其他标准交换机 vSwitch1 和/或分布式交换机）的配置都会丢失。

当集群中主机数量较多并且端口组数量较多时，可以使用 vSphere 分布式交换机。相比 vSphere 标准交换机，使用 vSphere 分布式交换机可以简化 ESXi 主机网络配置，并且可以为 vSphere 虚拟网络提供更多功能。在集群中配置 vSphere 分布式交换机，只需要进行一次配置，例如创建虚拟机端口组（称为分布式端口组），配置会应用在所有主机上。例如，某集群配置了 vSphere 分布式交换机，将集群中所有主机添加到这台 vSphere 分布式交换机，创建 vlan1001 和 vlan1002 等分布式端口组后，配置会应用到集群中的每台主机。这样就简化了管理员的设置，如图 1-4-21 和图 1-4-22 所示。

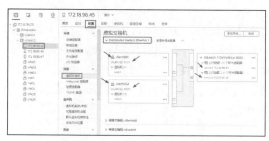 

图 1-4-21 分布式端口组配置 1　　　　　图 1-4-22 分布式端口组配置 2

图 1-4-21 配置的是 IP 地址为 172.18.96.45 的分布式交换机，图 1-4-22 配置的是 IP 地址为 172.18.96.46 的分布式交换机。在管理 172.18.96.45、172.18.96.46 和 172.18.96.47 的 ESXi 主机的 vCenter Server 中创建 vSphere 分布式交换机，然后添加主机并选择上行链路、创建分布式端口组并为虚拟机分配分布式端口组。在 vCenter Server 中添加、修改或删除分布式交换机的配置会同步到其所属的 ESXi 主机中，如图 1-4-23 所示。

在 vSphere 分布式交换机中，管理面板在 vCenter Server 中，数据面板在 ESXi 主机中。如果重新安装 vCenter Server 会丢失 vSphere 分布式交换机的配置数据，此时可以重新添加

ESXi 主机到新的 vCenter Server 中，然后重新配置 vSphere 分布式交换机。

图 1-4-23　vSphere 分布式交换机配置界面

当 vCenter Server 故障不可访问时，或者 vCenter Server 关机时，使用分布式交换机的
虚拟机可以正常启动，进入系统后虚拟机网络也可以正常使用，但不能更改虚拟机网络使用其他分布式端口组或标准端口组。当 vCenter Server 出错而使用 vSphere Host Client 登录到 ESXi 主机时，如果尝试修改虚拟机网卡使用其他端口组，会弹出"不支持添加或重新配置连接到非临时分布式虚拟端口组（××××）的网络适配器"的错误提示，如图 1-4-24 所示。

图 1-4-24　不能修改虚拟机使用其他分布式端口组

如果要将集群中所有 vSphere 标准交换机迁移到 vSphere 分布式交换机，并且将标准端口组迁移到分布式端口组，建议对 vCenter Server 虚拟机进行定时备份，尤其是在有关联 vCenter Server 应用的环境中，例如 Horizon 虚拟桌面或使用第三方软件（例如 Veeam 或 NBU 备份软件）对 vSphere 虚拟机进行备份后的情况。在使用 vSphere NSX 的时候也要对 vCenter Server 及 NSX 相关的虚拟机进行备份。

vSphere 分布式交换机具有 vSphere 标准交换机的所有功能，但它仍然是一台二层（OSI 七层模型的第二层）的虚拟交换机，只有在同一台 ESXi 主机上使用相同 vlan 属性的分布式端口组的虚拟机之间才可以直接通信而不经过物理交换机转发，对于跨 ESXi 主机的虚拟机之间的通信仍然会经过物理交换机，如果是不同 VLAN 之间的虚拟机通信也会经过上层物理交换机的转发，这些与使用 vSphere 标准交换机相同。

1.5　理解虚拟网络之间通信方式

在介绍了 vSphere 标准交换机之后，本节介绍虚拟机之间以及虚拟机访问 ESXi 主机以外的网络的通信方式。

1.5.1　相同主机之间虚拟机通信

在同一台 ESXi 主机上的虚拟机，虚拟机使用同一台虚拟交换机的同一个端口组时，它们之间通过同一台虚拟交换机通信而不经过上行链路及上行链路所连接的物理交换机。图 1-5-1

所示，在 IP 地址为 172.18.96.45 的 ESXi 主机上有 2 台虚拟机 VM01 和 VM02，这 2 台虚拟机都使用 vSwitch0 的 VM Network 端口组，这 2 台虚拟机设置 172.18.96.0/24 网段的 IP 地址时，VM01 与 VM02 之间相互通信时只使用虚拟交换机 vSwitch0，而不需要通过上行链路。

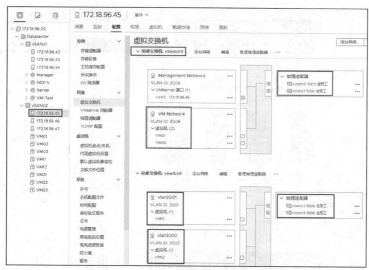

图 1-5-1　使用相同端口组的虚拟机

在图 1-5-1 中，虚拟机 VM11 使用 vSwitch1 的 vlan2001 端口组，虚拟机 VM12 使用 vSwitch1 的 vlan2002 端口组。VM11 虚拟机配置了 172.18.91.0/24 网段的 IP 地址（例如 IP 地址为 172.18.91.11，子网掩码 255.255.255.0，网关 172.18.91.253），VM12 虚拟机配置了 172.18.92.0/24 网段的 IP 地址（例如 IP 地址为 172.18.92.12，子网掩码 255.255.255.0，网关 172.18.92.253）。VM11 与 VM12 通信的时候需要通过 vSwitch1 的上行链路 vmnic2（或 vmnic3）连接到物理交换机，通过物理交换机进行通信。此时需要注意，vlan2001 与 vlan2002 的交换机网关设置在哪一层，通信就到哪一层，相关示例如图 1-5-2 所示。

在图 1-5-2 的示例中，ESXi 主机 4 块网卡先连接到接入物理交换机，接入物理交换机再通过光纤（交换机级联端口配置为 Trunk）连接到核心交换机。vlan2001 至 vlan2006 等 VLAN 的网关地址都设置在核心交换机上。在这种情况下，VM11 与 VM12 之间的通信路径如下。

VM11→vlan2001 端口组→vmnic2（或 vmnic3）→接入物理交换机→核心交换机→接入物理交换机→vmnic3（或 vmnic2）→vlan2002 端口组→VM12。

不同虚拟交换机不同端口组之间的通信将通过所属交换机的上行链路，接入物理交换机再进行转发。例如，对于图 1-5-2 的示例，VM01 与 VM12 的通信路径如下。

VM01→虚拟交换机 vSwitch0 的 VM Network 端口组→vmnic0（或 vmnic1）→接入物理交换机→核心交换机→接入物理交换机→vmnic3（或 vmnic2）→虚拟交换机 vSwitch1 的 vlan2002 端口组→VM12。

1.5.2　不同主机之间虚拟机通信通过上层交换机转发

不同主机之间的虚拟机都通过上行链路连接到物理交换机进行通信（或转发），相关示例如图 1-5-3 所示。

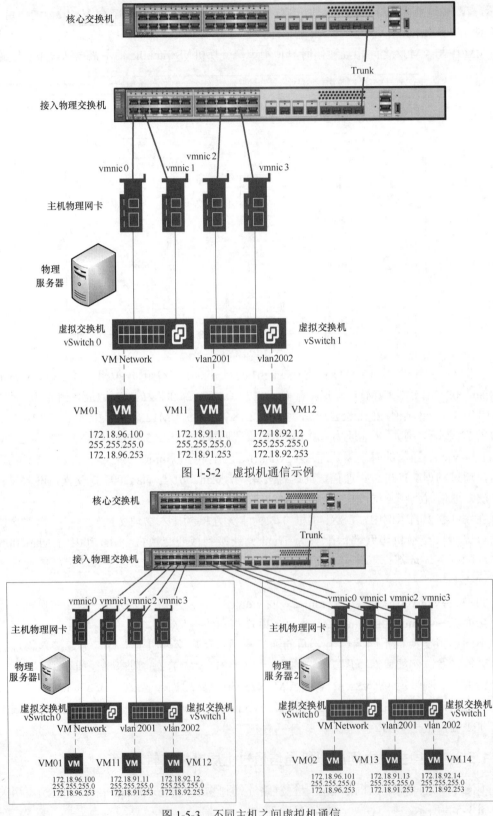

图 1-5-2 虚拟机通信示例

图 1-5-3 不同主机之间虚拟机通信

在图 1-5-3 的示例中，如果物理服务器 1 上的虚拟机 VM01 与物理服务器 2 上的 VM02 虚拟机通信，虽然这两台虚拟机都属于 172.18.96.0/24 的网段，但这两台虚拟机之间进行通信也要通过所属虚拟交换机 vSwitch0 的上行链路到接入物理交换机，又因为是相同网段，所以不需要通过核心交换机转发。从 VM01 到 VM02 的通信路径如下。

VM01→（物理服务器 1）VM Network 端口组→（物理服务器 1）vmnic0（或 vmnic1）→接入物理交换机→（物理服务器 2）vmnic0（或 vmnic1）→（物理服务器 2）VM Network 端口组→VM02。

从 VM13 到 VM11 的通信路径如下。

VM13→（物理服务器 2）vlan2001 端口组→（物理服务器 2）vmnic2（或 vmnic3）→接入物理交换机→（物理服务器 1）vmnic2（或 vmnic3）→（物理服务器 1）vlan2001 端口组→VM11。

两台主机上的虚拟机如果属于不同网段，需要通过配置了网关 IP 地址的交换机（本示例是核心交换机）进行转发。从 VM12 到 VM13 的通信路径如下。

VM12→（物理服务器 1）vlan2002 端口组→（物理服务器 1）vmnic3（或 vmnic2）→接入物理交换机→核心交换机→接入物理交换机→（物理服务器 2）vmnic2（或 vmnic3）→（物理服务器 2）vlan2001 端口组→VM13。

虚拟机与 ESXi 主机以外的物理机通信，与不同主机之间虚拟机的通信相同。

1.5.3   无上行链路虚拟机网络关系

无上行链路的虚拟交换机，包括虚拟交换机虽有上行链路但修改了端口组配置、为端口组取消了上行链路的情况。对于使用无上行链路的虚拟交换机的虚拟机，或者使用无上行链路的端口组的虚拟机，只有在同一虚拟交换机的虚拟机之间才有可能通信。本节通过图 1-5-4 所示的拓扑进行介绍。

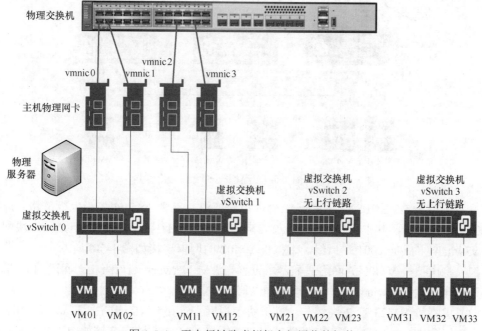

图 1-5-4   无上行链路虚拟机之间通信的拓扑

在图 1-5-4 中，VM21、VM22、VM23、VM31、VM32、VM33 与 VM01、VM02、VM11、VM12 无法互相访问。

VM21、VM22、VM23 只有在设置相同网段的 IP 地址，并且使用 vSwitch2 虚拟交换机上相同的端口组（或者虽然端口组名称不同，但没有指定 VLAN ID）时，才能互相访问。VM31、VM32、VM33 互相访问也是同样的道理。

VM21、VM22、VM23 与 VM31、VM32、VM33 无法互相访问。

对于不同 ESXi 主机，连接到无上行链路虚拟交换机（或无上行链路端口组）的虚拟机之间无法互相访问。无上行链路的虚拟机一般不单独使用，通常会有配置多块网卡的虚拟机用作软件的防火墙或路由器，使无上行链路端口组的虚拟机与外网进行通信。

1.5.4   为虚拟机配置使用多网卡

每台 VMware ESXi 虚拟机最多支持 10 块虚拟网卡，管理员可以根据需要将这 10 块虚拟网卡连接到相同的端口组或不同的虚拟端口组。本节通过图 1-5-5 所示示例进行介绍。

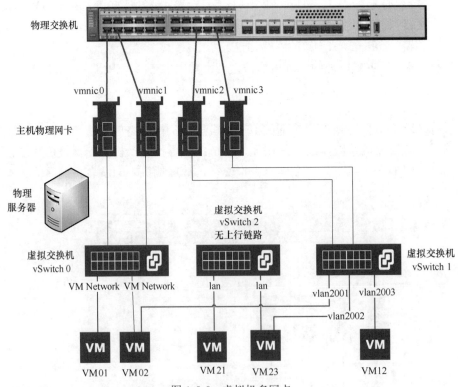

图 1-5-5   虚拟机多网卡

（1）在图 1-5-5 中 ESXi 主机有 3 台虚拟交换机，其中 vSwitch2 无上行链路。虚拟机 VM02 有 2 块网卡，其中一块网卡连接到 vSwitch0 的 VM Network 端口组，另一块网卡连接到 vSwitch1 的 vlan2001 端口组，虚拟机 VM02 的网卡连接如图 1-5-6 所示。

（2）将虚拟机 VM02 的网络适配器 1 设置与 VM Network 端口组相同网段的 IP 地址，网络适配器 2 设置与 vlan2001 端口组相同网段的 IP 地址。

（3）虚拟机 VM23 有 2 块网卡，第 1 块虚拟网卡连接到 vSwitch2 的 lan 端口组，第 2 块网卡连接到 vSwitch1 的 vlan2002 端口组，虚拟机 VM23 的网卡连接如图 1-5-7 所示。

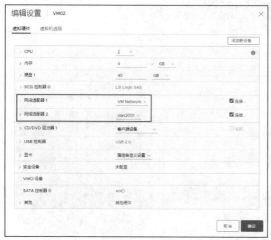
图 1-5-6 虚拟机 VM02 的网卡连接

图 1-5-7 虚拟机 VM23 的网卡连接

（4）将虚拟机 VM23 的网络适配器 1 设置 lan 端口组所规划的 IP 地址（例如 IP 地址 192.168.100.100，子网掩码 255.255.255.0，无网关），网络适配器 2 设置与 vlan2002 端口组相同网段的 IP 地址（例如 IP 地址 172.18.91.100，子网掩码 255.255.255.0，网关 172.18.91.253）。如果在这台虚拟机上安装防火墙或代理软件，并且在配置了访问策略后，虚拟机 VM21 可以通过虚拟机 VM23 访问 ESXi 主机所属网络及 ESXi 主机外网网络，此时虚拟机 VM21 应设置 192.168.100.0/24 的地址（例如 IP 地址 192.168.100.11，子网掩码 255.255.255.0，网关 192.168.100.100）。

（5）登录到示例 ESXi 主机，在"配置→网络→虚拟交换机"中可以看到各虚拟交换机和每个端口组连接的虚拟机，如图 1-5-8 和图 1-5-9 所示。

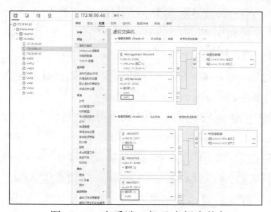
图 1-5-8 查看端口组及虚拟交换机

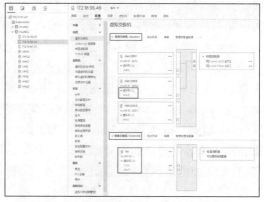
图 1-5-9 查看与每个端口组连接的虚拟机

1.6 NSX 虚拟网络示意

vSphere 标准交换机与 vSphere 分布式交换机相当于二层交换机，如果将虚拟机网络与物理网络对应，vSphere 标准交换机与 vSphere 分布式交换机相当于物理网络中接入交换机的角色，具有接入交换机的功能，示例拓扑如图 1-6-1 所示。

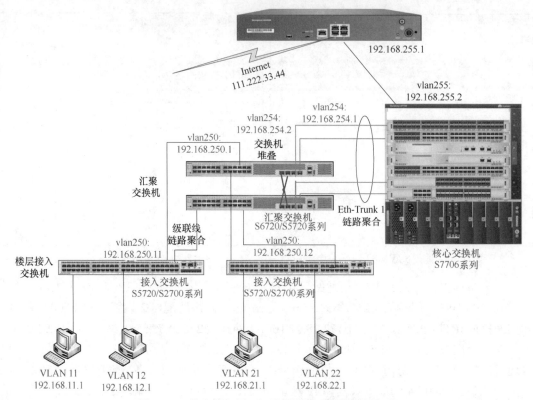

图 1-6-1　具有接入层、汇聚层和核心层的网络拓扑

在图 1-6-1 的网络拓扑中，核心交换机为华为 S7706 系列，汇聚交换机为华为 S6720 或 S5720 系列，接入交换机为华为 S5720 或 S2700 系列。vSphere 标准交换机与 vSphere 分布式交换机提供的功能相当于华为 S2700 系列交换机所提供的功能，即只提供二层的接入能力。接入交换机中的计算机（或 vSphere 中的虚拟机）的网络划分以及不同 VLAN 之间的通信是由汇聚交换机或核心交换机提供的。vSphere 标准交换机和 vSphere 分布式交换机相当于物理网络的接入扩展。如果虚拟化中有更深层次的网络需求，则需要由 vSphere NSX 来提供。VMware NSX 虚拟网络示意拓扑如图 1-6-2 所示。

在图 1-6-2 中，虚拟化服务器接入交换机由华为 S6720 或 S7700 系列交换机提供（建议 10Gbit/s 组网，或者最低 1Gbit/s 组网）。vSphere NSX 提供的网络功能可以有路由器、交换机和防火墙等功能。在图 1-6-2 中，NSX 规划使用 172.16.0.0/15 地址段（即 172.16.0.0/16 和 172.17.0.0/16 两个 B 类地址段），不同的地址段例如 172.16.11.0/24、172.16.13.0/24、172.17.11.0/24 之间的通信由 NSX 提供和完成，不再需要由核心交换机或接入交换机提供。NSX 网络相当于与物理网络处于同一层次，172.16.0.0/15 与核心交换机（或接入交换机）之间的关系是路由的关系。

NSX 的分步式防火墙可以实现虚拟机之间的微隔离。NSX 提供了路由、防火墙、动态主机配置协议（Dynamic Host Configuration Protocol，DHCP）、DNS、网络地址转换（Network Address Translation，NAT）、虚拟专用网络（Virtual Private Network，VPN）和负载均衡等功能。关于 NSX 的更多内容将会在后文展开介绍。

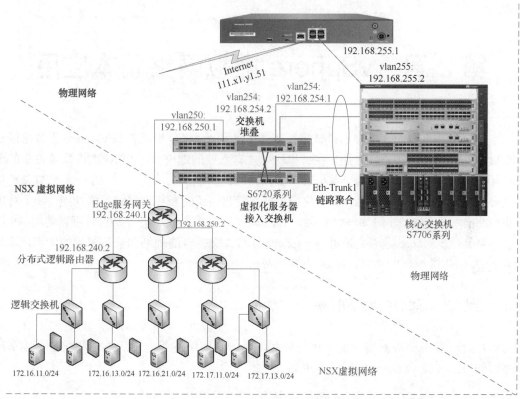

图 1-6-2　NSX 示意网络拓扑

第 2 章　vSphere 虚拟网络基本应用

虚拟化中最重要的 3 个要素是计算、存储和网络，网络是用来管理 vSphere 服务器以及虚拟机对外提供服务的必经之路，在虚拟化中占有重要的地位。在 ESXi 主机数量较少的虚拟化环境中使用 vSphere 标准交换机管理虚拟网络比较简单、方便，当 ESXi 主机数量较多时使用 vSphere 分布式交换机可以简化虚拟网络管理，还能获得更多的网络功能。如果对虚拟机网络有更高的要求，例如网络安全、入侵检测、分布式负载均衡等要求时可以使用 NSX。

本章介绍 vSphere 标准交换机与 vSphere 分布式交换机的规划和安装配置的知识，这是配置 NSX 网络虚拟化的基础。NSX 内容将在后面的章节介绍。

2.1　规划 vSphere 网络

虚拟化项目中要根据用户的需求与现状，对虚拟网络进行合理的规划和配置。本节通过案例的方式介绍 vSphere 虚拟网络规划。

2.1.1　单台 ESXi 主机单网络的规划

在使用虚拟化技术时，多台主机组成的 vSphere 数据中心无疑有更多的优势，也能更多地体现虚拟化的价值。但如果只有一台 ESXi 主机，在规划得当的情况下也会有比较好的效果。图 2-1-1 是一个单台 ESXi 主机连接一个外部网络拓扑。

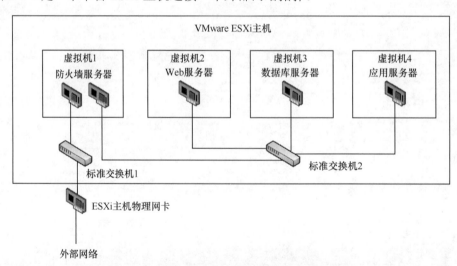

图 2-1-1　单台 ESXi 主机连接一个外部网络拓扑

在图 2-1-1 的网络拓扑中只有一台 ESXi 主机，这台主机上运行了多台虚拟机，但通过 vSphere 标准交换机可将这多台虚拟机分隔在多个网络中，并且让多台虚拟机处于防火墙之后。从物理上来看，这台主机有 1 块或多块物理网卡连接到外部的网络。从逻辑拓扑上来看，虚拟机 1 属于边缘防火墙，这台虚拟机有两块网卡，一块网卡通过标准交换机 1 连接到外部网络，另一块网卡通过标准交换机 2 连接到内部网络。虚拟机 2、虚拟机 3 和虚拟机 4 则连接到属于内部网络的标准交换机 2，连接到标准交换机 2 中的虚拟机（2、3 和 4）受当前网络中作为防火墙的虚拟机 1 的保护。

在实际的配置中，标准交换机 1 属于安装 ESXi 时系统自动创建的默认标准交换机 vSwitch0，这台标准交换机可以绑定物理主机的 1 块或多块网卡（多块网卡用于冗余）连接到外部网络。标准交换机 2 则是安装完 VMware ESXi 之后由 vSphere Client 管理并添加的 vSphere 标准交换机 vSwitch1，此标准交换机没有外部网络适配器。图 2-1-2 所示是应用此拓扑的某台服务器的网络配置。

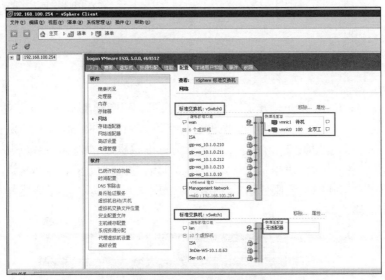

图 2-1-2　ESXi 主机网络配置

【说明】对于单台 ESXi 主机推荐安装 ESXi 6.0 并使用 vSphere Client 6.0 进行管理。如果需要使用 ESXi 6.7 或 ESXi 7.0 则推荐安装 vCenter Server 6.7 或 7.0 进行管理。从 ESXi 6.5 开始，传统的基于 C# 的 vSphere Client 被放弃，只能使用基于 HTML 的 Web 管理方式。在没有 vCenter Server 的前提下，管理 ESXi 6.5 及更高的 ESXi 版本的虚拟化主机时，使用 vSphere Host Client 并不是很方便。另外，由于 vCenter Server 6.5 的客户端 vSphere Web Client 使用了 Adobe Flash 技术，而 Adobe 公司在 2020 年 12 月 31 日停止了对 Flash 的支持，从 2021 年开始，使用 Flash 技术的 vSphere Web Client 将无法运行，所以不推荐用户使用 vSphere 6.5。

2.1.2　单台 ESXi 主机多网络的规划

上一节介绍的应用主要面向在机房托管的单台服务器。许多时候服务器放置在单位的机房，这个时候服务器会连接两个网络：连接到 Internet 的外部网络以及连接到单位局域网的内部网络。如果使用单台的 ESXi 服务器，在配置多台虚拟机的时候，重要的虚拟机要处于内部网络与外部网络的中间进行保护，此时该服务器的拓扑如图 2-1-3 所示。

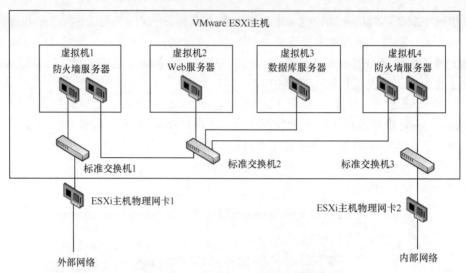

图 2-1-3　单台主机多网络配置拓扑

在图 2-1-3 中，ESXi 主机创建了 3 台标准交换机。其中标准交换机 1 连接到外部网络，标准交换机 3 连接到内部网络，标准交换机 2 没有连接到物理网络（没有绑定物理适配器）。当外部网络需要访问虚拟机 2 和虚拟机 3 时，通过虚拟机 1 的外部网络防火墙服务器进行转发，当内部网络需要访问虚拟机 2 及虚拟机 3 时通过虚拟机 4 的内部网络防火墙服务器进行转发。应用本拓扑的某台服务器的网络配置如图 2-1-4 所示，该服务器具有 2 个物理网络和 1 个虚拟网络连接。

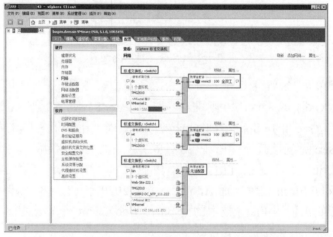

图 2-1-4　单台主机多个不同物理网络及虚拟网络配置

2.1.3　传统共享存储架构虚拟网络规划

大多数的数据中心还是以多台 ESXi 主机为主。在规划多台 ESXi 主机的数据中心时，vSphere 网络的规划至关重要。下面介绍一些推荐以及被认可的规则。

（1）管理与生产分离。用于管理 ESXi 主机的网络以及用于虚拟机流量的网络要分离。一般用于管理的网段与用于虚拟机的流量的网段是分开的，即用于管理的是一个单独的网段（VLAN，例如 192.168.1.0/24 的地址段），用于生产的虚拟机网络是另一个或多个单独的网段（VLAN，例如 192.168.2.0/24、192.168.3.0/24 和 192.168.4.0/24 的地址段）。

（2）冗余的原则。无论是管理还是生产，每个物理网络连接（上行链路适配器）必须是冗余的。一般情况下，每台虚拟交换机需要配置 2 条上行链路，不需要配置更多链路。

（3）负载均衡原则。在虚拟化的数据中心中由于有多台虚拟机的存在，虚拟化主机的物理网卡要承担比不采用虚拟化的物理服务器更多的网络流量。如果这些网络流量加在一起，超过了单块网卡的负载能力，那么网络的性能会下降。所以，多块网卡除了有冗余功能外，还可以起到负载均衡的作用。

（4）链路聚合。为了提供比单块物理网卡更高的带宽，可以将主机多块网卡进行聚合以提供更高的带宽，但这需要物理交换机的支持。链路聚合只会增加总的带宽，不会对单台虚拟机的带宽有用。例如，采用 4 个 1Gbit/s 网络组成链路聚合，使用这个链路聚合的所有虚拟机可用的总带宽是 4Gbit/s，但单台虚拟机单块网卡的最大带宽仍然是 1Gbit/s。链路聚合需要物理交换机的支持，并且是 vSphere 分布式交换机才支持的功能。一般情况下，链路聚合只为生产环境业务虚拟机提供网络连接，对于 ESXi 主机管理流量和 vSAN 流量的上行链路，不要配置链路聚合。对于重要与关键的业务虚拟机，例如 vCenter 和 NSX 相关的虚拟机流量，也不要配置使用链路聚合。

在虚拟化项目中，根据虚拟机的保存位置可以分为传统的使用共享存储的虚拟化架构和新型的使用分布式软件共享存储的虚拟化架构。在使用共享存储的虚拟化架构中，推荐每台主机最少配置 4 块 1Gbit/s 网卡。在规划传统共享存储架构的 vSphere 虚拟网络时，推荐最少配置 2 台虚拟交换机，这 2 台虚拟交换机可以是 vSphere 标准交换机也可以是 vSphere 分布式交换机，可用组合如下。

（1）配置 2 台 vSphere 标准交换机，一台用于 ESXi 主机管理，另一台用于虚拟机流量，相关示例如图 2-1-5 所示。

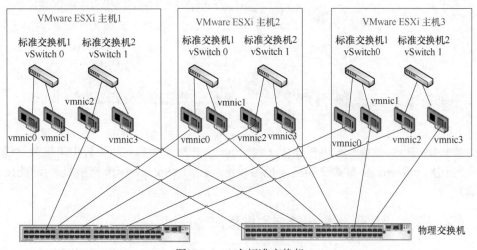

图 2-1-5　2 台标准交换机

（2）配置 1 台 vSphere 标准交换机和 1 台 vSphere 分布式交换机，vSphere 标准交换机用于 ESXi 主机管理，vSphere 分布式交换机用于虚拟机流量，相关示例如图 2-1-6 所示。

（3）配置 2 台 vSphere 分布式交换机，一台用于 ESXi 主机管理，另一台用于虚拟机流量，相关示例如图 2-1-7 所示。

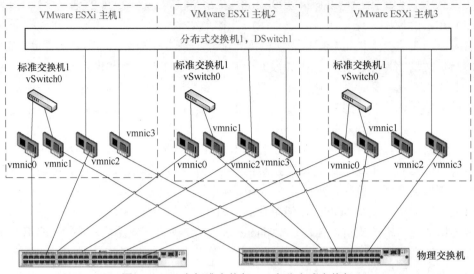

图 2-1-6　1 台标准交换机、1 台分布式交换机

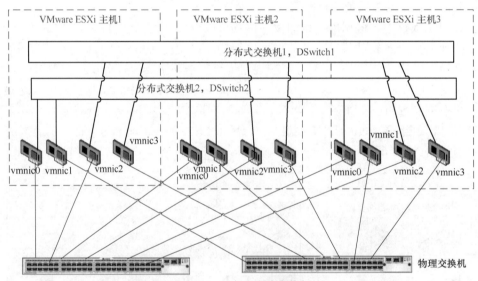

图 2-1-7　2 台分布式交换机

当集群中主机数量较少时可以使用 2 台 vSphere 标准交换机。当集群中主机数量较多时，可以全部使用 vSphere 分布式交换机，也可以组合使用 vSphere 标准交换机和 vSphere 分布式交换机。

2.1.4　分布式软件共享存储架构虚拟网络规划

对于使用分布式软件共享存储的虚拟化架构（例如 vSAN），相比传统共享存储架构要增加承载 vSAN 流量的虚拟交换机。对于物理网络推荐配置 2 组物理交换机，每组物理交换机配置 2 台相同型号的交换机。其中一组作为虚拟化主机与虚拟机流量的交换机，另一组用作 vSAN 流量。此时物理机的网卡配置方式可以有以下几种。

（1）每台主机最少配置 4 块 10Gbit/s 网卡。其中 2 块网卡配置至 vSphere 标准交换机或 vSphere 分布式交换机，创建不同的端口组用于 ESXi 主机管理、vMotion 流量、虚拟机流量和 FT 流量。另 2 块网卡配置至 vSphere 标准交换机或 vSphere 分布式交换机用于 vSAN 流量，也可以在此交换机上配置 FT 流量。相关示例如图 2-1-8 所示。但是，相同的流量只能在其中一组交换机上配置，不能同时在 2 组交换机上进行配置。例如 FT 流量或 vMotion，如果在第 1 组虚拟交换机上的某个 VMkernel 上启用，就不能在另 1 组虚拟交换机的某个 VMkernel 再次启用。

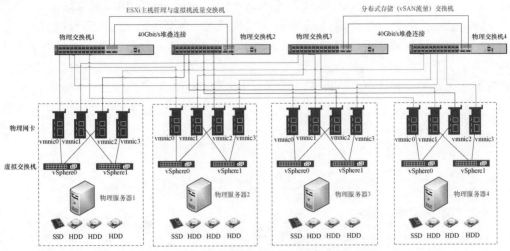

图 2-1-8　vSAN 架构物理网络与虚拟网络示例 1

（2）每台主机配置 4 块 1Gbit/s 网卡和 2 块 10Gbit/s 网卡，配置 3 台虚拟交换机。这 3 台虚拟交换机同样可以是 vSphere 标准交换机与 vSphere 分布式交换机的组合。相关示例如图 2-1-9 所示（为了显示得更清楚，本示例中只画出了一台物理机，其他物理机的配置与到物理交换机的连接与这一台的相同）。

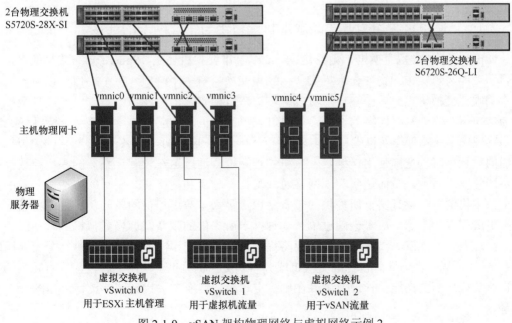

图 2-1-9　vSAN 架构物理网络与虚拟网络示例 2

- 3 台 vSphere 标准交换机。1 台用于 ESXi 主机管理，1 台用于虚拟机流量，1 台用于 vSAN 流量。
- 1 台 vSphere 标准交换机，2 台 vSphere 分布式交换机。标准交换机用于 ESXi 主机管理，2 台 vSphere 分布式交换机分别用于虚拟机流量和 vSAN 流量。
- 2 台 vSphere 标准交换机，1 台 vSphere 分布式交换机。2 台标准交换机分别用于 ESXi 主机管理和 vSAN 流量，vSphere 分布式交换机用于虚拟机流量。

在 vSphere 网络中，每个 vSphere 集群可以只配置 1 台交换机，通过将端口组与上行链路进行绑定的方式，将不同的端口组绑定到不同的上行链路。这种配置方式从技术上讲实际应用没有问题，但这不是推荐的配置方式。因为这种配置方式对管理员的要求较高，出现故障时也不容易进行排查，这种虚拟网络拓扑如图 2-1-10 所示。

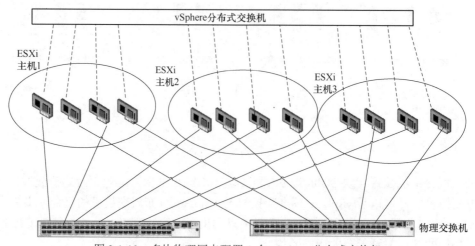

图 2-1-10　多块物理网卡配置 1 台 vSphere 分布式交换机

2.1.5　使用负载均衡方式的虚拟机端口组与物理网卡的连接

vSphere 中的虚拟交换机，无论是 vSphere 标准交换机还是 vSphere 分布式交换机，其逻辑和功能与现实中的物理交换机类似。物理交换机有多个端口，每个端口可以有不同的配置。虚拟交换机也有虚拟端口，可以对端口进行配置，但有端口数量限制。虚拟交换机作为虚拟机与物理网络连接的设备，是通过虚拟交换机的"虚拟端口→虚拟交换机→ESXi 主机物理网卡→物理交换机端口→物理网络"这一途径连接的。在 vSphere 网络的虚拟机端口组的设置中可以选择使用（绑定）主机物理网卡，通过这一设置让不同的端口组选择绑定不同的物理网卡，从而达到实现网络负载均衡、分流和网络冗余的目的。在大多数的情况下，主机的单一物理网卡所提供的带宽足以满足大多数虚拟机的单一需求，这是指单台虚拟机所需要的带宽一般不会超过单一物理网卡所提供的带宽。但当虚拟机的数量较多，单一物理网卡不能满足需求时，就需要将虚拟机的流量在不同的物理网卡进行分流（同时要冗余）。所以，在为同一台标准交换机或分布式交换机提供多块网卡时，应既有冗余的功能也有负载均衡的功能。管理员可以在"绑定和故障切换"中找到这一设置，如图 2-1-11 所示。

图 2-1-11 绑定和故障切换

2.1.6 使用主备方式的虚拟机端口组与物理网卡的连接

上一节介绍的是使用负载均衡的方式规划绑定到相同端口组的多块网卡，在实际的应用中还有一种主备方式的规划，网络拓扑如图 2-1-12 所示。

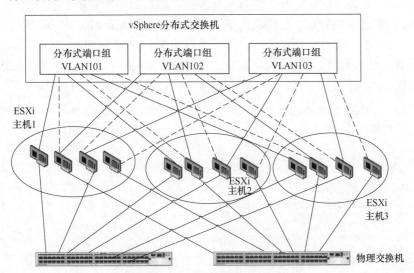

图 2-1-12 使用主备方式规划

在图 2-1-12 中，每个端口组都连接到每台主机的至少 2 块网卡，但这 2 块网卡中只有一块网卡是激活的链接（图中用实线表示），而另一块网卡处于备用状态（图中用虚线表示）。图 2-1-13 所示是某个端口组的配置。

在图 2-1-12 的配置中，假设每台主机有 4 块物理网卡，分布式交换机规划了 3 个端口组（也可以配置更多的端口组），每个端口组绑定方式如下。

图 2-1-13 一个活动上行链路，一个备用上行链路

第 1 个端口组使用主机第 1 块和第 2 块网卡，在图 2-1-13 的配置中，第 1 块网卡（上行链路 1）为活动上行链路，第 2 块网卡（上行链路 2）为备用上行链路，其他网卡为未使用的上行链路。

第 2 个端口组则使用第 2 和第 3 块网卡，第 2 块网卡为活动上行链路，第 3 块网卡为备用上行链路，其他网卡为未使用的上行链路。

第 3 个端口组则使用第 3 和第 4 块网卡，第 3 块网卡为活动上行链路，第 4 块网卡为备用上行链路，其他网卡为未使用的上行链路。

如果还有第 4 和第 5 个端口组，可以进行类似的分配，如下。

第 4 个端口组则使用第 4 和第 1 块网卡，第 4 块网卡为活动上行链路，第 1 块网卡为备用上行链路，其他网卡为未使用的上行链路。

当然网络端口组不一定连续使用网卡，如下。

第 5 个端口组使用第 2 和第 4 块网卡，第 2 块网卡为活动上行链路，第 4 块网卡为备用上行链路，其他网卡为未使用的上行链路。

当然，受限于用户的硬件条件，在虚拟化项目中物理主机的物理网卡可以少于上述推荐的数量，但每台主机应该配置不少于 2 块网卡。如果主机只有 2 块网卡，可以配置 1 台 vSphere 标准交换机或 1 台 vSphere 分布式交换机，然后通过配置多个端口组用于不同的用途，例如根据 ESXi 主机管理、虚拟机流量、vSAN 流量、vMotion 流量和 FT 流量使用不同的端口组。为了让 2 块网卡分担流量，可以通过将不同的端口组绑定到不同的上行链路的方式进行配置。在本示例中，VM Network、vlan12、vlan13 和 vlan15 端口组绑定 vmnic2 上行链路，如图 2-1-14；vsan 端口组绑定 vmnic3 上行链路，如图 2-1-15 所示。

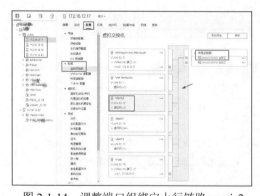
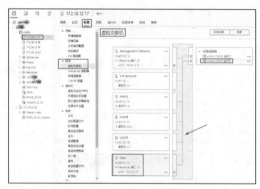

图 2-1-14   调整端口组绑定上行链路 vmnic2　　　图 2-1-15   调整端口组绑定上行链路 vmnic3

2.2   vSphere 虚拟交换机应用案例介绍

vSphere 服务器通过虚拟交换机将虚拟机与物理网络连接在一起。虚拟交换机是连接虚拟机与物理网络的桥梁，虚拟机通过虚拟交换机与物理网络通信。每台虚拟交换机由安装在主机上的一块或多块物理网卡提供上行链路，主机物理网卡通过光纤或双绞线连接到物理交换机。在为虚拟机分配虚拟网卡时，每块虚拟网卡可以连接到虚拟交换机的一个虚拟端口。通过虚拟机"虚拟网卡→虚拟交换机→主机物理网卡→物理交换机"的路径，虚拟机可完成与网络中其他计算机相互通信。

VMware 虚拟交换机包括 vSphere 标准交换机与 vSphere 分布式交换机两种。在运行

VMware ESXi 的主机上，可以安装多块物理网卡，这些物理网卡可以属于同一个网络（在同一网段中），也可以属于不同的网络（不在同一网段中，或者不在同一 VLAN 中，或者不在同一物理网络中。例如，有的属于电信网络，有的属于网通网络），还可以连接到不同的物理交换机。

要理解 vSphere 网络，需要了解物理网络、虚拟网络、vSphere 标准交换机、vSphere 分布式交换机、分布式端口、标准端口组、VLAN 等概念。理解这些概念对透彻了解虚拟网络至关重要。vSphere 网络概念如表 2-2-1 所列。

表 2-2-1 vSphere 网络概念

名称	含义
物理网络	为了使物理机之间能够传输数据，在物理机之间建立的网络。VMware ESXi 运行于物理机网络之上
虚拟网络	在单台物理机上运行的虚拟机之间为了互相发送和接收数据而相互逻辑连接所形成的网络。虚拟机可连接到虚拟网络
物理以太网交换机	管理物理网络上计算机之间的网络流量。一台物理交换机可具有多个端口，每个端口都可与网络上的一台计算机或其他物理交换机连接。可按某种方式对每个端口的行为进行配置，具体取决于其所连接的计算机的需求。物理交换机将会了解连接其端口的主机，并使用该信息向正确的物理机转发流量。物理交换机是物理网络的核心，可将多台物理交换机连接在一起，以形成较大的网络
vSphere 标准交换机（VSS）	其运行方式与物理以太网交换机的十分相似。它检测与其虚拟端口进行逻辑连接的虚拟机，并使用该信息向正确的虚拟机转发流量。可使用物理以太网适配器（物理网卡，也称为上行链路适配器）将虚拟网络连接至物理网络，从而将 vSphere 标准交换机连接到物理交换机。此类型的连接类似于将物理交换机连接在一起以创建较大型的网络。即使 vSphere 标准交换机的运行方式与物理交换机的十分相似，但它不具备物理交换机所拥有的一些高级功能，例如三层转发功能。vSphere 标准交换机相当于二层可网管交换机
标准端口组	在 vSphere 标准交换机上可以创建多个端口组。标准端口组为每个成员端口指定了诸如带宽限制和 VLAN 标记策略之类的端口配置选项，网络服务通过端口组连接到标准交换机，端口组定义通过交换机连接网络的方式。通常，单台标准交换机与一个或多个端口组关联
vSphere 分布式交换机（VDS）	vSphere 分布式交换机可充当数据中心中所有关联主机的单一交换机，以提供虚拟网络的集中式置备、管理和监控功能。可以在 vCenter Server 系统上配置 vSphere 分布式交换机，该配置将"传播"至与该交换机关联的所有主机。这使得虚拟机可在跨多台主机进行迁移时确保其网络配置保持一致
主机代理交换机	驻留在与 vSphere 分布式交换机关联的每台主机上的隐藏标准交换机。主机代理交换机会将 vSphere 分布式交换机上设置的网络配置复制到特定主机
分布式端口	vSphere 分布式交换机创建的端口组。其功能与 vSphere 标准交换机标准端口组类似。连接到主机的 VMkernel 或虚拟机的网络适配器的 vSphere 分布式交换机上的一个端口与 vSphere 分布式交换机关联的一个端口组，并为每个成员端口指定端口配置选项。分布式端口组可定义通过 vSphere 分布式交换机连接到网络的方式
网卡成组（NIC Team）	当多个上行链路适配器与单台交换机相关联以形成小组（Team）时，就会发生网卡成组。网卡成组将物理网络和虚拟网络之间的流量负载分摊给其所有或部分成员，在出现硬件故障或网络中断时提供被动故障切换功能
VLAN	可用于将单个物理 LAN 分段进一步分段，以便使端口组中的端口互相隔离，如同位于不同物理分段上一样。标准是 802.1Q

续表

名称	含义
VMkernel TCP/IP 网络层	VMkernel 网络层提供与主机的连接，并处理 vSphere vMotion 流量、IP 存储器、FT 和 vSAN 的标准基础架构流量
IP 存储器	将 TCP/IP 网络通信用作其基础的任何形式的存储器。iSCSI 可用作虚拟机数据存储，NFS 可用作虚拟机数据存储并用于直接挂载.ISO 文件，这些文件对虚拟机显示为 CD-ROM
TCP 分段清除	TCP 分段清除（TSO）可使 TCP/IP 栈发出非常大的帧（达到 64 KB），即使接口的最大传输单元（MTU）较小也是如此。然后网络适配器将较大的帧分成 MTU 大小的帧，并预置一份初始 TCP/IP 标头的调整后副本

不同版本 ESXi 主机 vSphere 标准交换机与 vSphere 分布式交换机网络最高配置如表 2-2-2 所列。

表 2-2-2　不同版本 ESXi 主机虚拟网络最高配置

参数	ESXi 版本			
	7.0	6.5、6.7	6.0	5.5
每台主机的虚拟网络交换机端口总数（VDS 和 VSS 端口）	4096	4096	4096	4096
每台主机的活动端口数上限（VDS 和 VSS）	1016	1016	1016	1016
每台标准交换机的虚拟网络交换机创建端口	4088	4088	4088	4088
每台标准交换机的端口组	512	512	512	512
每台 vSphere 分布式交换机的静态/动态端口组	10000	10000	10000	6500
每台 vSphere 分布式交换机的极短端口组	1016	1016	1016	1016
每台 vSphere 分布式交换机的端口	60000	60000	60000	60000
每个 vCenter 的分布式虚拟网络交换机端口	60000	60000	60000	60000
每个 vCenter 的静态/动态端口组	10000	10000	10000	10000
每个 vCenter 的极短端口组	1016	1016	1016	1016
每个 vCenter 的 vSphere 分布式交换机	128	128	128	128
每台主机的 vSphere 分布式交换机	16	16	16	16
每台主机的 VSS 端口组	1000	1000	1000	1000
每台主机的 LACP - LAG	64	64	64	64
每个 LAG 的 LACP - 上行链路端口（组）	32	32	32	32
每台 vSphere 分布式交换机的主机	2000	2000	1000	500
每台 VDS 的 NIOC 资源池	64	64	64	64
每台 VDS 的链路聚合组	64	64	64	64

vSphere 虚拟网络向主机和虚拟机提供了多种服务，可以在 ESXi 中启用以下两种类型的网络服务。

（1）将虚拟机连接到物理网络以及相互连接虚拟机。

（2）将 VMkernel 服务（如 NFS、iSCSI、vMotion、vSAN、FT）连接至物理网络。

【说明】在其他资料介绍中，有时候对 vSphere 虚拟交换机的称呼方法不同。vSphere

标准交换机、标准交换机、VSS 是指同一种设备,vSphere 分布式交换机、VDS、vSphere Distributed Switch、分布式交换机则是指另一种相同设备。

2.2.1 vSphere 标准交换机架构

可以使用 vCenter Server 管理 ESXi 主机或者使用 vSphere Client 直接管理 ESXi 创建名为 vSphere 标准交换机的抽象网络设备。vSphere 标准交换机提供主机和虚拟机的网络连接,vSphere 标准交换机可在同一 VLAN 中的虚拟机之间进行内部流量桥接,并链接至外部网络。

要提供主机和虚拟机的网络连接,应在 vSphere 标准交换机上将主机的物理网卡连接到上行链路端口。虚拟机具有在 vSphere 标准交换机上连接到端口组的网络适配器(vNIC),每个端口组可使用一块或多块物理网卡来处理其网络流量。如果某个端口组没有与其连接的物理网卡,则相同端口组上的虚拟机只能彼此进行通信,而无法与外部网络进行通信。vSphere 标准交换机架构如图 2-2-1 所示。

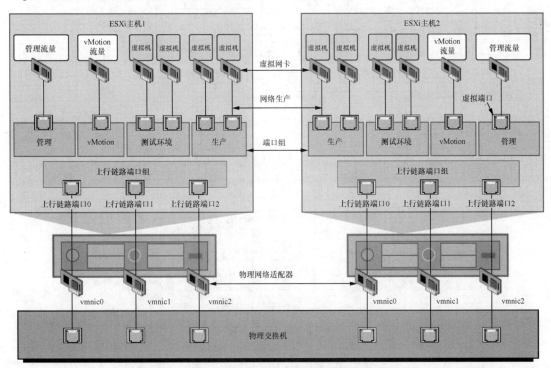

图 2-2-1 vSphere 标准交换机架构

vSphere 标准交换机与物理以太网交换机非常相似。主机上的虚拟机网络适配器和物理网卡使用交换机上的逻辑端口,每个适配器使用一个端口。vSphere 标准交换机上的每个逻辑端口都是单一端口组的成员。

vSphere 标准交换机上的每个标准端口组都由一个对于当前主机必须保持唯一的网络标签来标识。可以使用网络标签来使虚拟机的网络配置在主机间移植。应为数据中心的端口组提供相同标签,这些端口组使用在物理网络中连接到一个广播域的物理网卡。反过来,如果两个端口组连接不同广播域中的物理网卡,则这两个端口组应具有不同的标签。

在创建端口组的时候,VLAN ID 是可选的,它用于将端口组流量限制在物理网络内的一个逻辑以太网网段中。要使端口组接收同一台主机可见但来自多个 VLAN 的流量,必须将 VLAN ID 设置为 VGT（VLAN 4095）。

为了确保高效使用主机资源，在运行 ESXi 5.5 及更高版本的主机上，标准交换机的端口数应按比例增加或减少，在有需要时可扩展至主机上支持的最大端口数。

2.2.2　vSphere 分布式交换机架构

vSphere 分布式交换机为所有主机的网络连接配置提供集中化管理和监控。管理员可以在 vCenter Server 系统上设置 vSphere 分布式交换机，这些设置将传播至与该分布式交换机关联的所有主机。注意，vSphere 分布式交换机需要由 vCenter Server 设置，而标准交换机既可以由 vCenter 设置也可以由 ESXi 设置（但标准交换机的设置是保存在 ESXi 主机上的），这也是分布式交换机与标准交换机的区别之一。vSphere 分布式交换机架构如图 2-2-2 所示。

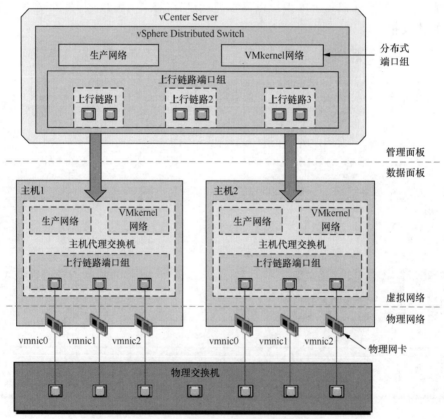

图 2-2-2　vSphere 分布式交换机架构

vSphere 中的网络交换机由数据面板和管理面板两个逻辑部分组成。数据面板可实现软件包交换、筛选和标记等功能，管理面板用于配置数据面板功能的控制结构。vSphere 标准交换机同时包含数据面板和管理面板，管理员可以单独配置和维护每台标准交换机。vSphere 分布式交换机的数据面板和管理面板相互分离。vSphere 分布式交换机的管理功能驻留在 vCenter Server 系统上，管理员可以在数据中心管理环境的网络配置。数据面板则保留在与 vSphere 分布式交换机关联的每台主机本地。vSphere 分布式交换机的数据面板部分称为主机代理交换机。在 vCenter Server（管理面板）上创建的网络配置将被自动向下推送至所有主机代理交换机（数据面板）。

vSphere 分布式交换机引入的两个抽象概念可用于为物理网卡、虚拟机和 VMkernel 服务创建一致的网络配置，这两个概念称为上行链路端口组和分布式端口组。

（1）**上行链路端口组**。上行链路端口组在创建 vSphere 分布式交换机期间进行定义，可以具有一个或多个上行链路。上行链路是可用于配置主机物理连接以及故障切换和负载均衡策略的模板。管理员可以将主机的物理网卡映射到 vSphere 分布式交换机的上行链路。在主机级别，每块物理网卡将连接到特定 ID 的上行链路端口。管理员可以对上行链路设置故障切换和负载均衡策略，这些策略将自动传播到主机代理交换机或数据面板。因此，管理员可以为与 vSphere 分布式交换机关联的所有主机的物理网卡应用一致的故障切换和负载均衡配置。

（2）**分布式端口组**。分布式端口组可向虚拟机提供网络连接并供 VMkernel 流量使用。管理员使用当前数据中心唯一的网络标签来标识每个分布式端口组。管理员可以在分布式端口组上配置网卡成组、故障切换、负载均衡、VLAN、安全、流量调整和其他策略。连接到分布式端口组的虚拟端口具有为该分布式端口组配置的相同属性。

与上行链路端口组一样，在 vCenter Server（管理面板）上为分布式端口组设置的配置将通过其主机代理交换机（数据面板）自动传播到 vSphere 分布式交换机上的所有主机。因此，管理员可以配置一组虚拟机以共享相同的网络配置，方法是将虚拟机与同一分布式端口组关联。

例如，假设在数据中心创建一个 vSphere 分布式交换机，然后将两台主机与其关联。管理员为上行链路端口组配置 3 个上行链路，然后将每台主机的一块物理网卡连接到一个上行链路。通过此方法，每个上行链路可将每台主机的两块物理网卡映射到其中，例如上行链路 1 使用主机 1 和主机 2 的 vmnic0 进行配置，管理员可以为虚拟机网络和 VMkernel 服务创建对应的分布式端口组。

为了确保有效地利用主机资源，可在运行 ESXi 5.5 及更高版本的主机上动态地按比例增加或减少代理交换机的分布式端口数。此主机上的代理交换机可扩展至主机支持的最大端口数。端口数限制由基于主机可处理的最大虚拟机数来确定。

从虚拟机和 VMkernel 适配器向下传递到物理网络的数据流，取决于为分布式端口组设置的网卡成组和负载均衡策略，还取决于 vSphere 分布式交换机上的端口分配。

例如，假设创建分别包含 3 台虚拟机网络和 2 个 VMkernel 网络分布式端口组。vSphere 分布式交换机会按 ID 从 0 到 4 的顺序分配端口，该顺序与创建分布式端口组的顺序相同。然后，将主机 1 和主机 2 与 vSphere 分布式交换机关联。vSphere 分布式交换机会为主机上的每块物理网卡分配端口，端口将按添加主机的顺序从 5 继续编号。要在每台主机上提供网络连接，应将 vmnic0 映射到上行链路 1、将 vmnic1 映射到上行链路 2、将 vmnic2 映射到上行链路 3。vSphere 分布式交换机上的网卡成组和端口分配如图 2-2-3 所示。

【**说明**】通过图 2-2-3 可以了解到，作为 vSphere 分布式交换机上行链路的主机物理网卡，可以连接到相同属性的交换机端口，也可以连接到不同属性的交换机端口，只要在创建分布式端口组后，修改端口组上行链路绑定属性，将虚拟端口组与对应属性的网卡一一对应即可。

要向虚拟机提供连接并供 VMkernel 流量使用，可以为虚拟机网络端口组和 VMkernel 网络端口组配置成组和故障切换。上行链路 1 和上行链路 2 处理虚拟机网络端口组的流量，而上行链路 3 处理 VMkernel 网络端口组的流量。

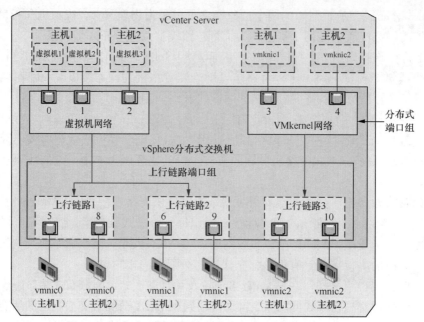

图 2-2-3 vSphere 分布式交换机上的网卡成组和端口分配

主机代理交换机上的数据包流量如图 2-2-4 所示。

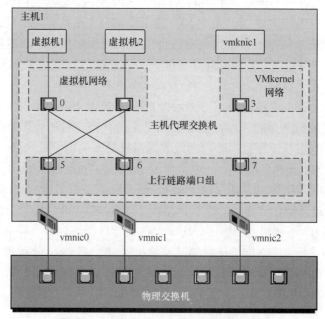

图 2-2-4 主机代理交换机上的数据包流量

在主机端，虚拟机和 VMkernel 服务的数据包流量将通过特定端口传递到物理网络。例如，从主机 1 上的虚拟机 1 发送的数据包将先到达虚拟机网络分布式端口组上的端口 0。由于上行链路 1 和上行链路 2 处理虚拟机网络端口组的流量，数据包可以通过上行链路端口 5 或上行链路端口 6 继续传递。如果数据包通过上行链路端口 5，将继续传递到 vmnic0。如果数据包通过上行链路端口 6，将继续传递到 vmnic1。

2.2.3 vSphere 标准交换机案例介绍

在使用 vSphere Client 或 vSphere Host Client 直接连接并管理 VMware ESXi 时，只能在 VMware ESXi 中添加 vSphere 标准交换机。如果要使用 vSphere 分布式交换机，则需要安装 vCenter Server，并且用 vCenter Server 添加多个 VMware ESXi 时，才能创建并管理 vSphere 分布式交换机。

在 VMware ESXi 中添加 vSphere 标准交换机情况如下。

（1）每台 VMware ESXi 可以添加一台到多台 vSphere 标准交换机。

（2）每台 vSphere 标准交换机可以上连（或绑定）VMware ESXi 主机的一块或多块物理网卡。当 vSphere 标准交换机绑定多块物理网卡时，多块物理网卡可以用于负载均衡与故障转移。每块网卡（或同一个网络端口）只能作为一台 vSphere 标准交换机或 vSphere 分布式交换机的上行链路，同一块网卡（或同一个网络端口）不能同时作为多台虚拟交换机的上行链路。

（3）vSphere 标准交换机可以不绑定物理网卡。当虚拟机选择不绑定物理网卡的 vSphere 标准交换机时，该虚拟机不能直接访问物理网络。

（4）vSphere 标准交换机模拟物理以太网交换机，每台 vSphere 标准交换机可以有多个虚拟端口，每台标准交换机的端口数上限是 4088。

（5）vSphere 标准交换机上的每个逻辑端口都是单一端口组的成员。可向每台标准交换机分配一个或多个端口组，每个端口均可连接虚拟机的一块虚拟网卡。

如果没有具体的虚拟化环境，单独介绍虚拟网络没有意义。本小节通过一个具体的案例介绍标准交换机的典型应用，其拓扑如图 2-2-5 所示。

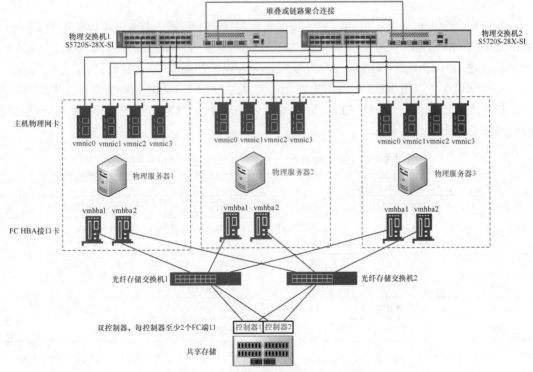

图 2-2-5　VMware ESXi 标准交换机拓扑

图 2-2-5 是一个典型中小企业使用共享存储实现 VMware 虚拟化的应用案例的拓扑，核心由 3 台服务器与 1 台共享存储组成。每台服务器配置 4 端口 1Gbit/s 网卡和 2 端口 8Gbit/s FC HBA 接口卡。共享存储配置了多块硬盘组成 RAID-5（或 RAID-50、RAID-60 或 RAID-6 等方式）并划分 2 个或多个卷。共享存储配置有 2 个控制器，每个控制器至少有 2 个 8Gbit/s 的 FC 端口，每个控制器均连接到 2 台光纤存储交换机。每台服务器的 4 块网卡分别连接到 2 台物理交换机，另有 2 个 FC HBA 端口分别连接到 2 台光纤存储交换机。无论是 ESXi 虚拟主机的管理，还是虚拟机流量以及虚拟主机到存储都是冗余的连接。

图 2-2-5 中为虚拟化环境配置了 2 台物理交换机，这 2 台物理交换机可以使用华为 S5720S-28X-SI 交换机，该交换机有 24 个 1Gbit/s 的 RJ-45 端口和 4 个 10Gbit/s 的光纤端口，其中第 1 和第 2 个 10Gbit/s 的光纤端口用于 2 台交换机的堆叠，每台交换机的第 3 或第 4 个 10Gbit/s 的光纤端口用于连接上层核心交换机。

这 2 台交换机配置堆叠之后，其中第 1 到第 12 个 1Gbit/s 的 RJ-45 端口划分为 Access；第 13 到第 24 个 1Gbit/s 的 RJ-45 端口划分为 Trunk，允许所有 VLAN 通过。

每台物理主机与 2 台交换机的具体连接如下所示。

每台物理主机的第 1 个网络端口，连接到第 1 台交换机的第 1 到第 12 个端口之中的一个空闲端口。

每台物理主机的第 2 个网络端口，连接到第 2 台交换机的第 1 到第 12 个端口之中的一个空闲端口。

每台物理主机的第 3 个网络端口，连接到第 1 台交换机的第 13 到第 24 个端口之中的一个空闲端口。

每台物理主机的第 4 个网络端口，连接到第 2 台交换机的第 13 到第 24 个端口之中的一个空闲端口。

在每台物理主机安装完 ESXi 之后，将每台主机的第 1 和第 2 个网络端口绑定为 vSphere 标准交换机 vSwitch0，在安装好 vCenter Server 并将这 3 台主机添加到集群之后，分别在每台主机创建 vSwitch1 的 vSphere 标准交换机，并将第 3 和第 4 个网络端口用于上行链路。

在本示例中，为图 2-2-5 实验拓扑划分 6 个 VLAN，VLAN ID 依次是 2001 到 2006，其中虚拟化主机规划使用 VLAN 2006 的 IP 地址，另 5 个 VLAN 用于服务器和实验环境。虚拟网络规划如表 2-2-3 所列。

表 2-2-3　虚拟网络规划（子网掩码都是 255.255.255.0）

VLAN	交换机网关 IP 地址	用途
2001	172.18.91.253	办公计算机 IP 地址段
2002	172.18.92.253	基础架构服务器，Active Directory、DHCP、DNS、Windows 部署服务、KMS
2003	172.18.93.253	虚拟化基础应用服务器，例如 OA、ERP、文件服务器
2004	172.18.94.253	测试地址段，测试虚拟机
2005	172.18.95.253	Horizon 虚拟桌面
2006	172.18.96.253	虚拟化服务器，例如 ESXi 与 vCenter

在本示例中，虚拟化服务器 vCenter Server 使用 172.18.96.20 的 IP 地址，3 台 ESXi 主机依次使用 IP 地址 172.18.96.41、172.18.96.42 和 172.18.96.43。共享存储管理地址使用

172.18.96.0/24 的地址段，一般使用相对靠后的 IP 地址，例如 172.18.96.201、172.18.96.202（具有 2 个控制器的共享存储一般有 2 个管理地址）。

基础架构服务器，例如 Active Directory、DNS、DHCP、KMS 服务器等，可以依次使用 172.18.92.1、172.18.92.2 等 IP 地址。

基础应用服务器，例如 OA、ERP 等，可以依次使用 172.18.93.1、172.18.93.2、172.18.93.3 等 IP 地址。

Horizon 虚拟桌面使用 172.18.95.0/24 的地址段，可以配置 DHCP 服务器为虚拟桌面分配 IP 地址、子网掩码、网关和 DNS 地址。

办公计算机使用 172.18.91.0/24 的地址段，测试虚拟机使用 172.18.94.0/24 的地址段。

根据如上的规划，在这 3 台 ESXi 主机中配置 2 台 vSphere 标准交换机 vSwitch0 和 vSwitch1，其中 vSwitch0 管理使用 vlan2006 的地址段，每台主机的第 1 和第 2 个网络端口连接到 vSwitch0 的 vlan2006 端口；每台主机的第 3 和第 4 个网络端口连接到 vSwitch1 的 Trunk 端口，并且允许所有 VLAN 通过（或者允许 2002、2003、2004、2005 的 VLAN 通过，因为 2001 的 VLAN 是给办公计算机使用的，在虚拟化中不需要创建端口组）。

2.2.4　vSphere 分布式交换机案例介绍

为了介绍 vSphere 分布式交换机，本小节以由 4 台 ESXi 主机组成的标准 vSAN 集群为例进行介绍。在本示例中，每台主机配置 4 个 1Gbit/s 的 RJ-45 端口和 2 个 10Gbit/s 的光纤端口，物理网络配置有 2 台 S5720S-28X-SI、2 台 S6720S-26Q-LI 交换机。其网络拓扑如图 2-2-6 所示。

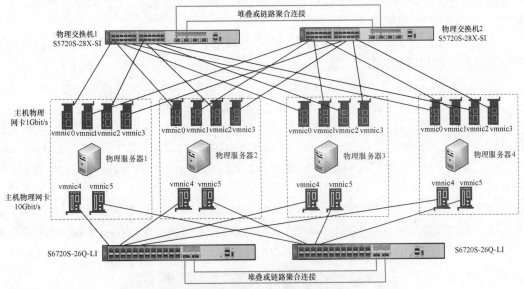

图 2-2-6　分布式交换机网络拓扑

在本示例中，配置了 2 台 vSphere 标准交换机和 1 台 vSphere 分布式交换机。其中每台主机的 vmnic0 和 vmnic1 组成第 1 台标准交换机 vSwitch0（这是安装 ESXi 时系统默认安装的虚拟交换机），每台主机的 vmnic2 和 vmnic3 组成第 2 台标准交换机 vSwitch1（这是安装系统后由管理员配置的），每台主机的 vmnic4 和 vmnic5 组成第 1 台 vSphere 分布式交换机（交换机名称为 DSwitch）。图 2-2-6 的分布式交换机案例中 vmnic0 到 vmnic3 共 4 个 1Gbit/s

的端口的连接方式,与图 2-2-5 的标准交换机案例中 vmnic0 到 vmnic3 共 4 个网络端口的连接方式相同。不同之处在于,图 2-2-6 新配置了 1 台 vSphere 分布式交换机。

在图 2-2-6 的示例中,4 台 ESXi 主机的管理 IP 地址依次是 172.18.96.41、172.18.96.42、172.18.96.43 和 172.18.96.44。这 4 台主机组成 vSAN 集群,vSAN 集群流量 IP 地址依次是 192.168.96.41、192.168.96.42、192.168.96.43 和 192.168.96.44。每台主机配置 1 块 250GB 的 SATA 硬盘作为 ESXi 系统磁盘,每台主机配置 1 块 PCIe 插槽的 256GB 的 NVME SSD 作为缓存磁盘,每台主机配置 2 块 2TB SATA 接口的硬盘作为容量磁盘。配置清单如表 2-2-4 所列。

表 2-2-4　4 节点 vSAN 集群配置清单

主机或虚拟机名称	ESXi 主机管理 IP 地址	vSAN 集群流量 IP 地址	说明
esx41	172.18.96.41	192.168.96.41	第 1 台主机的 IP 地址
esx42	172.18.96.42	192.168.96.42	第 2 台主机的 IP 地址
esx43	172.18.96.43	192.168.96.43	第 3 台主机的 IP 地址
esx44	172.18.96.44	192.168.96.44	第 4 台主机的 IP 地址

2.2.5　华为 S5720S-28X 交换机堆叠配置

本示例配置了 2 台华为 S5720S-28X-SI 交换机和 2 台华为 S6720S-26Q-LI 交换机。其中 2 台 S5720S-28X-SI 交换机用于 ESXi 主机管理与虚拟机流量,这 2 台交换机划分 VLAN 并且连接到核心物理网络。2 台 S6720S-26Q-LI 交换机用于 vSAN 流量,这 2 台交换机配置成以堆叠方式连接,将这 2 台交换机端口采用默认配置或者划分到同一个 VLAN 即可。2 台 S6720S-26Q-LI 交换机不需要连接到其他网络。

根据图 2-2-5 和图 2-2-6 的网络拓扑和表 2-2-3 的规划,以 S5720S-28X-SI 交换机为例介绍华为交换机配置堆叠的方法。

2 台 S5720S-28X-SI 的交换机,其中一台命名为 S5720S-28X-SI-A11,另一台命名为 S5720S-28X-SI-A12。将这 2 台交换机配置为以堆叠方式连接的方法如下。

使用华为交换机调试串口线连接到交换机的 Console 端口,使用超级终端登录交换机的控制台,为每台交换机配置 stack-port 0/1 和 stack-port 0/2 堆叠端口,分别将 XGigabitEthernet0/0/1 加入 stack-port 0/1,将 XGigabitEthernet0/0/2 加入 stack-port 0/2,设置其中一台为主,配置 stack slot 0 priority 200;另一台为从,配置 stack slot 0 renumber 1,保存配置退出之后,将两台交换机断电,然后将这两台交换机的 XGigabitEthernet0/0/1、XGigabitEthernet0/0/2 交叉连接(一台交换机的 XGigabitEthernet0/0/1 连接另一台交换机的 XGigabitEthernet0/0/2 端口),连接示意如图 2-2-7 所示。交换机再次加电之后堆叠成功。

图 2-2-7　2 台华为 S5720S 交换机堆叠连接方法

下面是每台交换机的具体配置，主要步骤如下。首先登录第 1 台交换机，进行如下配置。

```
sysname S5720S-28X-SI-A11
interface stack-port 0/1
 port interface XGigabitEthernet0/0/1 enable
Y
quit
interface stack-port 0/2
 port interface XGigabitEthernet0/0/2 enable
Y
quit
stack slot 0 priority 200
#执行 save 保存配置之后将这台交换机断电，然后配置第 2 台交换机。
```

【说明】堆叠优先级默认值为 100。修改主交换机的堆叠优先级为 200，让其大于其他成员交换机的堆叠优先级。主交换机堆叠 ID 采用默认值 0，备交换机堆叠 ID 要修改为 1。如果有多于 2 台的交换机配置堆叠，依次修改其他交换机的 ID 为 3、4、5 等。在同一组中最多可以将 9 台交换机配置为堆叠。

第 2 台交换机配置如下。

```
sysname S5720S-28X-SI-A12
interface stack-port 0/1
 port interface XGigabitEthernet0/0/1 enable
Y
quit
interface stack-port 0/2
 port interface XGigabitEthernet0/0/2 enable
Y
quit
stack slot 0 renumber 1
```

在配置第 2 台交换机之后，保存配置并完成，然后将交换机断电，再将两台交换机的堆叠端口用光纤连接起来（本示例中 10Gbit/s 的端口 1 连接到另 1 台交换机的 10Gbit/s 的端口 2），依次打开 2 台交换机的电源。等交换机启动之后，按任意一台交换机上的 MODE 按钮，将模式切换到 Stack 模式。如果所有成员交换机的模式都被切换到了 Stack 模式，说明堆叠组建成功。如果有部分成员交换机的模式没有被切换到 Stack 模式，说明堆叠组建不成功。通过 MODE 按钮切换到 Stack 模式时，

图 2-2-8   检查交换机堆叠是否配置成功

主交换机的前几个端口灯闪烁，同时从交换机的第 1 个端口灯闪烁表示状态正常，如图 2-2-8 所示。

也可以登录到交换机使用 dis stack 命令查看堆叠状态，如图 2-2-9 所示。

使用 dis stack port 命令查看堆叠端口及连接情况，如图 2-2-10 所示。

```
[S5720S]dis stack
Stack mode: Service-port
Stack topology type: Ring
Stack system MAC: 9835-ed11-8870
MAC switch delay time: 10 min
Stack reserved VLAN: 4093
Slot of the active management port: --
Slot        Role          MAC Address        Priority    Device Type
--------------------------------------------------------------------
0           Standby        2416-6dfb-93d0     200         S5720-28X-SI-AC
1           Master         9835-ed11-8870     100         S5720-28X-SI-AC
[S5720S]_
```

图 2-2-9　查看堆叠状态

```
[S5720S]dis stack port
*down : administratively down
<r>   : Runts trigger error down
<c>   : CRC trigger error down
<l>   : Link-flapping trigger error down
Logic Port          Phy Port                    Online      Status
--------------------------------------------------------------------
stack-port0/1       XGigabitEthernet0/0/1       present     up
stack-port0/2       XGigabitEthernet0/0/2       present     up
stack-port1/1       XGigabitEthernet1/0/1       present     up
stack-port1/2       XGigabitEthernet1/0/2       present     up

[S5720S]_
```

图 2-2-10　查看堆叠端口及连接情况

2.2.6　修改堆叠端口配置命令

在配置交换机堆叠时，如果错误配置了交换机的堆叠端口，需要将端口配置清除后重新配置。举例如下。

例如将交换机的 G1/0/25 与 G1/0/26 添加到 stack-port 1/1，命令如下。

```
interface stack-port 1/1
 port interface GigabitEthernet1/0/25 enable
 port interface GigabitEthernet1/0/26 enable
```

如果要清除这个配置，需要执行如下的命令。

```
interface stack-port 1/1
shutdown interface GigabitEthernet1/0/25
shutdown interface GigabitEthernet1/0/26
undo port interface GigabitEthernet1/0/25 enable
undo port interface GigabitEthernet1/0/26 enable

interface GigabitEthernet1/0/25
undo shutdown
interface GigabitEthernet1/0/26
undo shutdown
```

清除配置之后重新配置即可。

2.2.7　华为交换机批量配置 VLAN

在本示例中，2 台华为 S5720S-28X-SI 交换机配置为堆叠方式。当前网络规划了 6 个 VLAN，其中每台交换机的端口 1 至 12 划分为 vlan2006，每台交换机的端口 13 至 24 划分为 Trunk 并允许所有 VLAN 通过。在交换机配置好堆叠方式后，创建 VLAN 和划分端口的命令如下。

```
vlan batch 2001 to 2006
interface Vlanif2001
ip address 172.18.91.253 255.255.255.0
interface Vlanif2002
ip address 172.18.92.253 255.255.255.0
interface Vlanif2003
ip address 172.18.93.253 255.255.255.0
interface Vlanif2004
ip address 172.18.94.253 255.255.255.0
interface Vlanif2005
ip address 172.18.95.253 255.255.255.0
interface Vlanif2006
ip address 172.18.96.253 255.255.255.0
#将第 1 台交换机的端口 1 到 12 批量配置为 Access 模式，并划分到 vlan2006
port-group group-member  GigabitEthernet0/0/1  to  GigabitEthernet0/0/12
port link-type access
port default vlan 2006
quit
#将第 1 台交换机的端口 13 到 24 批量配置为 Trunk 模式，并允许所有 VLAN 通过。
port-group group-member  GigabitEthernet0/0/13  to  GigabitEthernet0/0/24
port link-type trunk
port trunk allow-pass vlan 2 to 4094
quit
#将第 2 台交换机的端口 1 到 12 批量配置为 Access 模式，并划分到 vlan2006
port-group group-member  GigabitEthernet1/0/1  to  GigabitEthernet1/0/12
port link-type access
port default vlan 2006
quit
#将第 2 台交换机的端口 13 到 24 批量配置为 Trunk 模式，并允许所有 VLAN 通过。
port-group group-member  GigabitEthernet1/0/13  to  GigabitEthernet1/0/24
port link-type trunk
port trunk allow-pass vlan 2 to 4094
quit
```

配置之后保存退出，然后将 ESXi 服务器按照规划连接网线。

2.2.8　华为 S6720S-26Q-LI 交换机堆叠配置

本小节介绍用于 vSAN 流量的 2 台华为 S6720S-26Q-LI 的交换机配置。在本示例中，这 2 台交换机使用 2 条 40Gbit/s 的电缆进行堆叠，并且每台交换机的端口 1 到端口 12 划分为 vlan2096（vlan2 到 vlan4094 内的任何一个 VLAN 都可以）。经过这样的划分之后，4 台 ESXi 主机的 vSAN 流量网卡 vmnic4 端口连接到第 1 台交换机的端口 1 到端口 12，vmnic5 端口连接到第 2 台交换机的端口 1 到端口 12。端口 13 到端口 24 未配置。

在本示例中，使用两条 40Gbit/s 的 QSFP+电缆将两台交换机的第 1 个和第 2 个 40GE 光纤端口交叉连接在一起（交换机 1 的 40GE 端口 1 连接交换机 2 的 40GE 端口 2，交换机 1 的 40GE 端口 2 连接交换机 2 的 40GE 端口 1），如图 2-2-11 所示。

当 2 台交换机在同一个机柜中进行堆

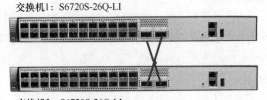

交换机1: S6720S-26Q-LI

交换机2: S6720S-26Q-LI

图 2-2-11　两台交换机组成堆叠模式

叠时，可以使用 1m 或 3m QSFP+电缆进行连接。不同机柜之间的 2 台交换机堆叠时，可以使用 3m 或 5m QSFP+电缆进行连接。QSFP+电缆外形如图 2-2-12 所示。

　　当交换机放置在不同机柜并且机柜之间连接距离超过 5m 时，堆叠端口可以配置 QSFP+模块和光纤，然后通过光纤进行连接。QSFP+模块和光纤如图 2-2-13 所示。

　　在配置堆叠之前，先不要连接 40Gbit/s QSFP+电缆。首先介绍第 1 台交换机的配置。配置交换机 1 的业务口 40GE0/0/1 和 40GE0/0/2 为物理成员端口，并加入相应的逻辑堆叠端口。

```
<HUAWEI> system-view
[HUAWEI] sysname SwitchA
[SwitchA] interface stack-port 0/1
[SwitchA-stack-port0/1] port interface 40GE0/0/1  enable
[SwitchA-stack-port0/1] quit
[SwitchA] interface stack-port 0/2
[SwitchA-stack-port0/2] port interface 40GE0/0/2  enable
[SwitchA-stack-port0/2] quit
[SwitchA] stack slot 0 priority 200 //修改主交换机的堆叠优先级为 200，大于其他成
```
员交换机。堆叠 ID 采用默认值 0。

图 2-2-12　QSFP+电缆

图 2-2-13　QSFP+模块和光纤

配置交换机 2 的业务口 40GE0/0/1 和 40GE0/0/2 为物理成员端口，并加入相应的逻辑堆叠端口。

```
<HUAWEI> system-view
[HUAWEI] sysname SwitchB
[SwitchB] interface stack-port 0/1
[SwitchB-stack-port0/1] port interface 40GE0/0/1  enable
[SwitchB-stack-port0/1] quit
[SwitchB] interface stack-port 0/2
[SwitchB-stack-port0/2] port interface 40GE0/0/2  enable
[SwitchB-stack-port0/2] quit
[SwitchB] stack slot 0 renumber 1 //堆叠优先级采用默认值 100。修改堆叠 ID 为 1。
```

关闭交换机电源开关，将两台交换机下电，按照图 2-2-11 所示，使用 40Gbit/s QSFP+电缆连接后再上电。

　　采用堆叠之后，交换机 1 的 1 至 24 端口用 XGigabitEthernet0/0/1 至 XGigabitEthernet0/0/24 代表；交换机 2 的 1 至 24 端口用 XGigabitEthernet1/0/1 至 XGigabitEthernet1/0/24 代表；交换机 1 的 2 个 40Gbit/s 端口用 40GE0/0/1 和 40GE0/0/2 代表；交换机 2 的 2 个 40Gbit/s 端口用 40GE1/0/1 和 40GE1/0/2 代表。

　　使用 dis stack 命令查看堆叠状态，如图 2-2-14 所示。

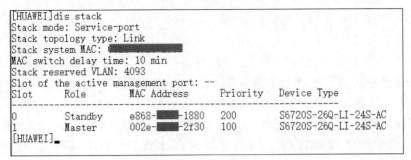

图 2-2-14　查看堆叠状态

再次登录交换机划分 vlan2096，并设置 IP 地址为 192.168.96.254，主要命令如下。

```
vlan 2096
interface Vlanif2096
ip address 192.168.96.254 255.255.255.0
#将第 1 台交换机的端口 1 到端口 12 批量配置为 Access 模式，并划分到 vlan2096
port-group group-member  XGigabitEthernet0/0/1  to XGigabitEthernet0/0/12
port link-type access
port default vlan 2096
quit
#将第 2 台交换机的端口 1 到端口 12 批量配置为 Access 模式，并划分到 vlan2096
port-group group-member  XGigabitEthernet1/0/1  to XGigabitEthernet1/0/12
port link-type access
port default vlan 2096
quit
```

配置之后保存退出，然后将 ESXi 服务器按照规划连接网线。下面简单介绍一下服务器网卡的顺序。

2.2.9　服务器网卡顺序编号规则

登录 ESXi 主机，在"配置→网络→物理适配器"中，可以看到网卡设备名称是从 vmnic0 开始的，而在"实际速度"一栏中显示了每块网卡的速度，如图 2-2-15 所示。

图 2-2-15　网卡设备名称

　　服务器有集成的网卡也有 PCIe 插槽的网卡。这些网卡的设备序号是怎么分配的呢？

　　当服务器有集成的网卡，PCIe 插槽也有网卡时，网卡设备编号是从集成网卡开始的，然后根据 PCIe 插槽的顺序进行排序。如果是多端口网卡，网卡设备编号会依次后排。

　　在服务器的后面板上有 PCIe 扩展插槽，插槽旁边有 1、2、3、4、5 等数字表示插槽的顺序，例如标为 1 的表示这是 SLOT1 插槽，标为 5 的是 SLOT5 插槽。对于一些服务器来说，PCIe 扩展插槽顺序一般是从左到右、从上到下的顺序排列，如图 2-2-16 所示，这是 DELL R740 服务器的 PCIe 扩展插槽顺序，依次是从 SLOT1 到 SLOT8。

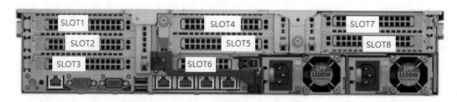

图 2-2-16　DELL R740 扩展插槽顺序

　　以 DELL R740 为例，该服务器集成 4 端口 1Gbit/s 网卡。这块网卡的设备名称依次是 vmnic0、vmnic1、vmnic2 和 vmnic3。如果在 PCIe 扩展插槽再添加新网卡，例如在 SLOT3 插了一块 2 端口网卡，则新添加的网卡的设备名称依次是 vmnic4 和 vmnic5。

　　如果插了多块网卡，插槽位置靠前的序号较小。例如在 SLOT1 插了 1 块 4 端口网卡，在 SLOT5 插了 1 块 2 端口网卡，则 SLOT1 位置的网卡设备名称依次是 vmnic4、vmnic5、vmnic6 和 vmnic7，SLOT5 位置的网卡设备名称依次是 vmnic8 和 vmnic9。

　　对于 2 端口与 4 端口网卡，其不同端口的设备编号命名也是有规则的。图 2-2-17 和图 2-2-18 所示是 2 端口与 4 端口网卡的照片。有的 2 端口或 4 端口网卡，设备编号从上到下排列（靠近"金手指"的为下），有的从下到上排列。

图 2-2-17　2 端口光纤网卡　　　　　　图 2-2-18　4 端口 RJ-45 网卡及 2U 挡板

　　Intel I350-T4 和 I340-T4 的 4 端口网卡，设备编号从上到下，靠近金手指的是 4 端口，顶端的为 1 端口。

　　Intel 82599 芯片 2 端口 10Gbit/s 的网卡，设备编号从上到下，靠近金手指的是 2 端口，顶端的为 1 端口。QLogic 57810 芯片的 2 端口 10Gbit/s 的网卡，设备编号从上到下，靠近金手指的是 1 端口，顶端的为 2 端口。

　　举例来说，如果在 DELL R740 服务器的 SLOT1 插槽安装一块 Intel I350-T4 的 4 端口

1Gbit/s 的网卡,在 SLOT2 插槽安装一块 Intel 82599 芯片 2 端口 10Gbit/s 的网卡,在 SLOT3 插槽安装一块 QLogic 57810 芯片的 2 端口 10Gbit/s 的网卡。由于服务器集成 4 端口 1Gbit/s 的网卡,各网卡设备名称如下。

在 SLOT1 插槽的 4 端口网卡,设备编号从上到下依次为 vmnic4、vmnic5、vmnic6 和 vmnic7。

在 SLOT2 插槽的 Intel 82599 的 2 端口网卡,设备编号从上到下依次为 vmnic8 和 vmnic9。

在 SLOT3 插槽的 QLogic 57810 的 2 端口网卡,设备编号从上到下依次为 vmnic11 和 vmnic10。

对于多端口网卡,如果要知道网卡设备编号是从上到下的还是从下到上的,可以在安装完系统后,先在顶端或底端插一条网线或光纤,然后进入系统查看此时连接网线的设备名称是哪一个,没有插网线的是哪些,这样一一对比就可以确定。

注意,上述网卡编号规则是网卡都安装到服务器之后,再安装 ESXi 的编号规则。如果在安装 ESXi 之后,则新增加的网卡的编号规则是在原来编号规则之后继续编号,即使新添加的网卡排列在已有网卡的 SLOT 插槽之前也是如此。例如服务器集成 4 端口网卡,在服务器 SLOT3 插槽有一块 2 端口网卡,在安装 ESXi 之后 2 块网卡编号依次是 vmnic0、vmnic1、vmnic2、vmnic3 和 vmnic4、vmnic5。如果在安装 ESXi 之后在服务器 SLOT1 添加了 1 块 2 端口网卡,则新添加网卡的编号为 vmnic6、vmnic7。如果想让 SLOT2 的网卡编号变为 vmnic4、vmnic5,让 SLOT3 的编号变为 vmnic6、vmnic7,只能重新安装 ESXi,或者在 ESXi 控制台中重置系统,网卡才会重新编号。

2.3 安装配置 ESXi 与 vCenter Server

将主机与交换机按规划顺序连接之后,便可开始 ESXi 与 vCenter Server 的安装。下面介绍 ESXi 与 vCenter Server 的安装配置,之后介绍 vSphere 标准交换机与 vSphere 分布式交换机的配置。本节所用的软件清单如表 2-3-1 所列。

表 2-3-1　vSphere 虚拟化环境软件清单

软件名称	安装文件名	文件大小	说明
ESXi	VMware-VMvisor-Installer-7.0b-16324942.x86_64.iso	351MB	用于大多数的服务器、安装了 ESXi 支持的网卡的 PC
vCenter Server	VMware-VCSA-all-7.0.0-16749653.iso	7.39GB	vCenter Server Appliance 安装程序

2.3.1 安装配置 ESXi 7.0

安装 ESXi 的方式有多种,可以制作 ESXi 的安装光盘启动安装,也可以制作 ESXi 的启动 U 盘进行安装,还可以通过配置 TFTP 服务器通过网络引导安装。有些服务器也可以通过服务器的底层 KVM 功能加载 ESXi 的安装 ISO 文件引导服务器安装。无论采用何种方式,安装的方法几乎都是相同的。下面介绍主要的安装步骤。

(1)安装 VMware ESXi 7.0,在安装的过程中会检测到硬件信息,本示例中显示的信息是 Intel i5-8500 的 CPU 和 63.9GiB 内存,如图 2-3-1 所示。

（2）进入 ESXi 安装程序，在"Select a Disk to Install or Upgrade"中选择要安装 ESXi 的硬盘。在本示例中显示 1 块 232.89GiB 硬盘，2 块 1.82TiB 和 1 块 238.47GiB 的硬盘。本示例中将 ESXi 安装在容量为 232.89GiB 的硬盘上，如图 2-3-2 所示。

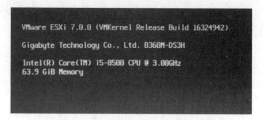

图 2-3-1　检测到的主机配置

（3）安装完成之后重新启动计算机，再次进入系统之后进入控制台界面，如图 2-3-3 所示。在控制台界面按 F2 键输入密码后进入系统配置界面，按 F12 键可进入关机或重启界面。

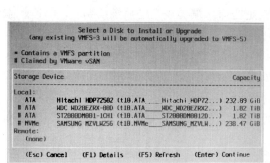

图 2-3-2　选择一块硬盘安装 ESXi

图 2-3-3　控制台界面

（4）进入"System Customization"（系统定制）界面，如图 2-3-4 所示，在该界面中能完成口令修改、管理网络配置、管理网络测试和网络设置恢复等工作。

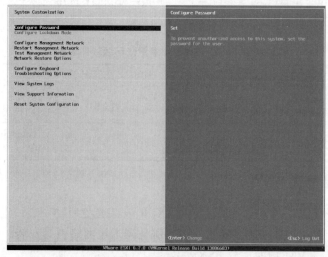

图 2-3-4　系统定制

（5）在图 2-3-4 所示界面中，选中"Configure Management Network"按 Enter 键进入"Configure Management Network"界面，如图 2-3-5 所示。在"Network Adapters"选项中按 Enter 键打开"Network Adapters"界面，选择 ESXi 主机管理网卡。当主机有多块物理网卡

时，可以从中选择要使用的网卡。在"Status"列表中会显示出每块网卡的状态。当前服务器有 6 块网卡，本示例中将第 1（标示为 vmnic0）和第 2 块网卡（标示为 vmnic1）用于主机管理。按"↑"或"↓"键到相应网卡，然后按空格键选中，按 Enter 键确认，如图 2-3-6 所示。

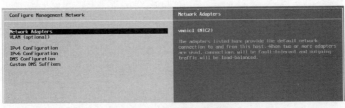

图 2-3-5 配置管理网络

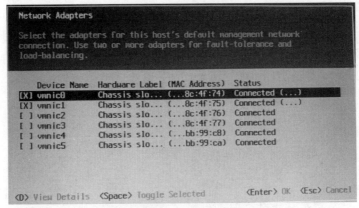

图 2-3-6 选择管理网卡

【说明】根据网卡的 MAC 地址可以看出哪些网卡端口属于同一个物理设备。例如图 2-3-6 中 vmnic0 到 vmnic3 的网卡 MAC 地址后两位依次是 74、75、76、77，这就表明它们属于同一个物理设备。vmnic4 和 vmnic5 的最后两位是 c8 和 ca（当中跳过了 c9，最后缺少了 cb），这是典型的 2 端口网络设备的分配方法。

（6）在"VLAN（Optional）"选项中，可以为管理网络设置一个 VLAN ID，如图 2-3-7 所示。如果主机管理网卡（本示例中图 2-3-6 所示的 vmnic0 和 vmnic1）连接到物理交换机划分为 Trunk 的端口，应需要在此设置 VLAN ID。如果主机管理网络连接到交换机的 Access 端口则不需

图 2-3-7 VLAN ID 设置

要设置。在本示例中，vmnic0 与 vmnic1 连接到交换机的 Access 端口，不需要设置 VLAN ID。

（7）在"IPv4 Configuration"选项中设置 ESXi 的管理地址。默认情况下，当 ESXi 完成安装的时候，选中的是"Use dynamic IPv4 address and network configuration"（使用 DHCP 分配网络配置），在实际使用中，应该为 ESXi 设置一个静态地址。在本例中将为 ESXi 设置 172.18.96.43 的 IPv4 地址，如图 2-3-8 所示。选择"Set static IPv4 address and network configuration"，并在"IPv4 Address"地址栏中输入 172.18.96.43，为其设置子网掩码与网关地址。

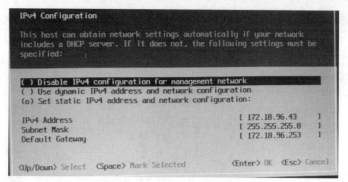

图 2-3-8　设置管理地址

（8）在"DNS Configuration"选项中设置 DNS 的地址与 ESXi 主机名称。如果要让 ESXi 使用 Internet 的 NTP（网络时间服务器）进行时间同步，除了要在图 2-3-8 所示界面设置正确的子网掩码和网关地址外，还要在此选项中设置正确的 DNS 服务器以实现时间服务器的域名解析。如果使用内部的时间服务器并且是使用 IP 地址的方式进行时间同步，是否设置正确的 DNS 地址并不是必需的。在"Hostname"处设置 ESXi 主机的名称。当网络中有多台 ESXi 服务器时，为每台 ESXi 主机规划合理的名称有利于后期的管理。在本例中，将 ESXi 的主机命名为 esx43，如图 2-3-9 所示。

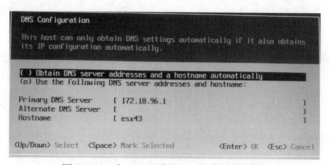

图 2-3-9　为 ESXi 设置 DNS 和计算机名

（9）在设置（或修改）完网络参数后，按 Esc 键，会弹出"Configure Management Network：Confirm"对话框提示是否更改并重启管理网络，按 Y 键确认更改并重新启动管理网络，如图 2-3-10 所示。

（10）在配置 ESXi 管理网络的时候，如果出现错误而导致 vSphere Client 无法连接到 ESXi，可以在图 2-3-4 中选择"Restart Management Network"，弹出"Restart Management Network：Confirm"对话框后按 F11 键重新启动管理网络，如图 2-3-11 所示。

图 2-3-10　保存参数

图 2-3-11　重新配置管理网络

（11）如果希望测试当前 ESXi 的网络参数设置是否正确，可以选择"Test Management

Network"，在弹出的"Test Management Network"对话框中进行到网关地址或者指定的其他地址的连通性测试，如图 2-3-12 所示。在测试后有回应时，在相应的地址后面会显示"OK"提示，如图 2-3-13 所示。

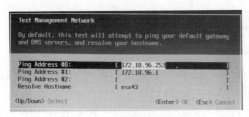

图 2-3-12　测试管理网络　　　　　　　　图 2-3-13　测试完成

（12）配置完成后按 Esc 键返回到系统管理界面，如图 2-3-14 所示。

（13）参照上面的步骤将网络中另外 3 台主机也安装 ESXi，再根据规划设置管理地址并选择管理网卡（每台机器使用 vmnic0、vmnic1）。另外 3 台安装配置之后如图 2-3-15 至图 2-3-17 所示。

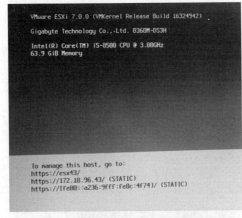

图 2-3-14　esx43

图 2-3-15　esx41

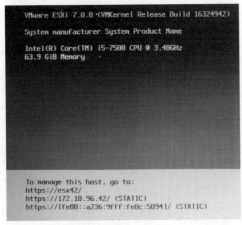

图 2-3-16　esx42

图 2-3-17　esx44

2.3.2　安装 vCenter Server 7.0

当前实验环境中有 4 台主机，每台主机有一块容量为 250GB 的系统盘，可以暂时将

ESXi 装在这个 250GB 的系统盘，在配置好 4 台 ESXi 主机并且为每台主机设置好管理网络，使得能从网络上访问这 4 台主机（可以使用 ping 命令测试到这 4 台主机的连通性），然后在网络中找一台运行 Windows 或 macOS 操作系统的计算机，加载 vCenter Server Appliance 7.0 的安装程序安装 vCenter Server。在配置好 vSAN 之后将 vCenter Server 迁移到 vSAN 存储中。本示例中将 vCenter Server 安装在 IP 地址为 172.18.96.42 的 ESXi 主机中，主要步骤如下。

（1）在网络中的一台 Windows 计算机中（本实验中所用计算机操作系统为 Windows 10 版本 2004），加载 VMware-VCSA-all-7.0.0-16749653.iso 的镜像，执行光盘\ vcsa-ui-installer\ win32\目录中的 installer.exe，进入安装界面，在右上角选择"简体中文"，然后单击"安装"开始安装，如图 2-3-18 所示。

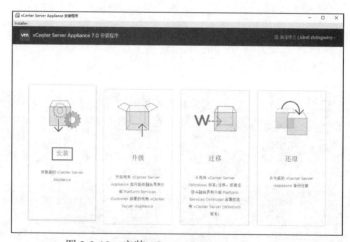

图 2-3-18　安装 vCenter Server Appliance 7.0

（2）在"简介"中查看 vCenter Server 的部署阶段，如图 2-3-19 所示。

图 2-3-19　部署阶段

（3）在"设备部署目标"输入要运行 vCenter Server 虚拟机的 ESXi 主机。在本示例中选择 IP 地址为 172.18.96.42 的 ESXi 主机,输入这台主机的用户名及密码等,如图 2-3-20 所示。单击"下一步"按钮，在弹出的"证书警告"对话框中单击"是"按钮确认证书指纹。

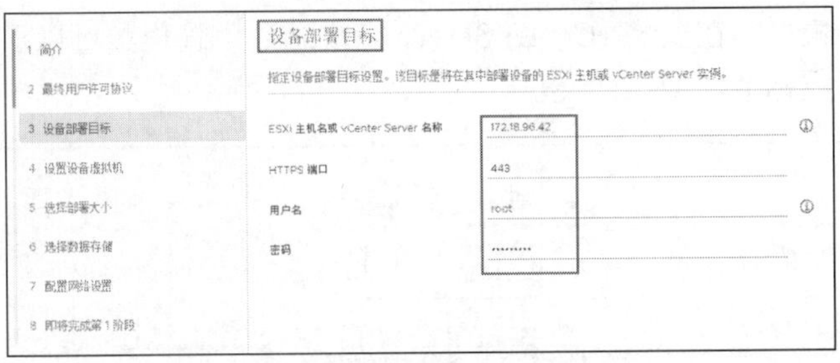

图 2-3-20　设备部署目标

（4）在"设置设备虚拟机"设置要部署的虚拟机名称和 root 密码，如图 2-3-21 所示。本示例中虚拟机名称为 vcsa7_172.18.96.20。密码需要同时包括大写字母、小写字母、数字和特殊符号，密码长度最少为 8 位，最多为 20 位，并且只能使用 A—Z、a—z、0—9 和特殊符号，不允许使用空格。

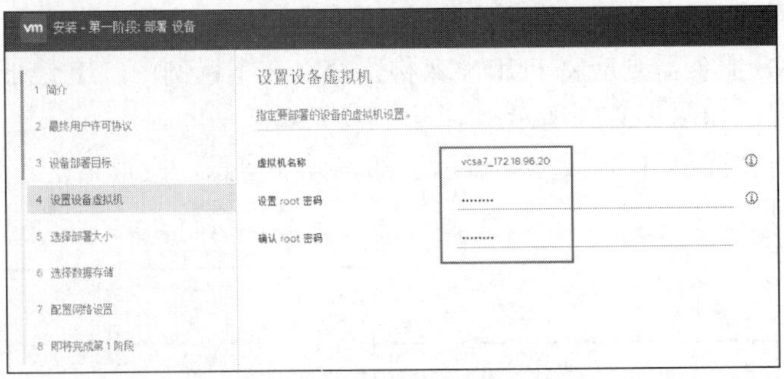

图 2-3-21　设置设备虚拟机

（5）在"选择部署大小"中选择 vCenter Server 部署大小。如果选择超大型部署，最多支持 2000 台主机和 3.5 万台虚拟机，这一部署足以满足大多数企业的需求。本示例是实验环境，所以选择微型部署，此部署支持 10 台主机和 100 台虚拟机，可以满足大多数实验需求，如图 2-3-22 所示。如果以后 vCenter Server Appliance 要管理更多的主机，增加 vCenter Server Appliance 虚拟机的内存与 vCPU 即可。

部署大小	vCPU	内存（GB）	存储（GB）	主机数（上限）	虚拟机数（上限）
微型	2	12	415	10	100
小型	4	19	480	100	1000
中型	8	28	700	400	4000
大型	16	37	1065	1000	10000
超大型	24	56	1805	2000	35000

图 2-3-22　选择部署大小

（6）在"选择数据存储"中为此 vCenter 选择存储位置，单击并选择当前主机的本地存储，本示例为 datastore1，选择"启用精简磁盘模式"，如图 2-3-23 所示。在实际的生产环境部署中，可以选择"安装在包含目标主机的新 vSAN 集群上"，安装程序将为当前主机配置为单节点 vSAN 集群，在安装 vCenter Server 完成之后，管理员可以手动将其他节点添加到 vSAN 集群以形成标准的 vSAN 集群。

图 2-3-23 选择数据存储

（7）在"配置网络设置"中为将要部署的 vCenter 配置网络参数，包括系统名称、IP 地址、子网掩码、网关与 DNS 等。在生产环境中要为 vCenter Server 规划一个 DNS 名称。如果网络中没有 DNS 服务器则应将 FQDN 名称留空。在本示例中，IP 地址为 172.18.96.20，FQDN 名称不设置，如图 2-3-24 所示。

（8）在"即将完成第 1 阶段"中显示了部署详细信息，检查无误之后单击"完成"按钮，如图 2-3-25 所示。

图 2-3-24 配置网络设置

图 2-3-25 即将完成第 1 阶段

（9）开始部署 vCenter Server Appliance 直到第一阶段部署完成，如图 2-3-26 所示。单击"继续"按钮开始第二阶段部署。

图 2-3-26 第一阶段部署完成

（10）开始第二阶段的部署，在"设备配置"中设置时间同步模式以及是否启用 SSH 访问，如图 2-3-27 所示。在本示例中选择"与 ESXi 主机同步时间""已启用"。

图 2-3-27　设备配置

（11）在"SSO 配置"设置 SSO 域的域名（在此设置为 vsphere.local）、用户名（默认为 administrator）和密码（需要至少设置 1 个大写字母、1 个小写字母、1 个数字和 1 个特殊字符，长度至少为 8 个字符并且不超过 20 个字符），如图 2-3-28 所示。

（12）在"即将完成"中显示第二阶段的设置，当前"主机名称"为 localhost，有的 vCenter Server Appliance 版本中，主机名称也有可能是 photon，这两者都是正确的。检查无误之后单击"完成"按钮，如图 2-3-29 所示。

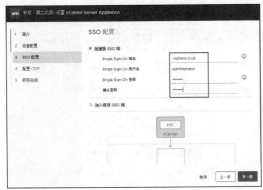

图 2-3-28　SSO 配置

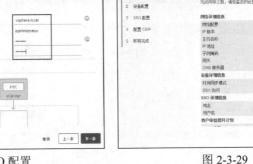

图 2-3-29　即将完成

（13）单击"完成"按钮之后开始设置 vCenter Server Appliance，设置完成之后显示设备入门页面，如图 2-3-30 所示，至此 vCenter Server Appliance 部署完成。单击展开"vSAN 配置指令"可以看到后续的任务。

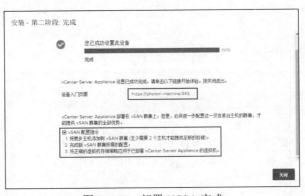

图 2-3-30　部署 VCSA 完成

【说明】在没有内部 DNS 服务器的前提下部署 vCenter Server Appliance 时，当 FQDN 名称留空时，在部署完成后，设备入门页面显示为 https://photon-machine:443 是正常的，在管理 vCenter Server 的时候，用安装时设置的 IP 地址代替 photon-machine 来访问。

部署完成后登录 vSphere Client 页面，第一次登录时需要添加创建数据中心、创建集群并向集群中添加 ESXi 主机 IP 地址，然后添加 vCenter 与 ESXi 许可证等，这些将在后文一一介绍。

2.3.3　登录 vCenter Server

在安装完 vCenter Server Appliance 之后，在浏览器中输入 vCenter Server 的 IP 地址，在本示例中为 https://172.18.96.20（如果安装的时候配置了域名则输入域名），打开 vCenter Server 界面，如图 2-3-31 所示。

在 vCenter Server 界面（当前版本是 7.0.0）提供了 HTML5 的 vSphere Client。从 vSphere 7.0 开始，只提供基于 HTML5 的客户端（称为 vSphere Client），不再提供基于 Adobe Flash 的 vSphere Web Client。在 vCenter Server 界面右侧还提供了"浏览 vSphere 清单中的数据存储"、"浏览 vSphere 管理的对象"和"下载受信任的根 CA 证书"等内容。

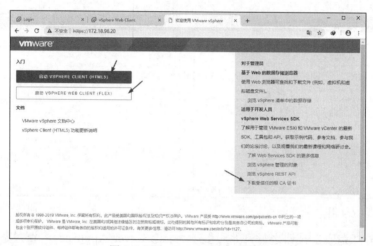

图 2-3-31　vCenter Server 界面

在 Windows 10 操作系统中使用 vSphere Client 时，如果显示英文界面，可以在"设置 →隐私"的"常规"选项中关闭"允许网站通过访问我的语言列表来提供本地相关内容"，如图 2-3-32 所示。

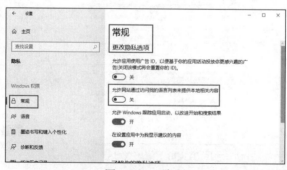

图 2-3-32　隐私

基于 HTML5 的 vSphere Client 登录之后如图 2-3-33 所示（当前管理计算机使用 Windows 10 操作系统，使用 Chrome 浏览器）。

图 2-3-33　vSphere Client

2.3.4　信任 vCenter Server 根证书

在 Chrome 浏览器中输入 vCenter Server Appliance 的 IP 地址 172.18.96.20 并按 Enter 键，进入 vCenter Server 登录界面，如图 2-3-34 所示。

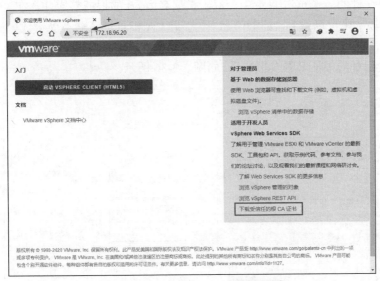

图 2-3-34　vCenter Server 登录界面

在地址栏中会看到"不安全"（Chrome 浏览器）或"证书错误"（IE 浏览器）的红色警报信息，要取消证书的报警信息需要信任并下载根证书，并使用在 vCenter Server 安装时注册的名称（IP 地址或域名）登录。

（1）单击图 2-3-34 所示页面中的"不安全"，在弹出的下拉列表中单击"证书（无效）"，打开"证书"对话框查看证书的名称，在"颁发给"中显示当前证书名称为 172.18.96.20，如图 2-3-35 所示。单击"确定"按钮关闭证书。

图 2-3-35　查看证书

【说明】如果使用 IE 浏览器，则单击"证书错误"，在弹出的"不受信任的证书"对话框中单击"查看证书"。

（2）在图 2-3-34 所示页面中用鼠标右键单击右侧的"下载受信任的 root CA 证书"，在弹出的对话框中选择"链接另存为"，下载并保存根证书压缩文件。双击下载的 download.zip 文件，在证书文件的 certs\win 目录中，双击扩展名为.crt 的根证书文件，在"证书"对话框的"常规"选项卡中可以看到"证书信息"为"此 CA 根目录证书不受信任……"，单击"安装证书"，在"证书导入向导"对话框中选择"将所有的证书放入下列存储"，单击"浏览"按钮选择"受信任的根证书颁发机构"，如图 2-3-36 所示。

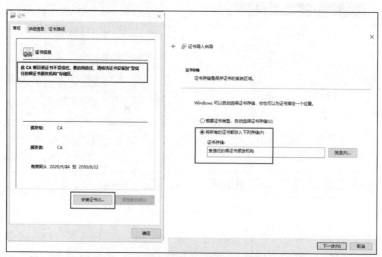

图 2-3-36　信任根证书

（3）安装并信任根证书后关闭浏览器，重新打开 vSphere Client 并登录，此时可以看到证书已经被信任，如图 2-3-37 所示。

图 2-3-37 证书已经被信任

【说明】如果将文件上传到 ESXi 的存储，需要在使用 vSphere Client 的管理工作站完成"证书信任"的操作。

【事件回放】在一次为企业实施 vSAN 的时候，重新以相同的名称安装 vCenter Server Appliance，并且将所有主机加入新的 vCenter Server 之后，因为没有信任新的 vCenter Server 的根证书，在浏览器中输入 vSphere Web Client 的登录地址时，提示"此网站的安全证书存在问题"，只能选择"单击此处关闭该网页"关闭该网页，如图 2-3-38 所示。

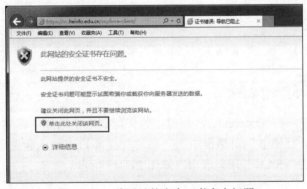

图 2-3-38 此网站的安全证书存在问题

因为知道根证书的下载地址（https://vc.heinfo.edu.cn/certs/download.zip，其中 vc.heinfo.edu.cn 是 vCenter Server 服务器的 IP 地址），直接下载并信任根证书之后，vSphere Web Client 即可登录。如果你在企业中碰到类似问题，在浏览器中输入 https://vc_ip 地址/certs/download.zip 下载根证书并导入信任列表即可解决问题。

如果在下载根证书文件（示例为 https://vc.heinfo.edu.cn/certs/download.zip）后仍然出现图 2-3-38 的错误提示，应使用管理控制台插件（MMC）添加"证书（本地计算机）"管理单元，在"受信任的根证书颁发机构"删除所有颁发者为 CA 并且颁发给 CA 的根证书即可，如图 2-3-39 所示。

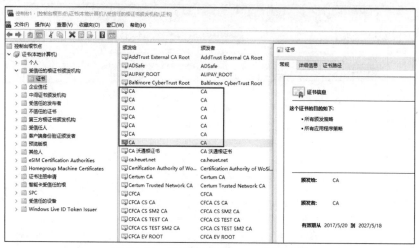

图 2-3-39　删除颁发者为 CA 的根证书

2.3.5　将主机添加到集群

使用浏览器登录 vCenter Server，添加其他主机到集群中，主要步骤如下。

（1）用鼠标右键单击 172.18.96.20，在弹出的快捷菜单中选择"新建数据中心"，如图 2-3-40 所示，在弹出的"新建数据中心"对话框中的"名称"中输入数据中心名称。本示例采用默认值 Datacenter，如图 2-3-41 所示。

图 2-3-40　新建数据中心

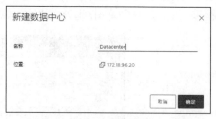

图 2-3-41　设置数据中心名称

（2）用鼠标右键单击 Datacenter，在弹出的快捷菜单中选择"新建集群"，如图 2-3-42 所示；在弹出的"新建集群"对话框中的"名称"文本框中输入新建集群的名称，本示例为 vSAN01，并打开"vSAN"开关选项，如图 2-3-43 所示。

图 2-3-42　新建集群

图 2-3-43　设置集群名称

（3）用鼠标右键单击"vSAN01"集群，在弹出的快捷菜单中选择"添加主机"，如图 2-3-44 所示。

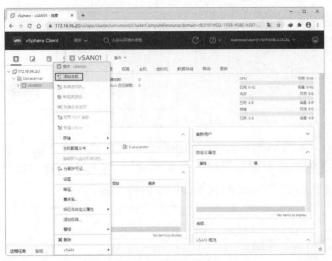

图 2-3-44 添加主机

（4）在"将新主机和现有主机添加到您的集群"中，将要添加的主机 IP 地址添加到列表中，如图 2-3-45 所示。如果每台主机的管理员账户密码相同，可以选中"对所有主机使用相同凭据"。在本示例中，将 IP 地址为 172.18.96.41 到 172.18.96.44 的主机添加到集群中。

（5）在"安全警示"对话框选中所有主机，单击"确定"按钮，如图 2-3-46 所示。

图 2-3-45 将主机添加到集群

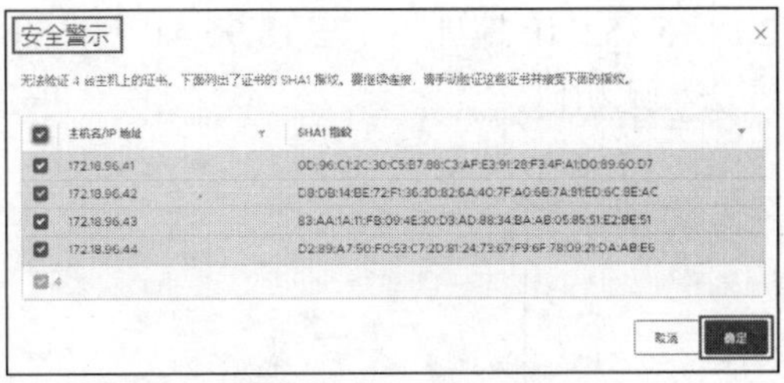

图 2-3-46 安全警示

（6）"主机摘要"显示了将要添加的主机的 ESX 版本和型号等，如图 2-3-47 所示。

图 2-3-47 主机摘要

（7）在"检查并完成"中提示将主机添加到集群后，新添加的主机将进入维护模式，确认无误之后单击"完成"按钮，如图 2-3-48 所示。

图 2-3-48　检查并完成

（8）添加之后，新添加的主机处于维护模式。选中进入维护模式的主机，用鼠标右键单击，在弹出的快捷菜单中选择"退出维护模式"，可将主机退出维护模式，IP 地址为 172.18.96.42 的主机退出维护模式的效果如图 2-3-49 所示。

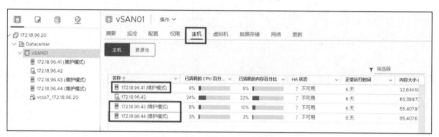

图 2-3-49　退出维护模式

（9）将所有主机退出维护模式后，在导航器中选中每台主机，在"配置→系统→时间配置"中，为每台主机启用 NTP 并指定 NTP 服务器，本示例中 NTP 服务器的 IP 地址为 172.18.96.252。IP 地址为 172.18.96.41 主机的 NTP 配置如图 2-3-50 所示。其他主机配置 NTP 的方法与此相似。

图 2-3-50　为 ESXi 主机配置 NTP

2.3.6　为 vSphere 分配许可证

在安装 vCenter Server 并向 vCenter Server 添加了 ESXi 主机之后需要添加许可证。如果是测试环境，在不添加许可证的情况下可以免费测试 60 天。超过 60 天不能启动新的虚拟机，在添加许可证之后才可以继续使用。

（1）在"系统管理→许可→许可证"中单击"添加新许可证"按钮，然后添加序列号，每个产品的序列号应在一行内输入。添加之后会显示许可的产品（如 vCenter Server、vSphere 和 vSAN 等）以及产品的容量等，如图 2-3-51 所示。

图 2-3-51　添加许可证

（2）添加许可证之后，在"资产"中单击每个产品然后单击"分配许可证"按钮为产品分配许可证，通常要为 vCenter Server 和主机分配许可证，如果有其他产品，例如 vSAN 或 NSX，也需要为这些产品分配许可证。为 vCenter Server 分配许可证操作如图 2-3-52，为主机分配许可证操作如图 2-3-53 所示，为 vSAN 分配许可证操作如图 2-3-54 所示。

图 2-3-52　为 vCenter Server 分配许可证

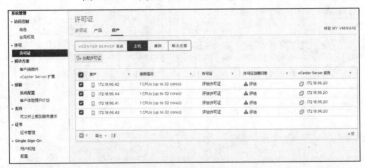

图 2-3-53　为主机分配许可证

图 2-3-54　为 vSAN 分配许可证

2.3.7　修改 SSO 与 root 账户密码过期策略

从 vCenter Server Appliance 5.5 Update 1 开始，vCenter Server Appliance 强制执行密码策略，该策略会导致 SSO 账户密码在 90 天后过期，密码过期后会将账户锁定。

vCenter Server Appliance 6.0 的 root 账户密码默认 365 天有效，vCenter Server Appliance 6.5 和 6.7 的 root 账户密码默认 60 天有效，vCenter Server Appliance 7.0 的 root 账户密码默认 90 天有效。在安装完 vCenter Server Appliance 之后，需要修改 SSO 与 root 账户密码过期策略。

（1）登录 vSphere Client，使用 SSO 账户（默认为 administrator@vsphere.local）登录。登录后在导航器中单击"系统管理"，在"系统管理→Single Sign On→配置"中，在"本地账户"选项卡可以看到最长生命周期为"密码必须每 90 天更改一次"，如图 2-3-55 所示。

（2）在图 2-3-55 所示页面单击"编辑"按钮，在"编辑密码策略"中将最长生命周期修改为"密码更改频率：每 0 天"，这表示密码永不过期，如图 2-3-56 所示，然后单击"确定"按钮。在"密码格式要求"中，可以修改密码的最大长度、最小长度、字符等要求，这些要求比较简单，每个管理员都能理解其字面意思，在此不介绍。

图 2-3-55　密码策略

图 2-3-56　编辑密码策略

（3）登录 vCenter Server Appliance 控制台界面，本示例中登录地址为 https://172.18.96.20:5480，使用用户名 root 及密码登录。

（4）在"系统管理"中的"密码过期设置"中可以看到密码有效期为 90 天，单击右侧的"编辑"按钮，在弹出的"密码过期设置"中选择"否"，单击"保存"按钮退出。设置之后如图 2-3-57 所示。

图 2-3-57　密码永不过期

2.3.8　为 VMkernel 启用 vMotion

在为 vSphere 集群启用 HA 与 DRS 之后，需要配置 vMotion。vMotion 可实现虚拟机在不同主机之间迁移的功能。vMotion 可以实现以下几个主要功能。

（1）仅更改主机。当虚拟机保存在共享存储时，虚拟机可以更改运行主机，虚拟机存储位置不变。实现范围是需要同一 vCenter Server 管理的不同集群或同一集群的不同主机。

（2）更改主机和存储。虚拟机可以同时跨主机和跨存储迁移。实现范围是需要同一 vCenter Server 管理的不同集群或同一集群的不同主机。

（3）跨不同 vCenter Server 迁移。在 vCenter Server 7.0 U1c 及其以后的版本中，可以将受其他 vCenter Server 管理的 ESXi 主机中的虚拟机迁移到当前 vCenter Server 7.0 U1c 管理的 ESXi 主机中，也可以将当前 vCenter Server 7.0 U1c 管理的虚拟机迁移到其他 vCenter Server 管理的 ESXi 主机中。这实现了跨不同 vCenter Server 的迁移。

需要注意，无论是同一 vCenter Server 平台，还是跨 vCenter Server 平台。在迁移虚拟机（或同时包括虚拟机存储位置）的时候，目标 ESXi 主机的 EVC 要不低于源 ESXi 主机所运行的虚拟机使用的 EVC。目标 ESXi 主机所支持的虚拟机硬件版本不低于源虚拟机所使用的虚拟机硬件版本。

不同版本的 ESXi 主机支持的虚拟机硬件版本不同，不同主机 CPU 所支持的 EVC 也不同。简单来说，可以平级（相当 EVC 及相当硬件版本）迁移，或者向上迁移（低 EVC、低硬件版本支持迁移到更高 EVC 的主机、更高 ESXi 版本的主机），但不能向下迁移。

对于高 EVC 版本的主机上的虚拟机，想迁移到低 EVC 版本支持的主机，需要将虚拟机关机。

vMotion 与其他流量可以共存在同一 VMkernel，我们也可以为 vMotion 流量规划单独的 VMkernel。一般情况下，需要为负载较轻、速度较快的 VMkernel 启用 vMotion 流量。在当前的实验环境中，为 vMotion 流量配置 vSAN 流量所在 VMkernel，本示例为 vmk1。配置步骤如下。

（1）使用 vSphere Client 登录到 vCenter Server，在导航器中选中其中一台主机，例如 IP 地址为 172.18.96.41 的主机，在右侧"配置→网络→VMkernel 适配器"中单击 vmk0 查看当前的流量，当前已启用的服务是管理，如图 2-3-58 所示。

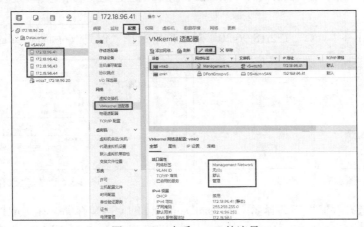

图 2-3-58　查看 vmk0 的流量

（2）选择 vmk1，单击"编辑"按钮，在"vmk1-编辑设置"对话框中，选中 vMotion 和 vSAN，如图 2-3-59 所示，然后单击"OK"按钮。配置之后检查 vmk1 的流量如图 2-3-60 所示。

图 2-3-59　启用 vMotion 流量

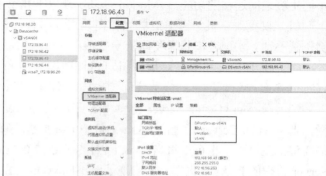

图 2-3-60　检查 vmk1 的流量

（3）参照第（1）至（2）的步骤，使另外 3 台主机的 vmk1 也启用 vMotion 流量，这不再一一介绍。

【说明】

（1）在任意一台主机中有多个 VMkernel，同一流量最好只在一个 VMkernel 上配置，不要在多个 VMkernel 配置同一流量。

（2）同一集群的同一流量（例如 vMotion）需要能互通。如果不同集群使用相同的流量，集群主机之间相同的流量应该能互通，例如 vMotion 流量。vMotion 可以在不同集群之间迁移虚拟机。对于不需要互通的流量，例如 vSAN 流量，每个 vSAN 集群的 vSAN 流量应该与其他集群的 vSAN 流量不能互通且应该在不同的网段。

2.3.9　更改 vCenter Server 存储位置

如果在安装 vCenter Server 的时候将该虚拟机部署在 ESXi 本地存储，需要在配置 vSAN 共享存储之后，将 vCenter Server 迁移到 vSAN 存储，主要步骤如下。

（1）使用 vSphere Client 登录到 vCenter Server，用鼠标右键单击 vCenter Server Appliance 虚拟机的名称，本示例为 vcsa7_172.18.96.20，在弹出的快捷菜单中选择"迁移"，如图 2-3-61 所示。

（2）在"迁移｜vcsa7_172.18.96.20"对话框中选择"仅更改存储"，如图 2-3-62 所示。

图 2-3-61　迁移

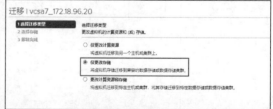

图 2-3-62　仅更改存储

（3）在"选择存储"中选择名称为 vsanDatastore 的 vSAN 存储，在"虚拟机存储策略"下拉列表中选择"vSAN Default Storage Policy"，而后单击"NEXT"按钮，如图 2-3-63 所示。

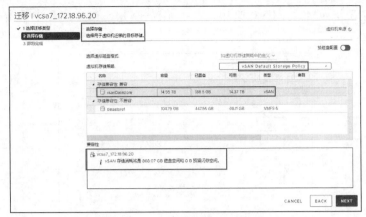

图 2-3-63　选择虚拟机存储策略

（4）在"即将完成"中单击"FINISH"按钮，如图 2-3-64 所示。

图 2-3-64　即将完成

2.3.10　启用 HA、DRS 与 EVC

在启用 vSAN 集群之后，后续任务一般是为集群启用 HA、DRS、EVC。如果 ESXi 主机与 vSAN 存储使用同一个 RAID 阵列卡，建议删除系统卷所在 VMFS 存储卷。为集群启用 HA、DRS 与 EVC，以获得高可靠性、动态资源调度和 vMotion 兼容性。

（1）在 vSphere Client 的导航器中单击 vSAN 集群，在"配置→服务→vSphere 可用性"中可以看到，当前 vSphere HA 是关闭状态，单击"编辑"按钮，如图 2-3-65 所示。

图 2-3-65　编辑

（2）在"编辑集群设置"对话框中启用 vSphere HA 和主机监控，如图 2-3-66 所示。

（3）在"配置→vSphere DRS"中单击"编辑"按钮，打开"编辑集群设置"对话框，启用 vSphere DRS，如图 2-3-67 所示。

（4）默认情况下 VMware EVC 禁用，在"配置→VMware EVC"中单击"编辑"按钮，如图 2-3-68 所示。

图 2-3-66　启用 vSphere HA 和主机监控

图 2-3-67　启用 vSphere DRS

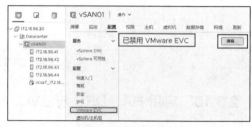

图 2-3-68　编辑 EVC

（5）在"更改 EVC 模式"对话框中选择"为 Intel 主机启用 EVC"，并在 CPU 模式下拉列表框中选择合适的选项。当选项合适时在"兼容性"中显示"验证成功"，如图 2-3-69 所示。

（6）如果选项不合适会提示"主机的 CPU 硬件不支持集群当前的增强型 vMotion 兼容性模式。主机 CPU 缺少该模式所需的功能"，如图 2-3-70 所示。

图 2-3-69　选择正确的 EVC 模式

图 2-3-70　EVC 模式选择不正确

（7）如果要查看每台主机的 EVC 模式，在导航器中选择主机，在"摘要"选项卡的"配置→EVC"选项中查看主机支持的 EVC 模式，最后一行为当前主机 CPU 所能支持的最高项，如图 2-3-71 所示。在同一个集群中 EVC 模式的配置是以集群中支持的 EVC 模式最低的主机为基准的。

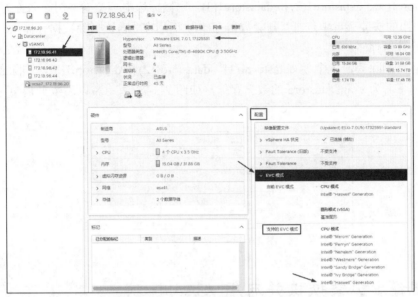

图 2-3-71 查看主机支持的 EVC 模式

（8）启用 VMware EVC 之后如图 2-3-72 所示。

图 2-3-72 已启用 VMware EVC

2.3.11 删除本地存储

在 vSAN 集群中，如果 ESXi 主机的系统磁盘与 vSAN 磁盘使用同一阵列卡，系统磁盘在安装 ESXi 的时候被格式化为 VMFS（本地磁盘），而 vSAN 磁盘组成 vSAN 存储。vSAN和非 vSAN 工作负载在处理磁盘管理 I/O、重试和报错等物理存储方面，采用的是不同的管理方式。

如果 vSAN 和非 vSAN 磁盘用于在同一存储控制器上执行大容量操作，或如果控制器采用 JBOD+RAID 混合模式，则会因磁盘误报故障而导致 vSAN 集群中的数据不可用。在最坏的情况下，还可能导致 vSAN 集群中的数据丢失。为避免冲突或有关 vSAN 基础架构的其他问题，可以卸载并删除这些安装了 ESXi 的 VMFS 卷。删除这些 VMFS 卷不影响 ESXi

主机的重新引导和系统使用。

（1）在 vSphere Client 导航器中选中 vSAN 集群，在"数据存储"选项卡的"数据存储"列表中显示了当前主机所有的存储，在本示例中有一个名为 vsanDatastore 的 vSAN 存储，另外有 4 个本地 VMFS 卷，第一个加入集群的系统存储的名称为 datastore1，其他 3 个的名称是 datastore1(1)、datastore1(2)和 datastore1(3)。用鼠标选中一个卷，例如名称为 datastore1 的卷，在弹出的快捷菜单中选择"删除数据存储"，而后在"确认删除数据存储"中单击"是"按钮，删除数据存储。

（2）然后删除其他 3 个卷 datastore1(1)、datastore1(2)和 datastore1(3)，删除之后在数据存储中只剩下名为 vsanDatastore 的数据存储，如图 2-3-73 所示。以后数据都会保存在该数据存储。

图 2-3-73　vSAN 数据存储

2.4　配置虚拟交换机并启用 vSAN 集群

在安装好 ESXi 与 vCenter Server 并将 ESXi 添加到 vCenter Server 之后，下面的任务是为 vSAN 流量创建虚拟交换机并启用 vSAN 流量，然后启用 vSAN 并向 vSAN 中添加磁盘组，最后创建虚拟交换机。

2.4.1　创建分布式交换机

本小节为 4 台主机配置 vSphere 分布式交换机，然后添加用于 vSAN 流量的 VMkernel。

（1）使用 vSphere Client 登录到 vCenter Server，单击 🖥 图标，用鼠标右键单击 Datacenter，在弹出的快捷菜单中选择"Distributed Switch→新建 Distributed Switch"，如图 2-4-1 所示。

（2）在"新建 Distributed Switch"对话框的"名称和位置→名称"处输入新建交换机的名称，在此设置名称为 DSwitch-vSAN，如图 2-4-2 所示。

图 2-4-1　新建分布式交换机

图 2-4-2　设置交换机名称

（3）在"选择版本"中选择"7.0.0 - ESXi 7.0 及更高版本"，如图 2-4-3 所示。

（4）在"编辑设置"的"上行链路数"中选择 2。该数目是每台主机使用的网卡数，不是所有主机使用网卡数的总和。在当前示例中，每台主机使用 2 个 10Gbit/s 端口组成分布式交换机的上行链路，选中"创建默认端口组"并设置端口组名称为 DPortGroup-vSAN，如图 2-4-4 所示。

图 2-4-3 选择分布式交换机的版本

图 2-4-4 配置设置

【说明】在创建端口组的时候，如果端口组的名称包括短横线，应确保使用英文半角的-，不要使用中文全角的短横线。

（5）在"即将完成"中显示了新建分布式虚拟交换机的信息，检查无误之后单击"FINISH"按钮，如图 2-4-5 所示。

图 2-4-5 即将完成

2.4.2 为分布式交换机分配上行链路

在创建了分布式虚拟交换机后需要添加上行链路，操作方法和步骤如下。

（1）在 vSphere Client 的"网络"界面中，用鼠标右键单击新建的虚拟交换机 DSwitch-vSAN，在弹出的快捷菜单中选择"添加和管理主机"，如图 2-4-6 所示。

（2）在"DSwitch-vSAN - 添加和管理主机"中选择"选择任务→添加主机"，如图 2-4-7 所示。

图 2-4-6 添加和管理主机

图 2-4-7 添加主机

（3）在"选择主机"中单击"新主机"按钮。在弹出的"选择新主机"对话框中选中所有的主机，如图 2-4-8 所示。

（4）在"选择主机"的"主机"列表中显示了添加的主机，如图 2-4-9 所示。

（5）在"管理物理适配器"中为此分布式交换机添加或移除物理网卡。在"主机/物理网络适配器"中选中每个未分配的端口（本示例为 vmnic4），单击"分配上行链路"，如图 2-4-10

所示，在弹出的"选择上行链路"对话框选择上行链路 1 或上行链路 2，如果每台主机的网络配置相同，可以选中"将此上行链路分配应用于其余主机"，如图 2-4-11 所示。当每台主机的配置不同时不要选中这一项，而是对每台主机手动一一选择。在本示例中，每台主机的 vmnic4 均用于上行链路 1。

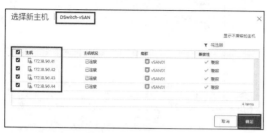

图 2-4-8　选择新主机

图 2-4-9　主机列表

图 2-4-10　分配上行链路 1

图 2-4-11　选择上行链路

（6）在"主机/物理网络适配器"列表中为上行链路 2 选择 vmnic5 网卡并应用于其余主机，分配之后如图 2-4-12 所示。注意，不要将已经分配给 vSwitch0 的网卡重新分配为上行链路 1 或上行链路 2，除非是在做从标准交换机到分布式交换机迁移任务的时候才允许重新分配上行链路。

（7）在"管理 VMkernel 适配器"中单击"NEXT"按钮，如图 2-4-13 所示。

图 2-4-12　分配上行链路 2

图 2-4-13　管理 VMkernel 适配器

（8）在"迁移虚拟机网络"中单击"NEXT"按钮，如图 2-4-14 所示。

（9）在"即将完成"中单击"FINISH"按钮完成上行链路分配，如图 2-4-15 所示。

图 2-4-14 迁移虚拟机网络

图 2-4-15 即将完成

2.4.3 修改 MTU 为 9000

在本实验环境中已经为物理交换机配置了巨型帧支持。默认创建的虚拟交换机的 MTU 值为 1500，本示例中将其修改为 9000。注意，在 vSAN 中启用巨型帧之后，如果没有特别的需求不要再进行修改，以后新添加的节点主机也应该启用巨型帧。在启用 vSAN 之后修改 MTU 参数可能会导致 vSAN 流量中断，造成虚拟机离线的故障。

（1）在 vSphere Client 的"网络"选项卡中用鼠标右键单击 DSwitch-vSAN，选择"设置→编辑设置"，如图 2-4-16 所示。

（2）在"DSwitch-vSAN - 编辑设置"对话框的"高级"选项中修改 MTU 为 9000，单击"OK"按钮完成设置，如图 2-4-17 所示。

【说明】使用域名登录 vCenter Server，有时候不会出现左侧的"常规"和"高级"等选项，如果出现这种情况，应该换用 vCenter 的 IP 地址登录 vCenter Server。如果使用的是 Chrome 浏览器，可以尝试将浏览器缓存清空，然后重新登录 vCenter Server。

图 2-4-16 编辑设置

图 2-4-17 修改 MTU

2.4.4 为 vSAN 流量添加 VMkernel

下面为每台主机添加一个用于 vSAN 流量的 VMkernel。

（1）在 vSphere Client 的"网络"选项卡中，用鼠标右键单击 DSwitch-vSAN 分布式交换机名为 DPortGroup-vSAN 的端口组，在弹出的快捷菜单中选择"添加 VMkernel 适配器"，如图 2-4-18 所示。

（2）在"选择主机"中添加 172.18.96.41 至 172.18.96.44 的所有主机，如图 2-4-19 所示。

图 2-4-18　添加 VMkernel 适配器　　　　图 2-4-19　选择要添加 VMkernel 的主机

（3）在"配置 VMkernel 适配器"的"可用服务"中选择 vSAN，如图 2-4-20 所示。在 MTU 中可以看到从交换机获取的 MTU 为 9000。

（4）在"IPv4 设置"中为每台主机设置 VMkernel 的 IP 地址。本示例中 VMkernel 的 IP 地址依次是 192.168.96.41 到 192.168.96.44。选择"使用静态 IPv4 设置"，在为第 1 台 ESXi 主机添加了 VMkernel 的 IP 地址和子网掩码后，如果其他主机的 VMkernel 的地址也是连续分配的，配置向导会自动填充其余地址，如图 2-4-21 所示。

图 2-4-20　启用 vSAN　　　　图 2-4-21　配置 VMkernel 的 IP 地址和子网掩码

（5）在"即将完成"中显示了每台主机的 IP 地址及新添加的 VMkernel 的 IP 地址等信息，检查无误之后单击"完成"按钮，如图 2-4-22 所示。

图 2-4-22　即将完成

（6）为每台主机添加了用于 vSAN 的 VMkernel 适配器之后，在导航器中选中 ESXi 主机，在右侧的"配置→网络→VMkernel 适配器"中查看名为 vmk1 的设备，可以看到新配置的 VMkernel 的 IP 地址及启用了 vSAN 服务等信息，如图 2-4-23 所示。

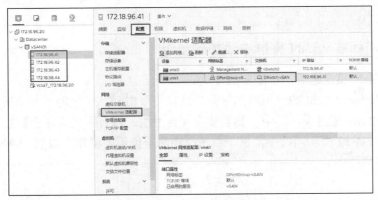

图 2-4-23　检查 VMkernel

最后为每台主机启用 vMotion 流量与置备流量等。在本示例中，vMotion 与 vSAN 流量共用一个 VMkernel，置备流量和管理流量可以使用 vmk0 的 VMkernel。

（1）在 vSphere Client 的导航器中选中一台主机，例如 172.18.96.41，在"配置→网络→VMkernel 适配器"中选中名为 vmk0 的 VMkernel，单击"编辑"按钮，如图 2-4-24 所示。

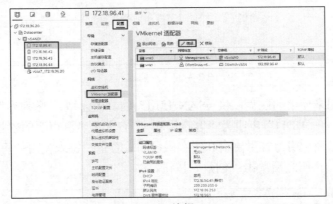

图 2-4-24　编辑 vmk0

（2）在"vmk0 - 编辑设置"中选中置备和管理，如图 2-4-25 所示。单击"OK"按钮完成设置。

（3）为 vmk1 启用 vMotion 和 vSAN 流量，如图 2-4-26 所示。

图 2-4-25　启用置备和管理流量

图 2-4-26　为 vmk1 启用 vMotion 和 vSAN 流量

【说明】在同一个集群中，相同的流量应该使用相同网段的 VMkernel，不建议在多个 VMkernel 启用相同的服务。如果同一流量选择了不同网段的 VMkernel，有可能造成相对应的服务无法使用。

2.4.5　向标准 vSAN 集群中添加磁盘组

在启用 vSAN 流量之后可以配置磁盘组。

（1）在 vSphere Client 的"主机和集群"选项中单击 vSAN 集群（本示例为 vSAN01），在"配置→vSAN→磁盘管理"中看到当前有 4 台主机，每台主机有 3 个磁盘，使用的磁盘是 0 个，如图 2-4-27 所示。选中主机，单击"声明未使用的磁盘"以供 vSAN 使用。

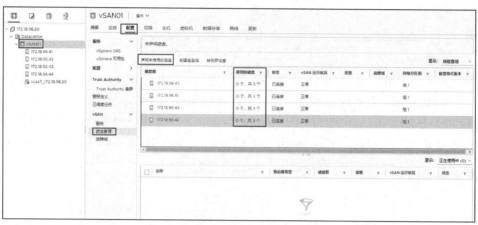

图 2-4-27　声明磁盘

（2）在"声明未使用的磁盘以供 vSAN 使用"的"磁盘型号/序列号"中将"闪存"声明为"缓存层"，将"HDD"声明为"容量层"，在右上角"已声明的容量"和"已声明的缓存"中显示了已经声明为容量磁盘和缓存磁盘的总容量。将未使用的每块磁盘进行声明，如图 2-4-28 所示。声明之后单击"创建"按钮。

图 2-4-28　声明未使用的磁盘

（3）添加磁盘之后，在"配置→vSAN→磁盘管理"中看到每台主机都配置了一个磁盘组，在"vSAN 运行状况"中看到每台主机状况正常，在"网络分区组"中同一个集群都在"组 1"表示正确，在"磁盘格式版本"中显示了 vSAN 磁盘的格式，当前版本为 11，如图 2-4-29 所示。

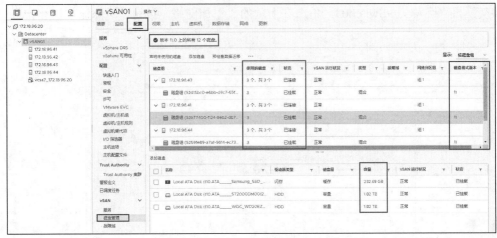

图 2-4-29　磁盘管理

2.4.6　配置第 2 台 vSphere 标准交换机

根据第 2.2.3 小节"vSphere 标准交换机案例介绍"与第 2.2.4 小节"vSphere 分布式交换机案例介绍"所规划的内容，本节将以图 2-2-6 所规划的拓扑为例，在 vSAN 集群每台主机创建第 2 台 vSphere 标准交换机，并使用 vmnic2 和 vmnic3 网卡作为上行链路。然后根据表 2-2-3 的虚拟网络规划，在第 2 台 vSphere 标准交换机创建 4 个端口组对应 vlan2002 到 vlan2005。当前 vSAN 集群共有 4 台主机，每台主机都要配置同名的 vSphere 标准交换机并且在新建的标准交换机上创建相同名称和相同属性的端口组，便于虚拟机使用。下面以 IP 地址为 172.18.96.41 的主机为例进行配置，另 3 台主机配置与此相似。

（1）使用 vSphere Client 登录到 vCenter Server，在导航器中选择要配置的主机，本示例为 172.18.96.41，在右侧窗格中单击"配置→网络→物理适配器"，在"物理适配器"中可以看到当前主机网卡的设备名称、创建的交换机名称、实际速度和 MAC 地址等，如图 2-4-30 所示。当前主机的 vmnic2 与 vmnic3 还没有配置交换机。

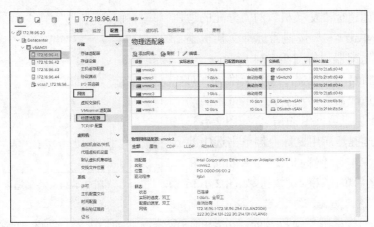

图 2-4-30　查看物理适配器信息

（2）在"配置→网络→虚拟交换机"中可以查看当前主机的虚拟交换机信息，如图 2-4-31 所示。当前主机配置了一台 vSphere 分布式交换机（名称为 DSwitch-vSAN）和一台 vSphere

标准交换机（名称为 vSwitch0）。单击右上角的"添加网络"按钮，进入添加网络向导。

图 2-4-31 添加网络

（3）在"选择连接类型"中选择"标准交换机的虚拟机端口组"，如图 2-4-32 所示。

（4）在"选择目标设备"中选择"新建标准交换机"，MTU 选择默认值 1500，如图 2-4-33 所示。

图 2-4-32 选择连接类型

图 2-4-33 新建标准交换机

（5）在"创建标准交换机"的"分配的适配器"列表中单击"+"按钮为标准交换机添加上行链路的适配器，如图 2-4-34 所示。

（6）在"将物理适配器添加到交换机"对话框的"网络适配器"列表中显示了可用的网卡，单击网卡可以查看网卡的信息，如图 2-4-35 所示。按住 Ctrl 键然后用鼠标左键单击选中要使用的网卡，本示例同时选中 vmnic2 和 vmnic3，选中之后单击"确定"按钮，如图 2-4-36 所示。

图 2-4-34 添加适配器

（7）在"创建标准交换机"的"分配的适配器→活动适配器"列表中显示了添加的网卡，如图 2-4-37 所示。

图 2-4-35 查看网卡信息

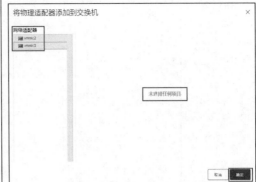

图 2-4-36 选中多块网卡

图 2-4-37 添加的网卡

（8）在"连接设置"的"网络标签"中设置端口组名称，本示例中设置端口组名称为 vlan2002，在 VLAN ID 中设置 2002，如图 2-4-38 所示。连接到这个端口组的虚拟机网络将属于 VLAN2002。

（9）在"即将完成"中显示了新建标准交换机和端口组的名称，显示无误之后单击 "FINISH"按钮完成设置，如图 2-4-39 所示。

图 2-4-38 设置端口组信息

图 2-4-39 添加网络完成

（10）在创建标准交换机和端口组后，在"配置→虚拟交换机"中可以看到新创建的名为 vSwitch1 的虚拟交换机及名为 vlan2002 的端口组，如图 2-4-40 所示。

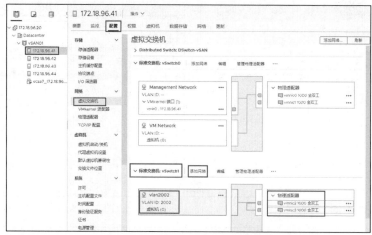

图 2-4-40　创建标准交换机与端口组完成

（11）如果要在 vSwitch1 创建其他端口组，在图 2-4-40 的"标准交换机：vSwitch1"后面单击"添加网络"，在"选择连接类型"中选择"标准交换机的虚拟机端口组"，在"选择目标设备"中选择现有标准交换机 vSwitch1，如图 2-4-41 所示。

（12）在"连接设置"的网络标签中输入要创建的端口组名称，本示例中设置名称为 vlan2003，并在 VLAN ID 后面输入这个端口组对应的 ID，本示例为 2003，如图 2-4-42 所示。

图 2-4-41　选择目标设备

图 2-4-42　连接设置

（13）在"即将完成"中显示了即将创建的端口组的信息，检查无误之后单击"FINISH"按钮，如图 2-4-43 所示。

图 2-4-43　创建端口组完成

参照第（11）至（13）的步骤，在 vSwitch1 上创建名为 vlan2004 和 vlan2005 的端口组，创建完成之后如图 2-4-44 所示。

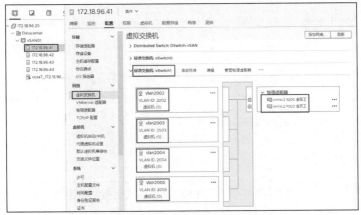

图 2-4-44 vSwitch1 的端口组创建完成

在创建了标准交换机之后，在"配置→网络→物理适配器"中查看物理适配器及对应的交换机，如图 2-4-45 所示。

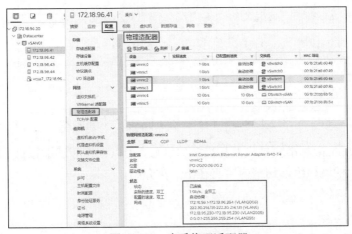

图 2-4-45 查看物理适配器

参照第（1）至（13）的步骤，将 vSAN 集群中另外 3 台主机添加标准交换机 vSwitch1 及名为 vlan2002、vlan2003、vlan2004 和 vlan2005 的端口组，创建之后如图 2-4-46 至图 2-4-48 所示。

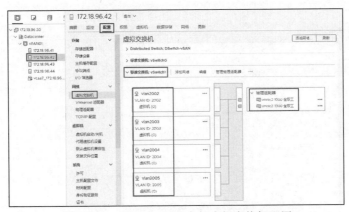

图 2-4-46 第 2 台 ESXi 主机虚拟交换机配置

图 2-4-47　第 3 台 ESXi 主机虚拟交换机配置

图 2-4-48　第 4 台 ESXi 主机虚拟交换机配置

在配置了 vSphere 标准交换机及标准端口组后,可以创建测试虚拟机,修改虚拟机网络使用 vSwitch1 上的端口组,这些内容将在下一章介绍。

第 3 章　vSphere 虚拟网络高级应用

vSphere 标准交换机与 vSphere 分布式交换机具有大多数物理交换机的功能，例如 VLAN、Trunk、链路聚合、私有 VLAN 和端口镜像，其中链路聚合、私有 VLAN 和端口镜像是 vSphere 分布式交换机的功能。VLAN 和 Trunk 属于 vSphere 标准交换机和 vSphere 分布式交换机都具有的功能。本章介绍虚拟交换机 VLAN 类型、专用 VLAN 和链路聚合等应用。

3.1　迁移标准交换机到分布式交换机

当 vSphere 集群中物理主机数量较多时，推荐使用 vSphere 分布式交换机管理虚拟网络。使用 vSphere 分布式交换机可以减少管理员的操作步骤，还能提供一些 vSphere 标准虚拟机不能提供的高级网络功能。主机如果有未使用的网卡（上行链路端口），管理员可以新建 vSphere 分布式交换机，将未使用的上行链路端口分配给分布式交换机。如果主机上行链路端口已经全部分配完毕，也可以将标准交换机使用的上行链路和端口组迁移到 vSphere 分布式交换机。本节介绍这一操作。

3.1.1　网络拓扑描述

在本小节仍然采用第 2 章的实验环境，当前环境中有 4 台 ESXi 主机，每台主机有 6 块网卡，其中每台主机的第 1 和第 2 块网卡创建了标准交换机 vSwitch0，这两块网卡连接到物理交换机的 Access 端口，属于 vlan2006；每台主机的第 3 和第 4 块网卡创建了第 2 台标准交换机 vSwitch1；每台主机的第 5 和第 6 块网卡创建了第 1 台分布式交换机 DSwitch-vSAN。原有网络拓扑如图 3-1-1 所示。

主机所连接的物理交换机的 VLAN 划分如表 3-1-1 所列。ID 为 2021 和 2022 的 VLAN 是私有 VLAN，将在后文介绍。

表 3-1-1　本节实验部分 VLAN 划分

VLAN ID	IP 地址段	网关	说明
2001	172.18.91.0/24	172.18.91.253	普通 VLAN
2002	172.18.92.0/24	172.18.92.253	普通 VLAN
2003	172.18.93.0/24	172.18.93.253	普通 VLAN
2005	172.18.95.0/24	172.18.95.253	普通 VLAN
2004	172.18.94.0/24	172.18.94.253	主 VLAN
2021	172.18.94.0/24	172.18.94.253	隔离型
2022	172.18.94.0/24	172.18.94.253	互通型

本小节将把图 3-1-1 示例中的标准交换机 vSwitch1 及端口组迁移到 vSphere 分布式交换

机，迁移后拓扑如图 3-1-2 所示。

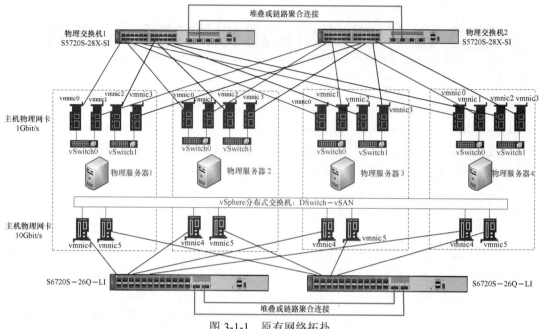

图 3-1-1　原有网络拓扑

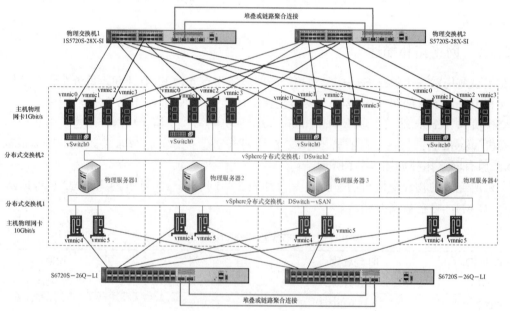

图 3-1-2　将 VSS 迁移到 VDS 拓扑

从标准交换机迁移到分布式交换机的主要步骤如下。

（1）为要迁移的标准交换机（本示例为 vSwitch1）创建对应的分布式交换机（本示例中新建名为 DSwitch2 的分布式交换机），并创建与原标准交换机上端口组对应的分布式端口组。在本示例中 vSwitch1 上共有 4 个端口组，名称分别为 vlan2002、vlan2003、vlan2004和 vlan2005，如图 3-1-3 所示。

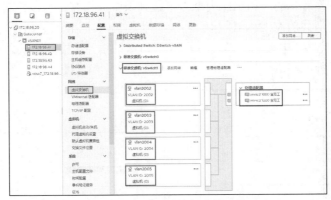

图 3-1-3 要迁移的标准端口组

（2）在迁移的过程中，为了保证使用标准端口组 vlan2002、vlan2003、vlan2004 和 vlan2005 的虚拟机的网络不中断，在迁移上行链路的时候需要分两次迁移，每次只迁移一条上行链路，并且在原标准交换机 vSwitch1 和新建分布式交换机 DSwitch2 各有一条上行链路后，将使用标准端口组 vlan2002、vlan2003、vlan2004 和 vlan2005 的虚拟机迁移到新建的使用分布式端口组的 vlan2002、vlan2003、vlan2004 和 vlan2005。如果原标准交换机还绑定了 VMkernel，也可以在此阶段一同迁移。等所有的虚拟机及 VMkernel 都迁移完成后，最后从原标准交换机 vSwitch1 上将剩余的上行链路迁移到新的分布式交换机 DSwitch2。

（3）迁移完成后，删除无虚拟机、无上行链路的标准交换机 vSwitch1。

下面一一介绍。

3.1.2 新建分布式交换机及分布式端口组

本节将创建名为 DSwitch2 的分布式交换机以及名为 vlan2002、vlan2003、vlan2004 和 vlan2005 的分布式端口组，在本示例中分布式交换机有 2 条上行链路，这 2 条上行链路是从原标准交换机 vSwitch1 的上行链路迁移而来的。

（1）使用 vSphere Client 登录到 vCenter Server，创建名为 DSwitch2 的分布式交换机，创建之后如图 3-1-4 所示。关于分布式交换机的创建可以参考第 2.4.1 小节的内容。

（2）在创建了名为 DSwitch2 的分布式交换机后，用鼠标右键单击 DSwitch2，在弹出的快捷菜单中选择"分布式端口组→新建分布式端口组"，如图 3-1-4 所示。

（3）在"新建分布式端口组"的"名称"中输入新建端口组的名称，本示例为 vlan2002，如图 3-1-5 所示。

图 3-1-4 新建分布式端口组

图 3-1-5 设置分布式端口组名称

（4）在"配置设置"的"VLAN 类型"下拉列表中选择 VLAN，并在 VLAN ID 中输入新建分布式端口组所属的 VLAN ID 标号，本示例为 2002，如图 3-1-6 所示。

（5）在"即将完成"中显示了新建分布式端口组的信息，检查无误之后单击"FINISH"按钮，如图 3-1-7 所示。

图 3-1-6　设置 VLAN 类型　　　　　　　　　图 3-1-7　即将完成

（6）参照第（2）至（5）的步骤，创建名为 vlan2003、vlan2004 和 vlan2005 的端口组。

（7）对于创建分布式交换机时创建的第 1 个端口组 vlan2002，用鼠标右键单击，在弹出的快捷菜单中选择"编辑设置"，如图 3-1-8 所示，在"vlan2002 - 编辑设置"的"VLAN 类型"下拉列表中选择 VLAN，并在 VLAN ID 中设置 2002，如图 3-1-9 所示。设置之后单击"OK"按钮。

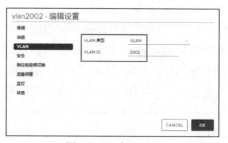

图 3-1-8　修改端口组属性　　　　　　　　　图 3-1-9　完成设置

3.1.3　为分布式交换机迁移第 1 条上行链路

在创建了分布式虚拟交换机后，将原来标准交换机 vSwitch1 的一个上行链路迁移到分布式交换机，操作方法和步骤如下。

（1）在 vSphere Client 的"网络"界面中，用鼠标右键单击新建的虚拟交换机 DSwitch2，在弹出的快捷菜单中选择"添加和管理主机"。

（2）在"DSwitch2-添加和管理主机→选择任务"中选择"添加主机"。在"选择主机"对话框中单击"新主机"按钮，在"选择主机"中选中 172.18.96.41 至 172.18.96.44 共 4 台主机，添加之后如图 3-1-10 所示。

图 3-1-10 主机列表

（3）在"管理物理适配器"中为此分布式虚拟交换机添加或移除物理网卡。在本示例中，将 vSwitch1 的第 1 条上行链路（设备名称为 vmnic2）分配为分布式交换机的上行链路 1。选中 vmnic2，单击"分配上行链路"按钮，在"选择上行链路"中选择上行链路 1。如果每台主机的网络配置相同（具有相同网络设备名称的网卡连接到物理交换机相同配置的端口），可以选中"将此上行链路分配应用于其余主机"，如图 3-1-11 所示。当每台主机的配置不同时不要选中这一项，而是每台手动一一选择。

图 3-1-11 分配上行链路

（4）在本次操作中只为上行链路 1 选择网卡，上行链路 2 暂不分配，分配之后如图 3-1-12 和图 3-1-13 所示。

图 3-1-12 为前两台主机分配上行链路

图 3-1-13 为后两台主机分配上行链路

（5）在"管理 VMkernel 网络适配器"中，单击"NEXT"按钮。

（6）在"迁移虚拟机网络"中单击"NEXT"按钮。

（7）在"即将完成"中单击"FINISH"按钮完成上行链路分配，如图 3-1-14 所示。

图 3-1-14　即将完成

3.1.4　迁移虚拟机网络

在本小节的操作中，将虚拟机使用的网络从标准端口组迁移到分布式端口组。在迁移之前准备两台虚拟机，其中一台名为 WS08R2-01 的虚拟机使用标准交换机 vlan2002 端口组，如图 3-1-15 所示；另一台名为 WS08R2-02 的虚拟机使用标准交换机 vlan2003 的端口组，如图 3-1-16 所示。

图 3-1-15　查看使用 vlan2002 端口组的虚拟机

图 3-1-16　查看使用 vlan2003 端口组的虚拟机

在本示例中，名为 WS08R2-01 和 WS08R2-02 的虚拟机正在运行。在将端口组从标准交换机迁移到分布式交换机的过程中，这两台虚拟机的网络不会中断。

（1）使用 vSphere Client 登录到 vCenter Server，在"网络"选项组中用鼠标右键单击要迁移虚拟机网络的标准端口组，本示例中为标准交换机的 vlan2002 端口组（不要选择 DSwitch2 的 vlan2002），在弹出的快捷菜单中选择"将虚拟机迁移到其他网络"，如图 3-1-17 所示。

图 3-1-17　迁移虚拟机网络

（2）在"选择源网络和目标网络"中单击"浏览"按钮，在"选择网络"中选择目标网络端口组，本示例中选择 DSwitch2 的 vlan2002 端口组，如图 3-1-18 所示。

（3）在"选择要迁移的虚拟机"中，选择从标准端口组 vlan2002 迁移到分布式端口组 vlan2002 的虚拟机。在实际的生产环境中，要选中列表中所有的虚拟机。在当前示例中只有一台名为 WS08R2-01 的虚拟机，如图 3-1-19 所示。

（4）在"即将完成"中显示了要迁移的虚拟机数量及源网络和目标网络，检查无误之后单击"FINISH"按钮，如图 3-1-20 所示。

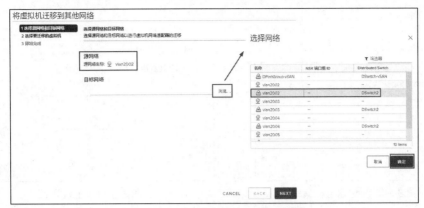

图 3-1-18 选择源网络和目标网络

图 3-1-19 选择要迁移的虚拟机

图 3-1-20 即将完成

（5）在迁移的过程中，虚拟机网络不中断或只中断短暂的时间（通常低于 1 秒）。迁移完成后，在 DSwitch2-vlan2002 中查看使用分布式端口组 vlan2002 的虚拟机，如图 3-1-21 所示。

图 3-1-21 查看使用分布式端口组 vlan2002 的虚拟机

参照第（1）至（5）的步骤，将使用标准交换机 vSwitch1 所有端口组上的所有虚拟机迁移到对应的分布式交换机的分布式端口组。

3.1.5 迁移剩余上行链路并删除标准交换机 vSwitch1

在确认 vSwitch1 标准交换机上没有虚拟机后，将 vSwitch1 交换机的另一条上行链路迁移到 DSwitch2 的上行链路 2，然后删除每台主机上的标准交换机 vSwitch1，主要步骤如下。

（1）在 vSphere Client 的"网络"界面中，用鼠标右键单击新建的虚拟交换机 DSwitch2，在弹出的快捷菜单中选择"添加和管理主机"。在"DSwitch2 - 添加和管理主机→选择任务"中选择"管理主机网络"，如图 3-1-22 所示。

（2）在"选择主机"中选择 172.18.96.41 到 172.18.96.44 共 4 台主机，添加之后如

图 3-1-23 所示。

图 3-1-22 管理主机网络

图 3-1-23 主机列表

（3）在"管理物理适配器"中为此分布式虚拟交换机添加或移除物理网卡。在本示例中，将 vSwitch1 的第 2 条上行链路（设备名称为 vmnic3）分配为分布式交换机的上行链路 1。选中 vmnic3，单击"分配上行链路"，在"选择上行链路"中选择上行链路 2。如果每台主机的网络配置相同，可以选中"将此上行链路分配应用于其余主机"，如图 3-1-24 所示。当每台主机的配置不同时不要选中这一项，而是每台手动一一选择。

图 3-1-24 分配上行链路

（4）分配之后如图 3-1-25 和图 3-1-26 所示。

图 3-1-25 为前两台主机分配上行链路

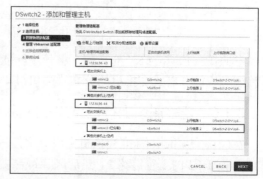

图 3-1-26 为后两台主机分配上行链路

（5）其他选择默认值，直到配置完成。

完成上行链路迁移之后，在"主机"中查看每台主机的虚拟交换机，可以看到每台主机的 vSwitch1 已经没有上行链路了，并且 vSwitch1 也没有虚拟机使用，如图 3-1-27 所示。

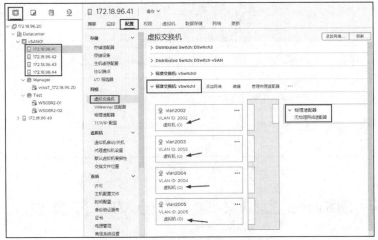

图 3-1-27　查看标准交换机 vSwitch1

然后移除每台主机不再使用的标准交换机 vSwitch1。以 IP 地址为 172.18.96.41 的主机为例，其他主机的操作与此相似。

（1）选中 172.18.96.41 的主机，在"配置→网络→虚拟交换机"中选中 vSwitch1，单击"…"，在弹出的下拉列表中选择"移除"，如图 3-1-28 所示。

图 3-1-28　移除

（2）在"移除标准交换机"对话框中单击"是"按钮，如图 3-1-29 所示。

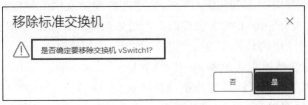

图 3-1-29　确认移除

（3）在移除 vSwitch1 标准交换机之后，当前主机剩下 vSwitch0、DSwitch2 和 DSwitch-vSAN 共三台虚拟交换机，如图 3-1-30 所示。

参照第（1）至（3）的步骤，移除另外三台 ESXi 主机的标准交换机 vSwitch1，这里不一一介绍。

图 3-1-30　查看虚拟交换机

3.2　理解 vSphere 虚拟交换机中的 VLAN 类型

VMware vSphere 虚拟交换机支持无、VLAN、VLAN 中继和专用 VLAN 共 4 种 VLAN 类型。

在路由/交换领域，VLAN 的中继端口叫 Trunk 端口。Trunk 用在交换机之间互联，使不同 VLAN 通过共享链路与其他交换机中的相同 VLAN 通信。Trunk 是基于 OSI 第 2 层数据链路层（Data Link Layer）的技术。

如果没有 VLAN 中继，假设两台交换机上分别创建了多个 VLAN（VLAN 是基于第 2 层的），两台交换机上相同的 VLAN（比如 VLAN10）要通信，则需要将交换机 A 上属于 VLAN10 的一个端口与交换机 B 上属于 VLAN10 的一个端口互联；如果这两台交换机上其他 VLAN 间也需要通信（例如 VLAN20 和 VLAN30），那么需要使两台交换机之间 VLAN20 的端口互联，而划分到 VLAN30 的端口也需要互联，这样不同的交换机之间需要更多的互联线，端口利用率就太低了。

交换机通过 Trunk 解决这个问题，只需要两台交换机之间有一条互联线，将互联线的两个端口设置为 Trunk 模式，就可以使不同交换机上的不同 VLAN 共享这条线路。

Trunk 不能实现不同 VLAN 之间通信，VLAN 之间的通信需要通过三层设备（路由器或三层交换机）来实现。

vSphere 网络支持 vSphere 标准交换机及 vSphere 分布式交换机，可以将 vSphere 虚拟交换机当成一个二层可网管的交换机来使用。普通的物理交换机支持的功能与特性，vSphere 虚拟交换机也支持。vSphere 主机的物理网卡，可以看成 vSphere 虚拟交换机与物理交换机之间的级联线。根据主机物理网卡连接到的物理端口的属性（Access、Trunk 和链路聚合），可以在 vSphere 虚拟交换机上实现不同的网络功能。

当 vSphere 虚拟交换机（标准交换机或分布式交换机）上行链路（指主机物理网卡）连接到交换机的 Access 端口时，虚拟机的类型为"无"，即该虚拟交换机与其上行链路物理交换机端口属性相同。

当 vSphere 虚拟交换机上行链路连接到物理交换机的 Trunk 端口时，虚拟交换机的"虚拟端口组"可以分配三种属性。

（1）VLAN。在虚拟交换机的端口组中指定 VLAN ID，该虚拟端口组所分配的虚拟机属于对应的 VLAN ID，可以与其他虚拟机及物理网络通信。

（2）VLAN 中继。在虚拟交换机端口组中指定允许通过的 VLAN，然后在虚拟机的虚拟网卡中指定 VLAN ID。这相当于物理交换机的 Trunk 端口。

（3）专用 VLAN。指定 VLAN ID，虚拟端口组所分配的虚拟机属于对应的专用 VLAN，受物理交换机专用 VLAN ID 的功能限制。

下面通过具体的实例进行介绍。

3.2.1 虚拟端口组无 VLAN 配置

在规划大多数的 vSphere 虚拟化数据中心时，每台 ESXi 主机至少需要配置 4 块 1Gbit/s 的网卡，并且遵循每 2 块网卡一组的原则配置虚拟交换机。一般情况下将其中的 2 块网卡连接到交换机的 Access 端口用作管理（设置 ESXi 的管理地址），而将剩余的 2 块网卡连接到交换机的 Trunk 端口用于承载虚拟机的网络流量。

每台主机的第 1 和第 2 个网络端口属于 vSwitch0 标准交换机，默认的端口组 VM Network 属于无 VLAN 配置，如图 3-2-1 和图 3-2-2 所示。

图 3-2-1　查看端口组

图 3-2-2　查看 VLAN ID

在本示例中，标准交换机 vSwitch0 的端口组与物理网卡端口 1 和 2 所属的 VLAN 在同一个网段，不需要指定 VLAN ID（默认 ID 为无即可）。

如果有虚拟机使用该端口组（图 3-2-1 中端口组名称为 VM Network，这是在安装 ESXi 的时候默认创建的端口组），则与管理地址属于同一网段。通常情况下，与 ESXi 主机在同一网段的虚拟机主要用于管理，例如 vCenter Server，通常使用 VM Network 端口组。

3.2.2 虚拟端口组 VLAN 配置

当虚拟交换机的上行链路（绑定的主机物理网卡）连接到交换机的 Trunk 端口时，虚拟端口组需要在 VLAN、VLAN 中继和专用 VLAN 之间进行选择设置。本小节先介绍 VLAN 功能，这是最常用的功能。以图 3-1-1 的拓扑为例，其中第 3 和第 4 网卡连接到物理交换机的 Trunk 端口，物理交换机中划分了 ID 为 2001、2002、2003、2004、2005 和 2006 等 VLAN，我们可以在 VMware 虚拟交换机中添加对应 ID 的 VLAN 端口组，并且采用同名的端口组以方便管理，如图 3-2-3 所示。对于图 3-2-3 中 vSwitch1 的每一个端口组，在 VLAN 类型中都指定了 VLAN ID。

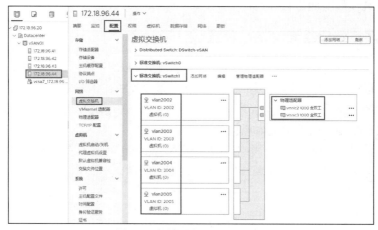

图 3-2-3　端口组及 VLAN ID

为虚拟机选择网络标签时，选择某个端口组则虚拟机网络会被限制为该端口组所指定的 VLAN。无论是标准交换机的标准端口组，还是分布式交换机的分布式端口组都是如此。如果上行链路连接到交换机的 Trunk 端口，标准端口组和分布式端口组一般要设置 VLAN ID，如图 3-2-4 所示。

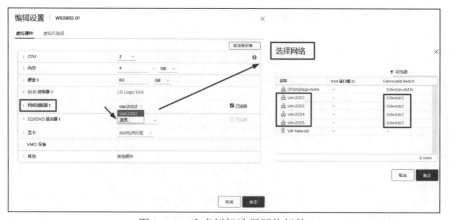

图 3-2-4　为虚拟机选择网络标签

3.2.3　在虚拟端口组配置 VLAN 中继功能

标准交换机与分布式交换机的端口组还可以配置 VLAN 中继功能。配置 VLAN 中继的端口组可以用于 NSX 的上行链路，也可以用于虚拟机。本小节介绍将 VLAN 中继端口组用于虚拟机。如果要在虚拟机使用 VLAN 中继的端口组，虚拟机需要使用 VMXNET3 虚拟网卡。在本示例中使用图 3-1-2 拓扑中的 DSwitch2 分布式交换机创建名为 Trunk 的端口组。

1. 在虚拟交换机中创建 VLAN 中继端口组

在虚拟交换机（标准交换机或分布式交换机）中创建名为 Trunk 的端口组（端口组名任

意），设置端口组的属性为 VLAN 中继，主要步骤如下。

（1）在 vSphere Client 中，在"网络"中用鼠标右键单击名为 DSwitch2 的分布式交换机，在弹出的菜单中选择"分布式端口组→新建分布式端口组"，如图 3-2-5 所示。

（2）在"名称和位置"的"名称"文本框中输入新建的端口组的名称，在此命名为 Trunk，如图 3-2-6 所示。在"配置设置"的"VLAN 类型"下拉列表中选择"VLAN 中继"，在"VLAN 中继范围"文本框

图 3-2-5 新建端口组

中输入该端口 VLAN 中继范围，例如 1-4、5 或 10-21 等，这需要与该分布式交换机上行链路所连接的物理交换机的端口配置有关。在此设置的 VLAN 中继范围可以和物理端口的一致，但不能超过物理端口所允许的 VLAN 范围。例如将物理端口配置为 Trunk 并允许 VLAN ID 为 100 至 120 的 VLAN 通过，如果在此设置超出了 100 至 120 这一范围的 VLAN 就不会被上行链路转发。如果上行链路物理端口配置为允许所有 VLAN 通过，在该分布式端口组中可以输入 0-4094 以允许所有 VLAN 通过，如图 3-2-7 所示。

图 3-2-6 创建分布式端口组

图 3-2-7 VLAN 类型

（3）在"即将完成"中单击"FINISH"按钮，如图 3-2-8 所示。

如果在标准交换机上创建 VLAN 中继的端口组，VLAN ID 要选择"全部（4095）"，如图 3-2-9 所示。

图 3-2-8 创建端口组完成

图 3-2-9 创建 VLAN 中继的端口组

2. 在虚拟机中测试 VLAN 中继

要使用属性为 VLAN 中继的端口组，需要在虚拟机的网卡中设置 VLAN ID，而这一功能只有 VMXNET3 的虚拟网卡才能支持。下面介绍这一过程。

（1）打开一台测试用的虚拟机 WS08R2-02，修改虚拟机配置，先删除虚拟机原来的网卡，然后添加适配器类型为 VMXNET3 的网卡，并为虚拟网卡选择名为 Trunk 的端口组（在

上一节中创建的），如图 3-2-10 所示。

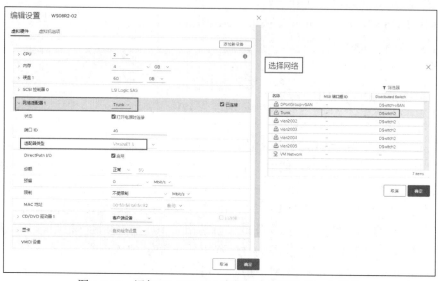

图 3-2-10　添加 VMXNET 3 虚拟网卡并选择 Trunk 端口

（2）进入虚拟机控制台进行网络连接配置，选择新添加的 VMXNET3 虚拟网卡，在连接属性中单击"配置"按钮，如图 3-2-11 所示。

（3）在"高级"选项卡的"VLAN ID"选项的"值"文本框中输入 VLAN ID 的值，该 VLAN ID 需要是物理交换机上已经存在的 VLAN，例如 2001，如图 3-2-12 所示。

（4）设置完成之后查看网络连接信息，如果当前网络中配置有 DHCP 服务器，当前测试虚拟机会获得 VLAN 2001 的 IP 地址，如图 3-2-13 所示。

图 3-2-11　网卡配置　　图 3-2-12　输入 VLAN ID 的值　　图 3-2-13　获得 VLAN 2001 的 IP 地址

如果网络中没有 DHCP 服务器，可以手动设置 VLAN 2001 的 IP 地址、子网掩码和网关，然后使用 ping 命令进行测试，这里不一一介绍。

【说明】该方法的优点是非常灵活，使用 Trunk 的端口组的虚拟机都可以属于不同的 VLAN，IP 地址由管理员设置。缺点就是虚拟机的网络不容易管理，工作量大，需要对每一台虚拟机进行修改。

3.3 在 VMware 网络测试专用 VLAN 功能

在使用 vSphere 虚拟数据中心时，同一个网段会有多台虚拟机。如果安全策略不允许同一网段的虚拟机互相通信，可以使用专用 VLAN 功能。

3.3.1 专用 VLAN 介绍

专用 VLAN 在思科交换机中被称为 PVLAN（Private VLAN），华为交换机称其为 MUX VLAN。两者的称呼不同，但功能和原理都相同。思科 PVLAN 的划分如图 3-3-1 所示。

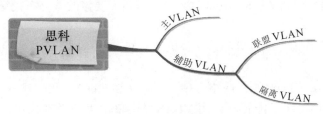

图 3-3-1 思科 PVLAN

每个 PVLAN 包括主 VLAN 和辅助 VLAN 两种 VLAN，辅助 VLAN 又分为隔离 VLAN 和联盟 VLAN。在一个主 VLAN 中只能有一个隔离 VLAN，但可以有多个辅助 VLAN。

华为 MUX VLAN 的划分如图 3-3-2 所示。

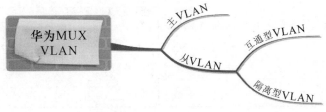

图 3-3-2 华为 MUX VLAN

MUX VLAN 分为主 VLAN 和从 VLAN，从 VLAN 又分为互通型 VLAN 和隔离型 VLAN。主 VLAN 与从 VLAN 之间可以相互通信，不同从 VLAN 之间不能互相通信。互通型 VLAN 端口之间可以互相通信，隔离型 VLAN 端口之间不能互相通信。

MUX VLAN 提供了一种在 VLAN 的端口间进行二层流量隔离的机制，比如在企业网络中，客户端口可以和服务器端口通信，但客户端口间不能互相通信。在华为交换机新的固件版本中，配置了 MUX VLAN 的主 VLAN 是可以配置 VLAN 的 IP 地址的，这样隔离型 VLAN 与互通型 VLAN 可以配置网关，并与其他 VLAN 和外网通信。

思科的 PVLAN 和华为的 MUX VLAN 只是称呼不同，实现的功能是相同的。

3.3.2 物理交换机配置

本小节以华为 S5700 系列交换机为例配置 MUX VLAN 并实现专用 VLAN 功能。

在本示例中创建 VLAN ID 为 2004、2021 和 2022，其中 2004 是主 VLAN，2021 是隔离型 VLAN，2022 是互通型 VLAN。

登录华为交换机创建 MUX VLAN，主要配置命令如下。

```
vlan batch 2004 2021 2022
vlan 2004
 mux-vlan
 subordinate separate 2021
 subordinate group 2022
interface Vlanif2004
 ip address 172.18.94.253  255.255.255.0
```

【说明】S5700 交换机的 v2、r3 版本新增 mux-vlan 支持 Vlanif，之前版本不支持。

3.3.3 虚拟交换机配置

登录 vSphere Client 修改虚拟交换机配置。在本示例中，名为 DSwitch2 的分布式交换机上行链路连接到物理交换机的 Trunk 端口，管理员需要修改该分布式交换机，启用并添加专用 VLAN。

【说明】应在操作前先删除分布式交换机中的 vlan2004 端口组，删除之前要确认没有虚拟机使用该端口组。

（1）在 vSphere Client 的"网络"中，选中 DSwitch2（此时该分布式交换机下没有 vlan2004 的端口组），在"配置→专用 VLAN"中单击"编辑"按钮，如图 3-3-3 所示。

（2）在"编辑专用 VLAN 设置"对话框中，单击左侧＋按钮，输入主 VLAN ID，在本示例中为 2004，然后在右侧单击＋按钮，添加 2021（选择"隔离"）、2022（选择"社区"），然后单击"确定"按钮，如图 3-3-4 所示。

图 3-3-3 编辑

图 3-3-4 添加专用 VLAN

（3）添加之后在"配置→专用 VLAN"选项卡中查看新添加的专用 VLAN，如图 3-3-5 所示。

图 3-3-5 添加的专用 VLAN

（4）新建端口组并将 VLAN 2004、VLAN 2021 和 VLAN 2022 添加进来。添加专用 VLAN 端口组的时候与创建分布式端口组类似，不同之处是在"VLAN 类型"中选择专用 VLAN，在"专用 VLAN ID"中选择混杂、隔离、社区等，如图 3-3-6 所示。

图 3-3-6　创建端口组对应专用 VLAN

在本示例中创建名为 vlan2004 的端口组，选择"专用 VLAN:混杂（2004、2004）"。创建名为 vlan2021 的端口组，选择"专用 VLAN:隔离（2004、2021）"。创建名为 vlan2022 的端口组，选择"专用 VLAN:社区（2004、2022）"。创建之后在导航器中选中分布式交换机 DSwitch2，在"网络→分布式端口组"中可以看到创建的端口组及属性，如图 3-3-7 所示。

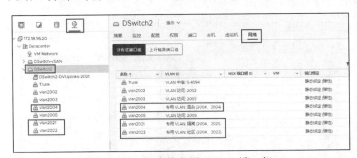

图 3-3-7　创建的专用 VLAN 端口组

3.3.4　创建虚拟机用于测试

在当前的实验环境中有两台 Windows Server 2008 R2 的虚拟机（虚拟机名称分别是 WS08R2-01 与 WS08R2-02），现在修改这两台虚拟机的网卡端口组属性测试专用 VLAN 功能。

（1）编辑 WS08R2-02 虚拟机配置，修改网卡使用 vlan2021。然后进入虚拟机设置修改网卡属性，在"高级"选项卡中将 VLAN ID 修改为"不存在"，如图 3-3-8 所示（该虚拟机在上次实验中使用 Trunk 端口，本设置为取消该设置）。同时修改另一台虚拟机 WS08R2-01，也使用 vlan2021。

（2）启动这两台虚拟机，分别为这两台虚拟机设置 172.18.94.11 与 172.18.94.22 的 IP 地址，子网掩码为 255.255.255.0，网关为 172.18.94.253。修改两台虚拟机防火墙设置，允许 ping 通。在每台虚拟机中分别 ping

图 3-3-8　修改网卡属性

另一台虚拟机并 ping 网络中的一台服务器 172.18.96.1，通过实验可以发现，当两台虚拟机属性为 vlan2021 时，这两台虚拟机不能互相 ping 通但能 ping 通网关以及其他网段的服务器，如图 3-3-9 所示。

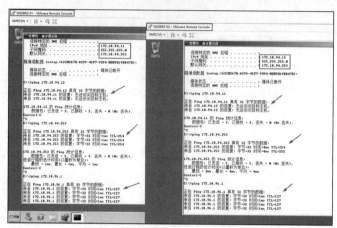

图 3-3-9　vlan2021 测试

（3）编辑这两台虚拟机配置，修改网卡端口为 vlan2022（互通型）后再次进入测试。此时这两台虚拟机可以互通，如图 3-3-10 所示。

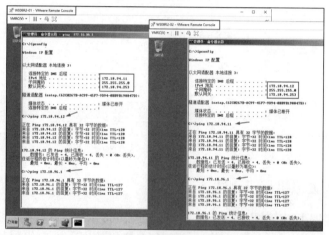

图 3-3-10　vlan2022 测试

在当前的测试环境中 2021 是隔离型 VLAN，2022 是互通型 VLAN。测试结果如下。

当虚拟机分配 vlan2021 时（隔离型 VLAN），虚拟机可以从 DHCP 获得 IP 地址，这台虚拟机只能与 vlan2021 的 IP 地址及网关（172.18.94.253）通信，不能与 vlan2022 通信，也不能与其他设置为 vlan2021 的虚拟机通信。

当虚拟机分配 vlan2022（互通型 VLAN）时，虚拟机可以从 DHCP 获得 IP 地址。此时这台虚拟机可以与 vlan2022 的虚拟机通信，也可以与网关通信。

无论是分配隔离型 vlan2021 还是互通型 vlan2022，这些虚拟机都可以访问其他 VLAN，并能通过网关访问 Internet。

3.4　在 vSphere 分布式交换机上配置链路聚合

vSphere 分布式交换机具有较强的功能，基本上大多数物理交换机支持的功能，vSphere 分布式交换机都支持。在物理交换机级联时，如果单个端口带宽不够可以将多个链路绑定在一起以链路聚合的方式将交换机连接在一起。一般情况下华为交换机支持最多 8 条链路进行绑定聚合。

链路聚合英文名称为 Link Aggregation Control Protocol，可以缩写为 LACP。

作为一端连接虚拟机，另一端通过主机物理网卡连接物理交换机的 vSphere 分布式交换机（端口组），如果某个端口组连接的虚拟机众多，但单个链路带宽不够时也可以采用类似物理交换机链路聚合的方式，在分布式交换机上创建多个链路聚合组（LAG）以汇总连接到 LACP 端口通道的 ESXi 主机上的物理网卡带宽。vSphere 虚拟交换机最多支持 28 块网卡组成链路聚合。

3.4.1　vSphere 分布式交换机上的 LACP 支持

通过 vSphere 分布式交换机上的 LACP 支持，可以使用动态链路聚合将 ESXi 主机连接到物理交换机。可以在 vSphere 分布式交换机上创建多个链路聚合组（LAG），以汇总连接到 LACP 端口通道的 ESXi 主机上的物理网卡带宽。vSphere 分布式交换机上的 LACP 支持示意如图 3-4-1 所示。

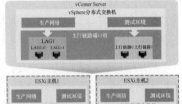

管理员可以配置一个具有 2 个或多个端口的 LAG，然后将物理网卡连接到这些端口。LAG 的端口在 LAG 中以成组的形式存在，网络流量通过 LACP 哈希算法在这些端口之间实现负载均衡。管理员可以使用 LAG 处理分布式端口组的流量，以便为端口组提供增强型网络带宽、网络冗余和负载均衡。

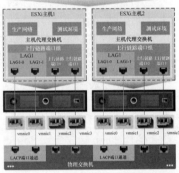

在 vSphere 分布式交换机上创建 LAG 时，会在与 vSphere 分布式交换机相连的每台主机的代理交换机上

图 3-4-1　vSphere 分布式交换机上的 LACP 支持

创建 LAG 对象。例如，如果创建包含 2 个端口的 LAG1，则将在连接到 vSphere 分布式交换机的每台主机上创建具有相同端口数的 LAG1。

在主机代理交换机上，一块物理网卡只能连接到一个 LAG 端口。在 vSphere 分布式交换机上，一个 LAG 端口可能具有来自所连接的不同主机的多块物理网卡，必须将连接到 LAG 端口的主机上的物理网卡连接到加入物理交换机上的 LACP 端口通道的链路。

每台 vSphere 分布式交换机最多可创建 64 个 LAG，一台主机最多可支持 32 个 LAG。但是，实际可以使用的 LAG 数量取决于基础物理环境的功能和虚拟网络的拓扑。例如，如果物理交换机在 LACP 端口通道中最多支持 4 个端口，则最多可将每台主机的 4 块物理网卡连接到 LAG。

对于每个要使用 LACP 的主机，必须在物理交换机上为其创建一个单独的 LACP 端口通道。在物理交换机上配置 LACP 时，必须考虑以下要求。

（1）LACP 端口通道中的端口数量必须等于要在主机上建组的物理网卡数量。例如，如果要在主机上聚合 2 块物理网卡的带宽，必须在物理交换机上创建一个具有 2 个端口的 LACP 端口通道，vSphere 分布式交换机上的 LAG 必须至少配置 2 个端口。

（2）物理交换机上的 LACP 端口通道的哈希算法必须与 vSphere 分布式交换机上为 LAG 配置的哈希算法相同。

（3）所有要连接到 LACP 端口通道的物理网卡必须采用相同的网速和双工配置。

3.4.2　LACP 实验环境与交换机配置

本小节使用图 3-1-2 的实验拓扑。在本示例中，每台主机的 vmnic2 和 vmnic3 原来是 DSwitch2 的上行链路。本示例将每台主机的 vmnic2 和 vmnic3 的上行链路所连接的物理交换机端口配置为 LACP，然后在 DSwitch2 中启用并配置 LACP。启用 LACP 之后每台主机的 vSwitch0 和 DSwitch2 的端口组名称和活动上行链路如表 3-4-1 所列。

表 3-4-1　虚拟交换机及其对应的端口组名称和活动上行链路

虚拟交换机名称	端口组名称	活动上行链路
vSwitch0（标准交换机）	Management Network	vmnic0
	VM Network	vmnic2
DSwitch2（分布式交换机）	vlan2001	LAG1 vmnic2(lag1-0) vmnic3(lag1-1)
	vlan2002	
	vlan2003	
	vlan2004	

在本小节示例中，4 台主机的 vmnic2 和 vmnic3 与物理交换机的关系如表 3-4-2 所列。

表 3-4-2　用于 LACP 实验的物理主机网卡与物理交换机的连接关系

ESXi 主机	主机网卡	第 1 台交换机端口	第 2 台交换机端口
172.18.96.41	vmnic2	G0/0/13	
	vmnic3		G1/0/13
172.18.96.42	vmnic2	G0/0/14	
	vmnic3		G1/0/14
172.18.96.43	vmnic2	G0/0/15	
	vmnic3		G1/0/15
172.18.96.44	vmnic2	G0/0/16	
	vmnic3		G1/0/16

本示例以华为 S5720S 交换机系列为例介绍交换机配置 LACP 的方式。在本示例中 2 台交换机已经配置为堆叠，将连接到每台主机的 vmnic2 与 vmnic3 的端口配置为 LACP，模式设置为"主"。在本示例中，每台交换机的第 13 端口配置为链路聚合组 1，每台交换机的第 14 端口配置为链路聚合组 2，每台交换机的第 15 端口配置为链路聚合组 3，每台交换机的第 16 端口配置为链路聚合组 4。如果只有一台交换机，也可以将同一台交换机的多个端口配置为链路聚合端口组。

在下面的操作中，为交换机创建 4 个聚合组，将 G0/0/13 与 G1/0/13 端口添加到聚合组 1，将 G0/0/14 与 G1/0/14 端口添加到聚合组 2，将 G0/0/15 与 G1/0/15 端口添加到聚合组 3，将 G0/0/16 与 G1/0/16 端口添加到聚合组 4。

在将端口添加到聚合组前需要清除这些端口的配置，可以使用 clear configuration 命令清除。

使用 telnet 登录进入交换机，进入配置模式，执行以下命令，清除这几个端口组的配置。

```
clear configuration   interface   GigabitEthernet0/0/13
y
clear configuration   interface   GigabitEthernet0/0/14
y
clear configuration   interface   GigabitEthernet0/0/15
y
clear configuration   interface   GigabitEthernet0/0/16
y
clear configuration   interface   GigabitEthernet1/0/13
y
clear configuration   interface   GigabitEthernet1/0/14
y
clear configuration   interface   GigabitEthernet1/0/15
y
clear configuration   interface   GigabitEthernet1/0/16
y

port-group group-member  GigabitEthernet0/0/13 to GigabitEthernet0/0/16
undo shutdown
quit
port-group group-member  GigabitEthernet1/0/13 to GigabitEthernet1/0/16
undo shutdown
quit
```

然后创建并添加 Eth-Trunk1 端口，设置模式为 lacp，在 Eth-Trunk1 中加入 GigabitEthernet0/0/13 和 GigabitEthernet1/0/13 这两个成员端口（这两个端口连接到第 1 台 ESXi 服务器的 vmnic2 和 vmnic3 端口），并将模式设置为 active（主动模式）。命令如下。

```
interface Eth-Trunk1
mode lacp
trunkport   GigabitEthernet0/0/13   mode   active
trunkport   GigabitEthernet1/0/13   mode   active
```

创建并添加 Eth-Trunk2、Eth-Trunk3 和 Eth-Trunk4 端口，设置模式为 lacp。在 Eth-Trunk2 中加入 GigabitEthernet0/0/14 和 GigabitEthernet1/0/14 这两个成员端口（这两个端口连接到第 2 台 ESXi 服务器的 vmnic2 和 vmnic3 端口），在 Eth-Trunk3 中加入 GigabitEthernet0/0/15 和 GigabitEthernet1/0/15 这两个成员端口（这两个端口连接到第 3 台 ESXi 服务器的 vmnic2 和 vmnic3 端口），在 Eth-Trunk4 中加入 GigabitEthernet0/0/16 和 GigabitEthernet1/0/16 这两个成员端口（这两个端口连接到第 4 台 ESXi 服务器的 vmnic2 和 vmnic3 端口）。命令如下。

```
interface   Eth-Trunk2
mode lacp
trunkport   GigabitEthernet0/0/14   mode   active
trunkport   GigabitEthernet1/0/14   mode   active

interface   Eth-Trunk3
mode lacp
trunkport   GigabitEthernet0/0/15   mode   active
trunkport   GigabitEthernet1/0/15   mode   active

interface   Eth-Trunk4
mode lacp
trunkport   GigabitEthernet0/0/16   mode   active
trunkport   GigabitEthernet1/0/16   mode   active
```

分别将聚合组 eth-trunk 1、eth-trunk 2、eth-trunk3 和 eth-trunk4 配置为 Trunk 并允许所有 VLAN 通过。

```
interface     Eth-Trunk1
port      link-type     trunk
port      trunk     allow-pass     vlan     2     to     4094
interface Eth-Trunk2
port      link-type     trunk
port      trunk     allow-pass     vlan     2     to     4094
interface     Eth-Trunk3
port      link-type     trunk
port      trunk     allow-pass     vlan     2     to     4094
interface     Eth-Trunk4
port      link-type     trunk
port      trunk     allow-pass     vlan     2     to     4094
```

3.4.3 在 vSphere 分布式交换机上创建链路聚合组

要使用链路聚合组（LAG），需要进行如下的步骤。

（1）在 vSphere 分布式交换机创建分布式端口组，将端口组绑定到上行链路。

（2）创建链路聚合组，在分布式端口组的成组和故障切换顺序中将链路聚合组设置为备用状态。

（3）将物理网卡分配给链路聚合组的端口。

（4）在分布式端口组的成组和故障切换顺序中将链路聚合组设置为活动状态。

要将分布式端口组的网络流量迁移到链路聚合组（LAG），应在 vSphere 分布式交换机上创建新的 LAG，步骤如下。

（1）在 vSphere Client 中单击🖥图标，选中分布式交换机 DSwitch2，在"配置"选项卡的"LACP"中单击"新建"按钮创建链路聚合组，如图 3-4-2 所示。

（2）在"编辑链路聚合组"对话框的"名称"文本框中命名新的 LAG，在此设置名称为 lag1，设置 LAG 的端口数，在此应设置为与物理交换机上的 LACP 端口通道中相同的端口数。LAG 端口具有与 Distributed Switch 上的上行链路相同的功能，所有 LAG 端口将构成 LAG 上下文中的网卡组。在本示例中，规划的每台主机的 LAG 是 2 块网卡，设置端口数为 2。在"模式"下拉列表中选择 LAG 的 LACP 协商模式（两种模式如表 3-4-3 所列），分为"主动"和"被动"两种，在此项的设置要与网卡所连接的交换机端口设置相反才行，例如在物理交换机上启用 LACP 的端口处于被动协商模式，则可以将 LAG 端口置于主动模式（在本示例实验环境中，需要配置为"主动"），反之亦然。因为在前面交换机的设置中，将交换机的模式设置为了"主动"（active），所以在此应该选择"被动"（passive），如图 3-4-3 所示。

图 3-4-2 新建 LAG

图 3-4-3 LAG 名称、端口数和模式选择

表 3-4-3　LAG 的 LACP 协商模式

选项	描述
主动（active）	所有 LAG 端口都处于主动协商模式。LAG 端口通过发送 LACP 数据包启动与物理交换机上的 LACP 端口通道的协商
被动（passive）	LAG 端口处于被动协商模式。端口对接收的 LACP 数据包做出响应，但是不会启动 LACP 协商

（3）在"负载均衡模式"列表中选择负载均衡模式，在此选择默认值"源和目标 IP 地址、TCP/UDP 端口及 VLAN"，如图 3-4-4 所示。

（4）设置之后单击"确定"按钮完成 LAG 的创建。注意，当前新创建的 LAG 未包含在分布式端口组的成组和故障切换顺序中，未向 LAG 端口分配任何物理网卡，如图 3-4-5 所示。

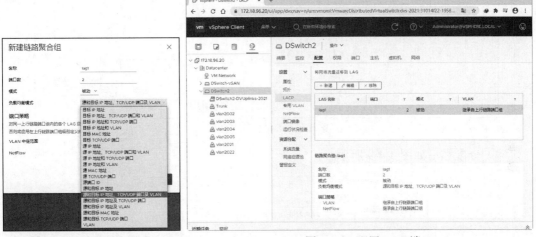

图 3-4-4　负载均衡模式　　　　　　　　　　图 3-4-5　配置 LAG 端口

与独立上行链路一样，LAG 在每个与 vSphere 分布式交换机关联的主机上都有表示形式。例如，如果在 vSphere 分布式交换机上创建包含 2 个端口的 LAG，将在每台与该 vSphere 分布式交换机关联的主机上创建一个具有 2 个端口的 LAG。

3.4.4　将物理网卡分配给链路聚合组的端口

本小节将 vmnic2 和 vmnic3 的物理网卡分配给 LAG 的上行链路，操作步骤与为 vSphere 分布式交换机分配上行链路相同，主要步骤如下。

（1）在 vSphere Client 中选中分布式交换机 DSwitch2，用鼠标右键单击，在弹出的快捷菜单中选择"添加和管理主机"，如图 3-4-6 所示。

（2）在"选择任务"选择"管理主机网络"，然后将集群中 4 台主机添加到清单，如图 3-4-7 所示。

（3）在"管理物理适配器"选择 vmnic2，单击"分配上行链路"将其分配给 lag1-0（同时选中"将此上行链路分配应用于其余主机"），然后将 vmnic3 分配给 lag1-1（同时选中"将此上行链路分配应用于其余主机"），如图 3-4-8 所示。

图 3-4-6　添加和管理主机

图 3-4-7　管理主机网络

图 3-4-8　分配上行链路

（4）分配之后如图 3-4-9 所示。

图 3-4-9　为 LAG 分配上行链路

其他选择默认值即可，直到添加完成。

3.4.5　在分布式端口组将链路聚合组设置为备用状态

默认情况下，新的链路聚合组（LAG）未包含在分布式端口组的成组和故障切换顺序中。在分布式端口组的成组和故障切换配置中将 LAG 设置为活动状态。将原来的上行链路 1 和上行链路 2 设置为未使用的上行链路，主要步骤如下。

（1）在 vSphere Client，选中分布式交换机 DSwitch2，用鼠标右键单击，在弹出的快捷菜单中选择"分布式端口组→管理分布式端口组"，如图 3-4-10 所示。

（2）在"DSwitch2 - 管理分布式端口组"中选择"绑定和故障切换"，如图 3-4-11 所示。

图 3-4-10　管理分布式端口组　　　　　　　　图 3-4-11　绑定和故障切换

（3）在"选择端口组"中选择要在其中使用 LAG 的端口组，在此添加所有可用端口组，当然在实际的工作中也可以选择一个或多个端口组，如图 3-4-12 所示。

（4）在"故障切换顺序"中选择 lag1 并使用向上箭头将其移至活动上行链路列表中，将上行链路 1 和上行链路 2 移动到未使用的上行链路列表中，如图 3-4-13 所示。

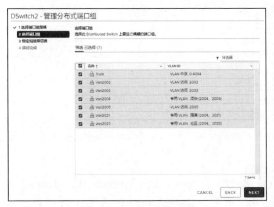

图 3-4-12　选择端口组　　　　　　　　　　图 3-4-13　故障切换顺序

（5）在"即将完成"中单击"FINISH"按钮，如图 3-4-14 所示。

图 3-4-14　即将完成

3.4.6　检查验证

在为分布式交换机的端口组指定了 LAG 之后，登录交换机使用 dis inte eth-trunk 命令查看链路聚合组，主要显示如下内容（以 Eth-Trunk1 为例）。

```
Eth-Trunk1 current state : UP
Line protocol current state : UP
Description:
```

```
Switch Port, Link-type : trunk(configured),
    PVID :    1, Hash arithmetic : According to SIP-XOR-DIP,Maximal BW: 2G,
Current BW: 2G, The Maximum Frame Length is 9216IP Sending Frames' Format is
 PKTFMT_ETHNT_2, Hardware address is 1430-04b2-efb0
    Current system time: 2020-10-04 15:59:48+08:00
    Last 300 seconds input rate 30992 bits/sec, 11 packets/sec
    Last 300 seconds output rate 53352 bits/sec, 12 packets/sec
    ------------------------------------------------------
    PortName                   Status        Weight
    ------------------------------------------------------
    GigabitEthernet0/0/13      UP            1
    GigabitEthernet1/0/13      UP            1
    ------------------------------------------------------
```

同时启动一台虚拟机,为其网卡分配使用分布式交换机的 vlan2002 端口,可以看到虚拟机的网络状态正常,如图 3-4-15 所示。

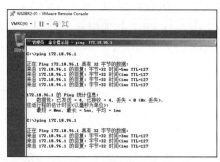

图 3-4-15　虚拟机网络状态正常

3.4.7　恢复 LAG 为正常状态

在介绍完链路聚合之后,登录物理交换机取消 Eth-Trunk1、Eth-Trunk2、Eth-Trunk3 和 Eth-Trunk4 的配置,修改 DSwitch2 分布式交换机,将上行链路从 lag1 修改为上行链路 1 和上行链路 2,并且将 vmnic2 和 vmnic3 重新设置为上行链路 1 和上行链路 2,最后修改端口组"绑定和故障切换"为上行链路 1 和上行链路 2。主要配置如下。

(1)华为交换机取消链路聚合,并将端口重新配置为 Trunk 的命令如下。

```
clear configuration    interface    GigabitEthernet0/0/13
y
clear configuration    interface    GigabitEthernet0/0/14
y
clear configuration    interface    GigabitEthernet0/0/15
y
clear configuration    interface    GigabitEthernet0/0/16
y
clear configuration    interface    GigabitEthernet1/0/13
y
clear configuration    interface    GigabitEthernet1/0/14
y
clear configuration    interface    GigabitEthernet1/0/15
y
clear configuration    interface    GigabitEthernet1/0/16
y
undo interface Eth-Trunk 1
undo interface Eth-Trunk 2
```

```
undo interface Eth-Trunk 3
undo interface Eth-Trunk 4

port-group group-member  GigabitEthernet0/0/13 to GigabitEthernet0/0/16
undo shutdown
port link-type trunk
port trunk allow-pass vlan 2 to 4094
quit

port-group group-member  GigabitEthernet1/0/13 to GigabitEthernet1/0/16
undo shutdown
port link-type trunk
port trunk allow-pass vlan 2 to 4094
quit
```

（2）将每台主机的 vmnic2 和 vmnic3 重新分配为 DSwitch2 的上行链路，分配之后如图 3-4-16 所示。

（3）管理分布式端口组，将所有分布式端口组的"故障切换顺序"的活动上行链路调整为上行链路 1 和上行链路 2，将 lag1 调整到未使用的上行链路，如图 3-4-17 所示。

图 3-4-16　分配上行链路

图 3-4-17　指定故障切换顺序

（4）选中 DSwitch2，在"配置→LACP"中选择 lag1，单击"移除"按钮，如图 3-4-18 所示；确认移除 LAG，如图 3-4-19 所示。

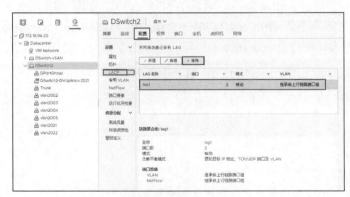

图 3-4-18　移除 LAG

图 3-4-19　确认移除

经过上述设置，DSwitch2 恢复到实验前状态。

【说明】在物理交换机上删除 LACP 配置，以及在 vSphere 分布式交换机上删除 LACP，是为后文的 NSX 实验做准备。从下一章开始将进入 NSX 网络虚拟化学习。

第 4 章　NSX-V 分布式防火墙基础应用

NSX-V 防火墙为动态虚拟数据中心提供安全机制，该防火墙包含分布式防火墙和 Edge 防火墙两个组件，用于应对不同的部署用例。分布式防火墙侧重于东西向访问控制，Edge 防火墙侧重于租户或数据中心外围的南北向流量控制。这两个组件结合使用可满足虚拟数据中心的端对端防火墙需求。管理员可以选择单独部署任意一种技术或者同时部署这两者。本章介绍分布式防火墙的使用，在下一章介绍 Edge 防火墙。

4.1　VMware 网络虚拟化产品 NSX 概述

VMware NSX 为 vSphere 环境提供了网络连接和安全防护功能，包括逻辑交换、逻辑路由、分布式防火墙、负载均衡器、NAT 及 VPN 等。本节介绍 VMware NSX 网络虚拟化产品基础知识。

4.1.1　NSX-V 与 NSX-T 的名称与产品互操作列表

VMware 网络虚拟化有两个产品，分别是 NSX-V 和 NSX-T。NSX-V 只用于 VMware vSphere 环境；NSX-T 是跨平台产品，除了可以用于 VMware vSphere 环境，还可以用于 KVM、OpenStack、Kubernetes 和 Docker。

NSX-V 的全称是 NSX for vSphere。从 6.4.2 版本开始，NSX for vSphere 更名为 NSX Data Center for vSphere。一般习惯将只用于 VMware vSphere 环境的 NSX Data Center for vSphere 简称为 NSX-V，以方便区分用于多种虚拟化及主机环境的 NSX-T。

NSX Data Center for vSphere 6.4.7 是第一个支持 vSphere 7.0 的版本，但是，NSX Data Center for vSphere 6.4.7 中存在一个问题，该问题会影响新的 NSX 客户以及从 NSX 的先前版本升级的客户，因此，VMware 不再分发 NSX 6.4.7。第一个稳定用于 vSphere 7.0 的版本是 6.4.8。NSX-V 与 ESXi 不同版本互操作列表如图 4-1-1 所示。

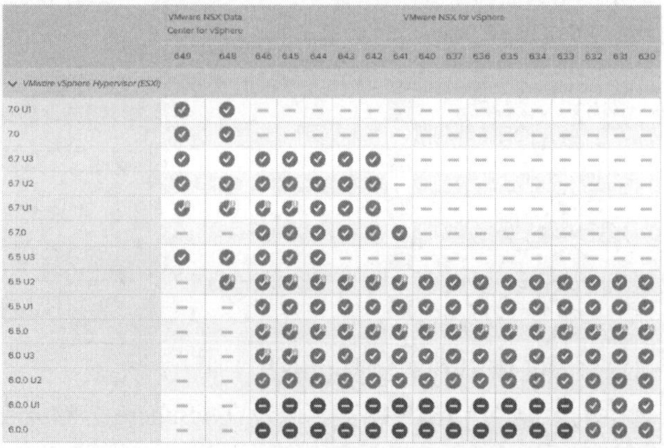

图 4-1-1　NSX-V 与 ESXi 不同版本互操作列表

【说明】NSX-V 与 ESXi 不同版本互操作列表来自 VMware 官网。

NSX-T 从 2.2 版本开始命名为 NSX-T Data Center，从版本 3.0.0 开始支持 vSphere 7.0。NSX-T 与 ESXi 不同版本互操作列表如图 4-1-2 所示。

VMware NSX-T Data Center	3.1.0	3.0.2	3.0.1	3.0.0	2.5.2	2.5.1	2.5.0	2.4.3	2.4.2	2.4.1	2.4.0	2.3.1	2.3.0
VMware vSphere Hypervisor (ESXi)													
7.0 U1	✓	✓	✓	✓	—	—	—	—	—	—	—	—	—
7.0	✓	✓	✓	✓	—	—	—	—	—	—	—	—	—
6.7 U3	✓	✓	✓	✓	✓	✓	✓	✓	✓	✓	✓	—	—
6.7 U2	✓	✓	✓	✓	✓	✓	✓	✓	✓	✓	✓	—	—
6.7 U1	✓	✓	✓	✓	✓	✓	✓	✓	✓	✓	✓	✓	✓
6.7.0	—	—	—	—	—	—	—	—	—	—	—	✓	✓
6.5 U3	✓	✓	✓	✓	✓	✓	✓	✓	✓	✓	—	—	—
6.5 U2	—	✓	✓	✓	✓	✓	✓	✓	✓	✓	✓	✓	✓
6.5 U1	—	—	—	—	—	—	—	—	—	—	—	✓	✓

图 4-1-2 NSX-T 与 ESXi 不同版本互操作列表

【说明】NSX-T 与 ESXi 不同版本互操作列表来自 VMware 官网。

NSX-V 起始版本是 6.0，NSX-T 的起始版本是 1.0。若是新实施 VMware 网络虚拟化，在纯 vSphere 环境中，如果只需要使用分布式防火墙的功能，推荐使用 NSX Data Center for vSphere 6.4.8 及其以后的版本。如果是混合环境，或者需要更多的虚拟防火墙功能的纯 vSphere 环境，例如入侵检测，则推荐使用 NSX-T Data Center 3.1 及其以后的版本。在准备实施 VMware 网络虚拟化之前，需要根据 VMware ESXi 与 NSX-V 或 NSX-T 产品互操作列表及 NSX-V 与 NSX-T 产品生命周期选择。NSX-V 与 NSX-T 版本与产品生命周期如表 4-1-1 所列。

表 4-1-1 NSX-V 与 NSX-T 版本与产品生命周期

产品名称	产品上市时间	标准技术支持终止时间	技术指导支持终止时间
NSX for vSphere 6.3	2017/02/02	2020/02/02	2021/02/02
NSX for vSphere 6.4	2018/01/16	2022/01/16	2023/01/16
NSX-T 2.x	2017/09/07	2021/09/19	2022/09/19
NSX-T Data Center 3.x	2020/04/07	2023/04/07	2024/04/07

【说明】VMware 产品生命周期可以上 VMware 官网查询。

4.1.2 NSX-V 概述

NSX-V 作为插件安装在 VMware vCenter Server 中，可以通过 vSphere Client 进行管理。管理员可以在单个 vCenter 环境中安装 NSX-V，也可以在跨 vCenter 环境中安装。

NSX-T Manager 和 NSX-T 控制器可以作为 VM 部署在 ESXi 或 KVM 上，NSX-T 管理程序是独立的平台，与 VMware vCenter Server 分离。

服务器虚拟化整合降低了物理复杂性，提高了运营效率，并且能够动态地重新调整基础资源的用途，使其以最佳方式快速满足日益动态化的业务应用需求。许多企业已经从服务器虚拟化中获得明显效益。

NSX-V 网络虚拟化以编程方式创建、删除和还原基于软件的虚拟网络，这使得联网方式发生了变革，不仅能使数据中心管理人员将敏捷性和经济性提高若干数量级，而且能极大地简化底层物理网络的运营模式。NSX-V 能够部署在任何 IP 网络上，包括现有的传统网络模型以及任何供应商提供的新一代网络架构，它可为企业用户提供无中断的解决方案。事实上，使用 NSX-V，管理员只需利用现有的物理网络基础架构即可部署软件定义的数据中心。VMware vSphere 计算虚拟化与网络虚拟化对比如图 4-1-3 所示。

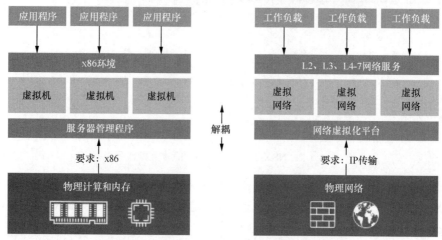

图 4-1-3　VMware 计算虚拟化与网络虚拟化对比

通过服务器虚拟化，软件抽象层（服务器虚拟机管理程序）可在软件中重现人们所熟悉的 x86 物理服务器属性（例如 CPU、内存、磁盘和网卡），从而可通过编程方式来任意组合这些属性，只需短短数秒即可生成一台独一无二的虚拟机。

通过网络虚拟化，与网络虚拟机管理程序等效的功能可在软件中重现第 2 层到第 7 层的一整套网络服务，例如交换、路由、访问控制、防火墙、QoS 和负载均衡。因此可通过编程方式任意组合这些服务，只需很短的时间即可生成独一无二的独立虚拟网络。

网络虚拟化带来了类似于服务器虚拟化的优势。例如，就像虚拟机独立于基础 x86 平台并将物理主机视为计算容量池一样，虚拟网络也独立于底层 IP 网络硬件并将物理网络视为可以按需使用和调整用途的传输容量池。与传统架构不同的是，无须重新配置底层物理硬件或拓扑即可通过编程方式置备、更改、存储、删除和还原虚拟网络。与企业从熟悉的服务器和存储虚拟化解决方案获得的功能和优势相匹配，这一革命性的联网方式可发挥软件定义的数据中心的全部潜能。

管理员可通过 vSphere Client、命令行界面（Command-Line Interface，CLI）或 REST API 配置 NSX Data Center for vSphere。

4.1.3　NSX-V 体系架构

NSX-V 由数据层面、控制层面、管理层面和消费平台组成，NSX-V 体系架构如图 4-1-4 所示。

（1）数据层面由 NSX 虚拟交换机（NSX Virtual Switch）组成，它基于 vSphere 分布式交换机并包含额外的组件以启用服务。内核模块、用户空间代理、配置文件和安装脚本均打包在 VIB 中，并在虚拟机管理程序内核中运行，可以提供诸如分布式路由和逻辑防火墙等服务，并启用 VXLAN 桥接功能。

（2）控制层面在 NSX 控制器（NSX Controller）集群中运行。NSX Controller 是一个高

级分布式状态管理系统，它提供了控制层面功能以实现逻辑交换和路由功能。对于网络内的所有逻辑交换机而言，它是中央控制点，负责维护所有主机、逻辑交换机（VXLAN）和分布式逻辑路由器的相关信息。

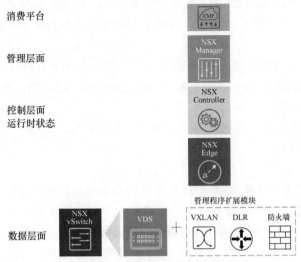

图 4-1-4　NSX-V 体系结构

（3）管理层面由 NSX Manager 构建，是 NSX-V 的集中式网络管理组件。该层面提供单个配置点和 REST API 入口点。

NSX Manager 作为虚拟设备安装在 vCenter Server 环境中的任何 ESXi 主机上。NSX Manager 和 vCenter 具有一一对应关系。NSX Manager 的每个实例对应于一个 vCenter Server，在跨 vCenter NSX 环境中情况也是这样。在跨 vCenter NSX 环境中，同时存在一个主 NSX Manager 设备和一个或多个辅助 NSX Manager 设备。主 NSX Manager 用于创建和管理通用逻辑交换机、通用逻辑（分布式）路由器和通用防火墙规则。辅助 NSX Manager 用于管理特定 NSX Manager 的本地网络服务。在一个跨 vCenter NSX 环境中，主 NSX Manager 最多可关联 7 个辅助 NSX Manager。

（4）消费平台。NSX-V 的消费情况可直接通过 vSphere Client 中的 NSX Manager 用户界面查看。通常，最终用户将网络虚拟化与其云管理平台相融合以部署应用。NSX-V 通过 REST API 提供丰富的集成功能，几乎可集成到任何 CMP 中。它也可以通过 VMware vRealize Automation Center、vCloud Director 和具有 Neutron 插件的 OpenStack 获得即时可用的集成功能。

下面详细介绍数据层面和控制层面。

1. 数据层面

NSX 虚拟交换机可对物理网络进行抽象化处理，并在虚拟机管理程序中提供访问级别的交换。它是网络虚拟化的核心，因为它可实现独立于物理构造的逻辑网络（如 VLAN）。NSX 虚拟交换机的优势包括以下几点。

（1）利用协议（如 VXLAN）和集中式网络配置支持覆盖网络，覆盖网络可实现以下功能。

● 减少 VLAN ID 在物理网络中的使用。

● 在现有物理基础架构的现有 IP 网络上创建一个叠加的灵活逻辑 L2 层，而无须重新设计任何数据中心网络。

● 置备通信（东西向和南北向），同时保持租户之间的隔离状态。

● 应用程序工作负载和虚拟机独立于覆盖网络，就像连接到物理 L2 层网络一样运行。

（2）有利于实现虚拟机管理程序的大规模扩展。

（3）端口镜像、NetFlow/IPFIX、配置备份和还原、网络运行状况检查、QoS 和 LACP 等多种功能构成了一个完整的工具包，可以在虚拟网络内执行流量管理、监控和故障排除等操作。

逻辑路由器的 L2 可以将逻辑网络空间（VXLAN）与物理网络（VLAN）桥接。

网关设备通常是 NSX Edge 虚拟设备。NSX Edge 提供 L2、L3、外围防火墙、负载均衡以及 SSL VPN 和 DHCP 等服务。

【说明】东西向流量指虚拟机之间的流量，南北向流量指 ESXi 物理主机及主机物理网络与虚拟机之间的流量。

2. 控制层面

NSX Controller 集群负责 NSX 管理程序中的分布式交换和路由模块。控制器中没有任何数据层面的流量通过。控制器节点部署在包含 3 个成员的集群中，以实现高可用性和可扩展性，控制器节点的任何故障都不会影响数据层面的流量。

NSX Controller 通过将网络信息分发到主机来进行工作。为实现高度弹性，NSX Controller 进行了集群化以实现横向扩展和 HA。NSX Manager 用于部署 NSX Controller 节点。NSX Controller 集群必须包含 3 个节点，3 个 NSX Controller 节点形成一个控制器集群。控制器集群需要达到仲裁数（也称为多数）以避免出现"脑裂"情况。在脑裂情况下，数据不一致性是由维护两个重叠的单独数据集引起的，可能由错误状况和数据同步问题导致。部署 3 个 NSX Controller 节点可在其中一个 NSX Controller 节点出现故障时确保数据冗余。

NSX-V 支持 3 种逻辑交换机控制层面模式：多播、单播和混合。使用控制器集群管理基于 VXLAN 的逻辑交换机无须物理网络架构的多播支持。管理员无须置备多播组 IP 地址，也不需要在物理交换机或路由器上启用 PIM 路由或 IGMP 监听功能。

【说明】PIM 全称是 Protocol Independent Multicast，协议无关多播之义；IGMP 全称是 Internet Group Management Protocol，Internet 组管理协议之义。

4.1.4　NSX Edge 服务网关与分布式逻辑路由器概述

NSX 网络中通过安装 NSX Edge 作为 Edge 服务网关（ESG）或分布式逻辑路由器（DLR）。每台主机上的 Edge 设备数量（包括 ESG 和 DLR）限制为 250 个。

1. Edge 服务网关

通过 Edge 服务网关（Edge Services Gateway，ESG）可以访问所有 NSX Edge 服务，例如防火墙、NAT、DHCP、VPN、负载均衡和高可用性。管理员可以在一个数据中心中安装多个 ESG 虚拟设备，每个 ESG 虚拟设备总共可以拥有 10 个上行链路和内部网络接口。借助中继，一个 ESG 最多可以拥有 200 个子接口。内部接口连接至安全的端口组，并充当端口组中所有受保护虚拟机的网关。分配给内部接口的子网可以是公开路由的 IP 地址空间，也可以是采用 NAT/路由的 RFC 1918 专用空间，对网络接口之间的流量会实施防火墙规则和其他 NSX Edge 服务。

ESG 的上行链路接口连接至上行链路端口组，后者可以访问共享企业网络或提供访问层网络连接功能的服务。可以为负载均衡器、点对点 VPN 和 NAT 服务配置多个外部 IP 地址。

2. 分布式逻辑路由器

分布式逻辑路由器（Distributed Logical Router，DLR）提供东西向分布式路由，可实现租户 IP 地址空间和数据路径隔离。位于不同子网中同一台主机上的虚拟机或工作负载可以彼此通信，而无须遍历传统的路由接口。

逻辑路由器可以有 8 个上行链路接口和多达 1000 个内部接口。DLR 上的上行链路接口通常与 ESG 建立对等关系，DLR 与 ESG 之间存在 L2 层逻辑转换交换机。DLR 上的内部接口与 ESXi 管理程序上托管的虚拟机建立对等关系，虚拟机与 DLR 之间存在逻辑交换机。DLR 有以下两个主要组件。

（1）DLR 控制层面由 DLR 虚拟设备提供（也称为控制虚拟机），此虚拟机支持动态路由协议（BGP 和 OSPF），与下一个 L3 层跃点设备（通常为 Edge 服务网关）交换路由更新，并与 NSX Manager 和 NSX Controller 集群进行通信。通过活动/待机配置支持 DLR 虚拟设备的高可用性。当管理员创建启用了 HA 的 DLR 时，系统将提供一对在活动/待机模式下运行的虚拟机。

（2）在数据层面级别，属于 NSX 域中的 ESXi 主机上安装有 DLR 内核模块（VIB）。内核模块类似于支持 L3 层路由的模块化机架中的线路卡。内核模块具有通过控制器集群推送的路由信息库（RIB，也称为路由表）。路由查找和 ARP 条目查找的数据层面功能均由内核模块执行。内核模块配有逻辑接口（称为 LIF），可连接到不同的逻辑交换机以及任意 VLAN 支持的端口组。每个 LIF 都分配有 1 个 IP 地址（代表其所连接的逻辑 L2 分段的默认 IP 网关）和 1 个 vMAC 地址。IP 地址对每个 LIF 而言是唯一的，而为所有已定义的 LIF 分配的 vMAC 地址都相同。

逻辑路由组件示例如图 4-1-5 所示。

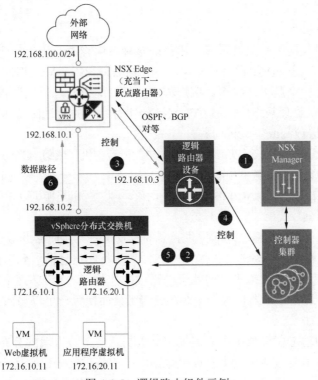

图 4-1-5　逻辑路由组件示例

（1）DLR 实例已使用 OSPF 或 BGP 从 NSX Manager UI（或通过 API 调用）创建，并且路由已启用。

（2）NSX Controller 使用控制层面和 ESXi 主机推送新的 DLR 配置（包括 LIF 及其关联的 IP 地址和 vMAC 地址）。

（3）如果假定在下一个跃点设备（在本例中为 NSX Edge）上也启用路由协议，则会在 ESG 与 DLR 控制虚拟机之间建立 OSPF 或 BGP 对等互联。ESG 和 DLR 可以交换路由信息。

- DLR 控制虚拟机可以配置为将所有已连接逻辑网络的 IP 地址前缀（在本例中为 172.16.10.0/24 和 172.16.20.0/24）重新分发到 OSPF。结果是其将这些路由分发推送到 NSX Edge。注意，这些前缀的下一跃点不是分配给控制虚拟机的 IP 地址（192.168.10.3），而是标识 DLR 的数据层面组件的 IP 地址（192.168.10.2）。前者称为 DLR 的协议地址，后者则称为转发地址。
- NSX Edge 将前缀推送到控制虚拟机以访问外部网络中的 IP 网络。在大多数情况下，NSX Edge 很有可能发送一个默认路由，因为该路由代表面向物理网络基础架构的单个退出点。

（4）DLR 控制虚拟机将从 NSX Edge 获知的 IP 地址路由推送到控制器集群中。

（5）控制器集群负责在虚拟化管理程序之间分发从 DLR 控制虚拟机获知的路由。集群中的每个控制器节点负责为特殊的逻辑路由器实例分发信息。在部署了多个逻辑路由器实例的部署中，负载跨多个控制器节点分布。单独的逻辑路由器实例通常与每个部署的租户关联。

（6）主机上的 DLR 路由内核模块处理数据路径流量，以通过 NSX Edge 与外部网络通信。

4.1.5　NSX 服务组件概述

NSX-V 各组件协同工作可提供以下功能性服务。

（1）逻辑交换机

云部署或虚拟数据中心具有跨多个租户的多种应用程序。出于安全、故障隔离和避免 IP 地址重叠等目的，这些应用程序和租户需要互相隔离。NSX-V 允许创建多台逻辑交换机，每一台交换机都是一个逻辑广播域。应用程序或租户虚拟机可以按逻辑有线连接到逻辑交换机。这可以在提供物理网络广播域（VLAN）的所有特性的同时保证部署的灵活性和速度，而不出现物理 L2 层散乱或生成树问题。

逻辑交换机是分布式的，可以跨越 vCenter 中的所有主机（或跨 vCenter NSX 环境中的所有主机）。这样，虚拟机可以在数据中心内移动（vMotion），而不会受到物理 L2 层（VLAN）边界的限制。物理基础架构不受 MAC/FIB 表限制的约束，因为逻辑交换机以软件形式包含广播域。

（2）逻辑路由器

动态路由可在 L2 层广播域之间提供必需的转发信息，从而帮助减小 L2 层广播域的大小，提高网络效率和改进网络的可扩展性。NSX-V 还将此信息扩展到工作负载所在的位置，用于东西向路由。这样，虚拟机之间就可以直接进行通信，无须花费额外的成本和时间来扩展跃点。同时，逻辑路由器也提供南北向连接，从而使租户可以访问公用网络。

（3）逻辑防火墙

逻辑防火墙为动态虚拟数据中心提供安全机制。逻辑防火墙的分布式防火墙组件允许管理员基于以下各项对虚拟机之类的虚拟数据中心实体进行分段：虚拟机名称和属性、用户标识、vCenter 对象（如数据中心）、主机以及传统的网络连接属性（如 IP 地址、VLAN

等）。Edge 防火墙组件可帮助管理员实现关键外围安全需求，例如基于 IP/VLAN 构造建立 DMZ（隔离区），在多租户虚拟数据中心内让租户彼此隔离。

流量监控功能会显示在应用程序协议级别的虚拟机之间的网络活动。管理员可以使用此信息审核网络流量、定义和细化防火墙策略以及识别对网络的威胁。

（4）逻辑虚拟专用网络（VPN）

SSL VPN-Plus 允许远程用户访问专用的企业应用程序。IPSec VPN 可以在 NSX Edge 实例与具有 NSX-V 或第三方供应商提供的硬件路由器或 VPN 网关的远程站点之间提供点对点连接。L2 VPN 让虚拟机在跨地域界限时不但可以维持网络连接，而且可以保持 IP 地址不变，从而让管理员可以扩展数据中心。

【说明】在 VMware NSX Data Center for vSphere 6.4.7 中，VMware 宣布弃用 SSL VPN-Plus 的 NSX UI，在以后的版本中也不再提供 SSL VPN-Plus 功能。SSL VPN-Plus 的 NSX API 继续受支持。

（5）逻辑负载均衡器

NSX Edge 负载均衡器在配置为负载均衡池成员的多个目标之间分配指向同一虚拟 IP 地址的客户端连接。它将入站服务请求均匀分布在多台服务器中，从方式上确保负载分配对用户透明。这样负载均衡有助于实现最佳的资源利用，最大程度地提高吞吐量和减少响应时间并避免过载。

（6）服务编排

服务编排有助于置备网络和安全服务并将其分配给虚拟基础架构中的应用程序。管理员可以将这些服务映射到安全组，这些服务即会通过安全策略应用到安全组中的虚拟机。

（7）NSX Data Center for vSphere 可扩展性

第三方解决方案提供商可以将其解决方案与 NSX Data Center for vSphere 平台集成，从而使客户获得 VMware 产品和合作伙伴解决方案之间的集成体验。数据中心操作员可以在独立于底层网络拓扑或组件的情况下，在数秒内置备复杂的多层虚拟网络。

4.1.6　NSX-V 的系统需求

在安装或升级 NSX-V 之前应考虑系统的网络配置和资源。可以在每个 vCenter Server 中安装一个 NSX Manager，在每台 ESXi 主机上安装一个 Guest Introspection 实例，并在每个数据中心安装多个 NSX Edge 实例。NSX-V 设备的硬件需求如表 4-1-2 所列。

表 4-1-2　NSX-V 设备的硬件需求

设备	内存	vCPU 数	磁盘空间
NSX Manager	16GB（更大的 NSX 部署为 24GB）	4（更大的 NSX 部署为 8）	60GB
NSX Controller	4GB	4	28GB
NSX Edge （分布式逻辑路由器作为精简设备部署）	精简：512MB。 中型：1GB。 大型：2GB。 超大型：8GB	精简：1。 中型：2。 大型：4。 超大型：6	精简或中型：1 个 584MB 磁盘+ 1 个 512MB 磁盘。 大型：1 个 584MB 磁盘+ 2 个 512MB 磁盘。 超大型：1 个 584MB 磁盘+1 个 2GB 磁盘+ 1 个 512MB 磁盘
Guest Introspection	2GB	2	5GB（置备的空间为 6.26GB）

作为一般准则，如果环境包含超过 256 个管理程序或超过 2000 台虚拟机，需将 NSX Manager 资源增加到 8 个 vCPU 和 24GB 内存。

为 Guest Introspection 设备置备的空间显示 Guest Introspection 为 6.26GB，这是因为在集群中的多个主机共享存储时，vSphere ESX Agent Manager 应创建服务虚拟机快照以创建快速克隆。

应确保组件之间的网络延迟等于或小于所述的最长延迟，组件之间的最大网络延迟如表 4-1-3 所列。

表 4-1-3　组件之间的最大网络延迟

组件	最大延迟
NSX Manager 和 NSX Controller 节点	150ms（RTT）
NSX Manager 和 ESXi 主机	150ms（RTT）
NSX Manager 和 vCenter Server 系统	150ms（RTT）
NSX Manager 和跨 vCenter NSX 环境中的 NSX Manager	150ms（RTT）
NSX Controller 和 ESXi 主机	150ms（RTT）

注：RTT(Round-Trip Time)，往返时延。

4.2　安装 NSX Data Center for vSphere

NSX-V 主要实现两个功能：NSX-V 分布式防火墙和 NSX-V 虚拟网络。使用 NSX-V 分布式防火墙，只需要安装 NSX Manager 和部署 NSX Controller 集群，就可以将部署了 NSX Controller 集群的所有虚拟机实现分布式防火墙的功能。这些虚拟机可以使用原来的 vSphere 标准交换机或分布式交换机。如果要使用 NSX 虚拟网络实现 L2 至 L7 层的网络功能，例如负载均衡和 VPN 等功能，还需要继续配置 Edge 服务网关、分布式逻辑路由器和逻辑交换机等组件，并且让虚拟机使用 NSX 逻辑交换机才可以。

4.2.1　为 NSX-V 规划物理网络

在配置 NSX-V 虚拟网络之前需要规划物理网络，脱离物理网络单独介绍 NSX-V 虚拟网络没有意义。本章仍然使用第 3 章的 4 节点 vSAN 集群的虚拟化环境，该实验环境由 4 台主机组成，每台主机有 4 个 1Gbit/s 的端口和 2 个 10Gbit/s 的端口。其中 2 个 10Gbit/s 的端口用于 vSAN 网络。第 1 和第 2 个 1Gbit/s 的端口组成 vSwitch0 用于每台主机的管理，第 3 和第 4 个 1Gbit/s 端口配置成分布式交换机 DSwitch2。本章及下一章配置 NSX-V 网络将以 DSwitch2 分布式交换机及第 3 和第 4 个 1Gbit/s 的上行链路为主。为了使网络更清晰，本小节实验环境标出了核心交换机及到 Internet 的网络连接。实验环境物理网络连接示意如图 4-2-1 所示。

在本小节的实验环境中，4 台虚拟化主机的 4 块 1Gbit/s 网卡连接到 2 台堆叠的 S5720S-28X-SI 交换机。交换机堆叠端口为 XG0/0/1、XG0/0/2、XG1/0/1 和 XG1/0/2。图中线标为 101 和 102 的是 2 条光纤。

核心交换机由 1 台 S7706 系列交换机组成。这台 S7706 系列交换机配置了 2 块 48 端口 10Gbit/s 的以太网光接口板，安装在插槽 1 和插槽 2 的位置；还配置了 2 块 48 端口

10/100/1000Mbit/s 的 RJ-45 以太网电接口板，安装在插槽 5 和插槽 6 的位置。

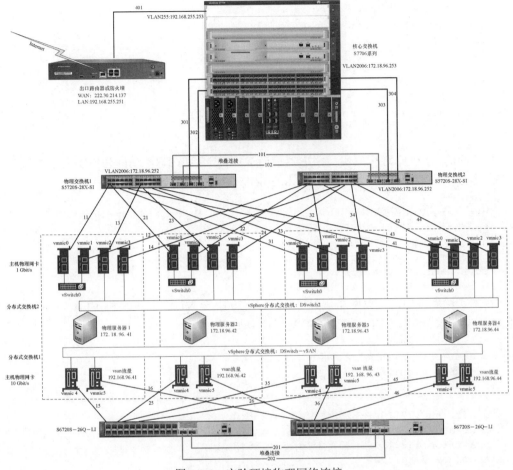

图 4-2-1　实验环境物理网络连接

2 台交换机 S5720S-28X-SI 的 XG0/0/3、XG0/0/4、XG1/0/3 和 XG1/0/4 连接到 S7706 的 XG1/0/46、XG1/0/47、XG2/0/46 和 XG2/0/47 的端口，S5720S-28X-SI 的 XG0/0/3、XG0/0/4、XG1/0/3 和 XG1/0/4 的 4 个端口配置为链路聚合，S7706 的 XG1/0/46、XG1/0/47、XG2/0/46 和 XG2/0/47 的端口配置为链路聚合。图中线标为 301、302、303 和 304 的是 4 条光纤。

2 台 S5720S-28X-SI 堆叠之后将 XG0/0/3、XG0/0/4、XG1/0/3 和 XG1/0/4 端口配置为链路聚合方式的命令如下。

```
interface Eth-Trunk11
port link-type trunk
port trunk allow-pass vlan 2 to 4094
mode lacp
quit
port-group group-member XGigabitEthernet0/0/3 to XGigabitEthernet0/0/4
Eth-Trunk 11
quit
port-group group-member XGigabitEthernet1/0/3 to XGigabitEthernet1/0/4
Eth-Trunk 11
quit
```

将 S7706 交换机 XG1/0/46、XG1/0/47、XG2/0/46 和 XG2/0/47 的端口配置为链路聚合

方式的命令如下。

```
interface Eth-Trunk11
port link-type trunk
port trunk allow-pass vlan 2 to 4094
mode lacp
quit
port-group group-member XGigabitEthernet1/0/46 to XgigabitEthernet1/0/47
Eth-Trunk 11
quit
port-group group-member XGigabitEthernet2/0/46 to XgigabitEthernet2/0/47
Eth-Trunk 11
quit
```

S7706 的 G6/0/47 连接到出口路由器或防火墙的 LAN 端口（线标为 401 的双绞线），出口路由器或防火墙的 WAN 端口连接到 Internet。S7706 配置如下。

```
vlan 255
interface Vlanif255
ip address 192.168.255.253 255.255.255.0
interface GigabitEthernet6/0/47
 port link-type access
 port default vlan 255
ip route-static 0.0.0.0 0.0.0.0 192.168.255.251
```

在本实验环境中，物理网络规划了 VLAN 2001 至 VLAN 2006 和 VLAN 255 共 7 个 VLAN。VLAN 2001 至 VLAN 2006 的配置命令如下。

```
interface Vlanif2001
ip address 172.18.91.253 255.255.255.0
interface Vlanif2002
ip address 172.18.92.253 255.255.255.0
interface Vlanif2003
ip address 172.18.93.253 255.255.255.0
interface Vlanif2004
ip address 172.18.94.253 255.255.255.0
interface Vlanif2005
ip address 172.18.95.253 255.255.255.0
interface Vlanif2006
ip address 172.18.96.253 255.255.255.0
```

如果要配置 NSX-V 网络虚拟化，需要为 NSX-V 规划另外的地址段。在本示例中为 NSX-V 规划两个地址段，其中 172.16.0.0/15 的地址段用于虚拟机，172.31.0.0/16 的地址段用于 Edge 服务网关与分布式逻辑路由器互联。规划后的 NSX-V 网络虚拟化拓扑如图 4-2-2 所示。

【说明】在图 4-2-2 中的出口路由器或防火墙上需要添加到内部网段的静态路由，这些静态路由需要指向与其连接的 S7706 交换机的互联 IP 地址。出口路由器或防火墙静态路由配置示例如下。

```
ip route-static 0.0.0.0 0.0.0.0 222.30.214.137
ip route-static 192.168.253.0 255.255.255.0 192.168.255.253
ip route-static 192.168.254.0 255.255.255.0 192.168.255.253
ip route-static 172.16.0.0 255.255.0.0 192.168.255.253
ip route-static 172.17.0.0 255.255.0.0 192.168.255.253
ip route-static 172.31.0.0 255.255.0.0 192.168.255.253
```

关于 Edge 服务网关、分布式逻辑路由器和逻辑交换机等内容将在后面的内容展开介绍。针对图 4-2-2 的网络拓扑，读者需要了解下面的知识点。

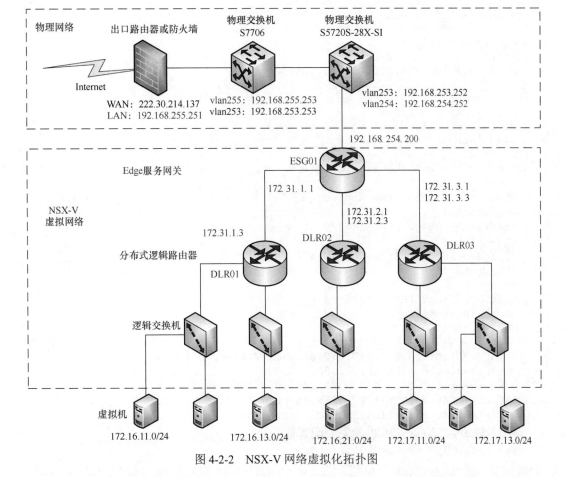

图 4-2-2　NSX-V 网络虚拟化拓扑图

（1）Edge 服务网关（读者可以将其当成一台虚拟路由器）与物理网络互联，需要使用一个单独的地址段，本示例规划使用 192.168.254.0/24 的地址段。Edge 服务网关上行链路的 IP 地址规划为 192.168.254.200，物理交换机一端划分 VLAN 254，设置 192.168.254.252 的 IP 地址。在 vSphere 虚拟化环境中，Edge 服务网关可以使用 ESXi 主机的标准交换机或分布式交换机的一个端口组作为上行链路。

（2）当前实验环境中物理网络配置了核心交换机和接入交换机，两者之间以 4 条 10Gbit/s 的光纤以链路聚合的方式进行连接，并且双方之间链路聚合配置为 Trunk 并允许所有 VLAN 通过。当前物理网络除了原有的 VLAN 2001 到 VLAN 2006 及 VLAN 255 外，还增加了用于与 NSX-V 互联的 VLAN 254，一共 8 个 VLAN。其中 VLAN 255 配置在核心交换机 S7706 与出口防火墙互联，VLAN 254 配置在接入交换机 S5720S-28X-SI 与 NSX 虚拟网络互联。

VLAN 2001 至 VLAN 2006 这 6 个 VLAN 和 VLAN 的网关地址可以配置在核心交换机 S7706，也可以配置在接入交换机 S5720S-28X-SI。如果配置在 S5720S-28X-SI，S7706 与 S5720S-28X-SI 还可以配置一个 VLAN（例如 VLAN 253）用于两者之间互联，同时将 VLAN 2001 至 VLAN 2006 这 6 个地址段静态路由指向 S5720S-28X-SI 交换机。S7706 核心交换机主要配置如下。

```
vlan batch 253 255
interface Vlanif253
description to S5720S-28X-SI
```

```
ip address 192.168.253.253 255.255.255.0

interface Vlanif255
description to Internet
ip address 192.168.255.253 255.255.255.0

interface Eth-Trunk1
 port link-type trunk
 port trunk allow-pass vlan 2 to 4094
 mode lacp

interface XGigabitEthernet0/0/46
 eth-trunk 1
interface XGigabitEthernet0/0/47
 eth-trunk 1
interface XGigabitEthernet1/0/46
 eth-trunk 1
interface XGigabitEthernet1/0/47
 eth-trunk 1

interface GigabitEthernet6/0/47
 port link-type access
 port default vlan 255

ip route-static 0.0.0.0 0.0.0.0 192.168.255.251
ip route-static 172.16.0.0 255.255.0.0 192.168.253.252
ip route-static 172.17.0.0 255.255.0.0 192.168.253.252
ip route-static 172.31.0.0 255.255.0.0 192.168.253.252
ip route-static 192.168.254.0 255.255.255.0 192.168.253.252
```

华为 S5720S-28X-SI 交换机的主要配置如下。

```
vlan batch 253 to 254 2001 to 2006

interface Vlanif253
description to S7706
ip address 192.168.253.252 255.255.255.0
interface Vlanif254
description to NSX Edge
ip address 192.168.254.252 255.255.255.0

interface Vlanif2001
ip address 172.18.91.253 255.255.255.0
interface Vlanif2002
ip address 172.18.92.253 255.255.255.0
interface Vlanif2003
ip address 172.18.93.253 255.255.255.0
interface Vlanif2004
ip address 172.18.94.253 255.255.255.0
interface Vlanif2005
ip address 172.18.95.253 255.255.255.0
interface Vlanif2006
ip address 172.18.96.253 255.255.255.0

interface Eth-Trunk11
port link-type trunk
port trunk allow-pass vlan 2 to 4094
mode lacp
interface  XGigabitEthernet0/0/3
```

```
eth-trunk 11
interface  XGigabitEthernet0/0/4
eth-trunk 11
interface  XGigabitEthernet1/0/3
eth-trunk 11
interface  XGigabitEthernet1/0/4
eth-trunk 11

ip route-static 0.0.0.0 0.0.0.0 192.168.253.253
ip route-static 172.16.0.0 255.254.0.0 192.168.254.200
ip route-static 172.31.0.0 255.255.0.0 192.168.254.200
```

【说明】IP 地址段 172.16.0.0 和 255.254.0.0 包括 172.16.0.0 255.255.0.0 和 172.17.0.0 255.255.0.0 的 2 个地址段，所以可以将静态路由合并。

要在 vSphere 安装配置 NSX-V，需要 1 台 NSX 管理节点和至少 1 台 NSX 控制器节点（推荐 3 台），如果需要配置 NSX-V 虚拟网络，还要配置至少 1 台 Edge 服务网关虚拟机和至少 1 台逻辑路由器虚拟机。每台 ESXi 主机需要一个 NSX-V 主机准备流量 IP 地址。以图 4-2-1 的实验环境为例，配置 NSX-V 涉及的虚拟机及需要的 IP 地址规划如表 4-2-1 所列。

表 4-2-1　NSX-V 涉及的虚拟机及需要的 IP 地址

名称	主机/虚拟机名称	IP 地址
vCenter Server	vcsa7_172.18.96.20	172.18.96.20
4 台 ESXi 主机	esx41	172.18.96.41
	esx42	172.18.96.42
	esx43	172.18.96.43
	esx44	172.18.96.44
NSX 管理节点（1 台）	NSX manager	172.18.96.22
NSX 控制器节点（共 3 台）	heinfo-Controller-1	172.18.96.23
	heinfo-Controller-2	172.18.96.24
	heinfo-Controller-3	172.18.96.25
主机准备流量	ESXi41 主机准备流量	172.18.92.141
	ESXi42 主机准备流量	172.18.92.142
	ESXi43 主机准备流量	172.18.92.143
	ESXi44 主机准备流量	172.18.92.144
Edge 服务网关 ESG01	vnic0	192.168.254.200
	vnic1	172.31.1.1
分布式逻辑路由器 DLR01	vnic0	172.31.1.3
	vmnic1	172.16.11.1/24
	vmnic2	172.16.13.1/24

本节所用的软件清单如表 4-2-2 所列。

表 4-2-2　vSphere 虚拟化环境软件清单

软件名称	安装文件名	文件大小
ESXi	VMware-VMvisor-Installer-7.0b-16324942.x86_64.iso	351MB

续表

软件名称	安装文件名	文件大小
vCenter Server Appliance	VMware-VCSA-all-7.0.0-16749653.iso	7.39GB
VMware NSX for vSphere 6.4.8	VMware-NSX-Manager-6.4.8-16724220.ova	2.30GB

【说明】在本书写作的过程中，vSphere 7.0 也一直在发布新的补丁版本，截至本书完成时，ESXi 7.0 的最新版本及补丁是 7.0 U1c-17325551，vCenter Server 7.0 的最新版本及补丁是 vCenter Server 7.0.1 U1c-17327517。表 4-2-2 所列的版本及之后更新到的 7.0 U1c 的版本，按照本书的内容进行操作，经过测试都没有问题。

4.2.2　安装配置 NSX Manager

本小节将介绍通过一台能连接到 vCenter Server 的 Windows 10 操作系统计算机，使用 Chrome 浏览器登录到 vCenter Server 部署 NSX-V 管理节点虚拟机，步骤如下。

（1）使用 vSphere Client 登录到 vCenter Server，在集群中创建一个名为 NSX-V 的资源池。然后用鼠标右键单击 NSX-V 的资源池，在弹出的快捷菜单中选择"部署 OVF 模板"，如图 4-2-3 所示。

（2）在"选择 OVF 模板"中选择"本地文件"，单击"上载文件"按钮，在弹出的对话框中选择 VMware-NSX-Manager-6.4.8-16724220.ova 文件，如图 4-2-4 所示。

图 4-2-3　部署 OVF 模板

图 4-2-4　选择 OVF 模板

（3）在"选择名称和文件夹"中的"虚拟机名称"文本框中，为将要部署的 NSX 管理虚拟机设置一个名称，本示例为 NSX-Manager_172.18.96.22，如图 4-2-5 所示。

（4）在"选择计算资源"中为虚拟机选择计算资源，本示例选择名为 NSX-V 的资源池，如图 4-2-6 所示。

（5）在"查看详细信息"中显示了将要部署的 NSX Manager 虚拟机的详细信息，如图 4-2-7 所示。

（6）在"许可协议"中单击"我接受许可协议"，然后单击"NEXT"按钮。

（7）在"选择存储"中为虚拟机选择保存位置，本示例中选择 vsanDatastore 存储，如图 4-2-8 所示。

（8）在"选择网络"中为 NSX Manager 虚拟机选择网络，在本示例中，NSX Manager 规划的地址是 172.18.96.22，使用 vSwitch0 的 VM Network 端口组，如图 4-2-9 所示。

图 4-2-5　指定虚拟机名称

图 4-2-6　选择计算资源

图 4-2-7　查看详细信息

图 4-2-8　选择存储

（9）在"自定义模板"中为 NSX 管理设置密码、主机名称（本示例为 nsx-manager）和 IP 地址（本示例 IP 地址为 172.18.96.22）。密码应该同时包含大写字母、小写字母、数字和特殊字符，推荐密码长度最少为 12 位。密码设置界面如图 4-2-10 所示，主机名与 IP 地址设置如图 4-2-11 所示，DNS 相关设置如图 4-2-12 所示（本示例 IP 地址为 172.18.96.1，如果网络中没有配置内部 DNS，可以留空）。

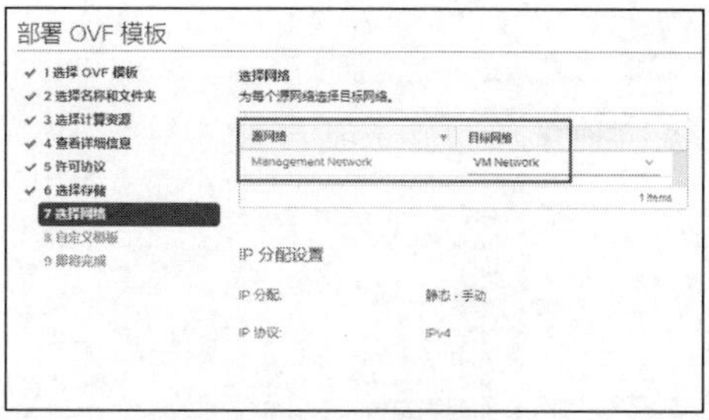

图 4-2-9　选择网络

图 4-2-10　密码设置

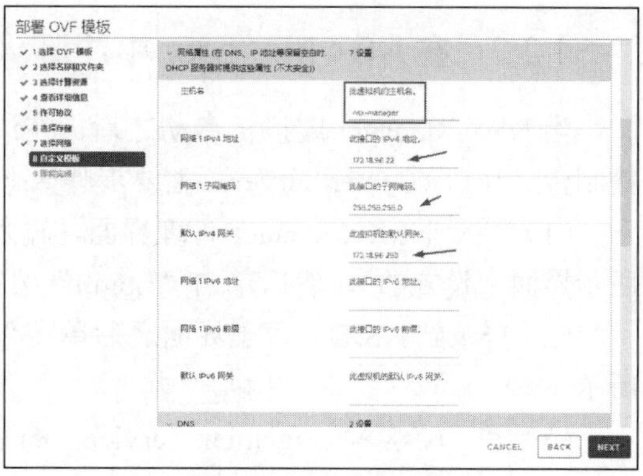

图 4-2-11　网络属性

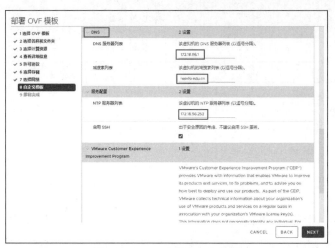

图 4-2-12　DNS 与 NTP 配置

（10）在"即将完成"中显示了部署 NSX-V 管理虚拟机的信息，检查无误之后单击
"FINISH"按钮，如图 4-2-13 所示。

（11）部署完成后，编辑 NSX-Manager_172.18.96.22 的虚拟机配置，当前主要配置为
4CPU、16GB 的内存和 60GB 的硬盘，如图 4-2-14 所示。如果主机的配置可以满足这一条
件就不要修改虚拟机的配置，如果主机资源较少，可以将 CPU 修改为 2CPU 和 8GB 内存。
关闭虚拟机配置界面，打开 NSX-Manager_172.18.96.22 虚拟机的电源。

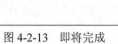

图 4-2-13　即将完成

图 4-2-14　NSX 管理虚拟机配置

4.2.3　在 NSX Manager 中注册 vCenter Server

当 NSX Manager 虚拟机启动之后，在浏览器中输入 https://172.18.96.22 登录 NSX 管理
控制台后注册 vCenter Server，主要步骤如下。

（1）登录 NSX Manager 管理界面，输入管理员账号 admin 及密码（密码是在图 4-2-10
所示界面中设置的），然后单击"Login"按钮登录，如图 4-2-15 所示。

（2）登录到 NSX-V 管理界面之后单击"Manage vCenter Registration"按钮，如图 4-2-16
所示。

（3）在"NSX Management Service"的 vCenter Server 中单击"Edit"按钮，如图 4-2-17
所示。

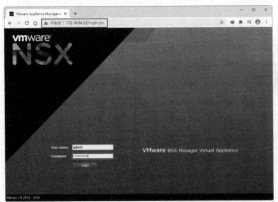

图 4-2-15　登录 NSX 管理界面

图 4-2-16　管理 vCenter 注册

（4）在 vCenter Server 窗口的 vCenter Server 文本框中输入 vCenter Server 的 IP 地址或 DNS 名称（本示例为 172.18.96.20），然后输入 vCenter Server 的账号（本示例为 administrator@vsphere.local）及密码，单击"OK"按钮，如图 4-2-18 所示；在弹出的"Trust Certificate?"对话框中单击"Yes"按钮，如图 4-2-19 所示；添加完成后如图 4-2-20 所示。

图 4-2-17　编辑

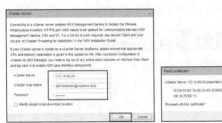

图 4-2-18　添加 vCenter 信息

图 4-2-19　信任证书

图 4-2-20　添加完成

（5）在"General"的 Time Settings 中单击"Edit"按钮，如图 4-2-21 所示；在"Time Settings"中修改时区为上海时区，如图 4-2-22 所示；修改之后如图 4-2-23 所示。

图 4-2-21　编辑时区

图 4-2-22　修改时区

图 4-2-23　查看时区设置

在向 NSX Manager 中注册了 vCenter Server 之后，vSphere Client 中会弹出"已成功部署插件 NSX user interface plugin ……"的提示，单击"刷新浏览器"按钮刷新浏览器让插件

生效，如图 4-2-24 所示。

图 4-2-24 部署 NSX 插件

在刷新浏览器之后，在"菜单"中可以看到增加了"网络和安全"选项，NSX-V 管理与配置就在这个选项中，如图 4-2-25 所示。

图 4-2-25 网络和安全

NSX Manager 安装后的默认许可证是 NSX for vShield Endpoint。该许可证允许使用 NSX 部署和管理 vShield Endpoint 以提供防病毒功能，并具有硬实施功能以限制使用 VXLAN、防火墙和 Edge 服务（通过阻止主机准备和 NSX Edge 创建）。要使用其他功能，例如逻辑交换机、逻辑路由器、分布式防火墙或 NSX Edge，必须购买许可证，或者申请评估许可证以短期评估这些功能。

在"系统管理→许可→许可证→资产→解决方案"中，为 NSX for vSphere 添加并分配新的许可证，如图 4-2-26 所示，当前添加了 NSX Data Center Enterprise Plus 的许可证。

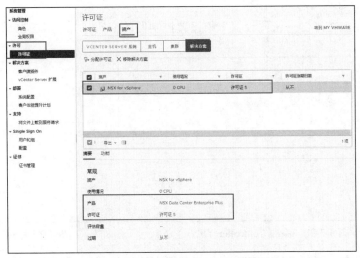

图 4-2-26 为 NSX 添加并分配许可证

4.2.4 部署 NSX Controller 集群

NSX Controller 是一个高级分布式状态管理系统，它提供了控制层面功能以实现 NSX 逻辑交换和路由功能。它充当网络内所有逻辑交换机的中央控制点，并维护所有主机、逻辑交换机（VXLAN）和分布式逻辑路由器的相关信息。如果计划部署分布式逻辑路由器或单播/混合模式下的 VXLAN，则需要 NSX Controller。

无论 NSX Data Center for vSphere 的部署规模如何，VMware 建议在每个 NSX Controller 集群中创建 3 个 NSX Controller 节点。其他的控制器节点数量不受支持。

NSX Controller 集群要求每个控制器的磁盘存储系统的峰值写入延迟少于 300 ms，平均写入延迟少于 100 ms。如果存储系统不满足这些要求，则集群可能变得不稳定，并且可能导致系统停机。

在 NSX Manager 中注册 vCenter Server 并为 NSX 分配许可证之后，下面的任务是部署 NSX Controller 集群。

（1）在"菜单"中选择"网络和安全"，在"安装和升级"的"管理→NSX Manager"选项卡中可以看到 NSX Manager 已经安装，在此还显示了 NSX Manager 的 IP 地址、vCenter Server 的 IP 地址及控制器集群状态等，如图 4-2-27 所示。

图 4-2-27 NSX Manager

（2）在"管理→NSX Controller 节点"的"控制器节点"中单击"添加"按钮添加 NSX Controller 节点，如图 4-2-28 所示。

（3）在"添加控制器→密码设置"中设置控制器的密码，如图 4-2-29 所示。

图 4-2-28　添加 Controller 节点

图 4-2-29　密码设置

注意，密码中不得包含用户名，任何字符不得连续重复 3 次或以上，该密码必须至少为 12 个字符，并且必须遵循以下 4 个规则中的 3 个。

● 至少一个大写字母。

● 至少一个小写字母。

● 至少一个数字。

● 至少一个特殊字符。

（4）在"部署和连接"的"名称"中输入控制器名称，本示例为 heinfo，然后为部署的控制器选择数据中心（本示例为 Datacenter）、资源池（本示例为 NSX-V）、数据存储（本示例为 vsanDatastore）、主机（本示例为 172.18.96.42），在"已连接到"中单击"选择网络"，如图 4-2-30 所示；在"选择网络"的"对象类型"中选择"网络"，在"名称"中选择"VM Network"，如图 4-2-31 所示。也可以为 NSX Controller 节点选择分布式端口组，但在本实验中，为 NSX Controller 节点使用标准端口组 VM Network。

图 4-2-30　部署和连接

图 4-2-31　选择网络

（5）"IP 池"为"IP 地址池"的简称。在"选择 IP 池"中单击"选择 IP 池"，如图 4-2-32 所示；在弹出的"选择 IP 池"对话框中单击"创建新 IP 池"，如图 4-2-33 所示。

图 4-2-32 选择 IP 池

图 4-2-33 创建新 IP 池

（6）在"创建新 IP 池"中输入新建 IP 池信息，包括 IP 池名称（本示例为 NSX-Controller_IP）、网关（本示例为 172.18.96.253）、前缀长度（本示例为 24，这表示子网掩码为 255.255.255.0）和主 DNS（本示例为 172.18.96.1），在"IP 池范围"中单击"添加"，如图 4-2-34 所示；在本示例中添加的地址范围为 172.18.96.23-172.18.96.25，如图 4-2-35 所示，这是表 4-2-1 所规划的 IP 地址。

图 4-2-34 输入 IP 池信息

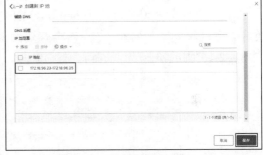

图 4-2-35 添加 IP 池范围

（7）创建 IP 池之后选择新建的 IP 池（本示例为 NSX-Controller_IP），如图 4-2-36 所示。

（8）在"部署和连接"中，可见控制器信息已经完善，单击"完成"按钮，如图 4-2-37 所示。

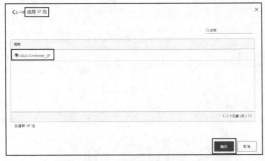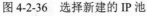

图 4-2-36 选择新建的 IP 池

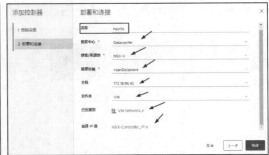

图 4-2-37 部署和连接

（9）在添加控制器之后，在"NSX Controller 节点"中会添加第 1 台控制器节点，当前节点状态为"部署"，如图 4-2-38 所示。

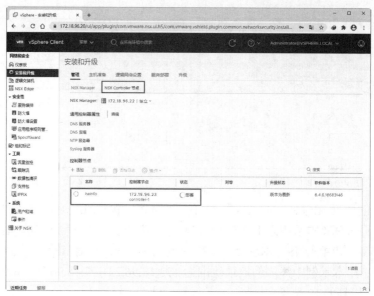

图 4-2-38　查看节点状态

（10）向导会部署一台名为 heinfo-NSX-Controller-1 的虚拟机，在 vSphere Client 中切换到"主机和集群"视图，在 NSX-V 资源池的"虚拟机"中可以看到新创建的虚拟机，如图 4-2-39 所示。

图 4-2-39　查看新创建的虚拟机

（11）单击选中第 1 台 NSX 控制器节点虚拟机，在"摘要"中显示出 DNS 名称和 IP 地址，如图 4-2-40 所示。

图 4-2-40　查看摘要信息

（12）在"网络和安全→安装和升级→管理→NSX Controller 节点"中，可以看到第 1

台 NSX 控制器节点状态为"已连接",第 1 台控制器节点部署完成,如图 4-2-41 所示。

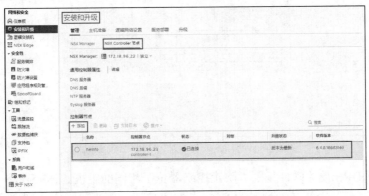

图 4-2-41 第 1 台 NSX 控制器节点部署完成

（13）在完全部署第 1 台控制器后再额外部署两个控制器。在图 4-2-41 所示界面中单击"添加"按钮,在弹出的"部署和连接"中部署第 2 台控制器节点,如图 4-2-42 所示。

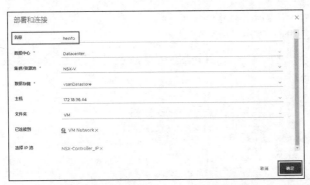

图 4-2-42 部署第 2 台 NSX 控制器节点

（14）等第 2 台 NSX 控制器节点部署完成后,部署第 3 台 NSX 控制器节点。部署完成后,在"网络和安全→安装和升级→管理→NSX Controller 节点"中可以看到 3 台 NSX 控制器状态为"已连接",如图 4-2-43 所示。

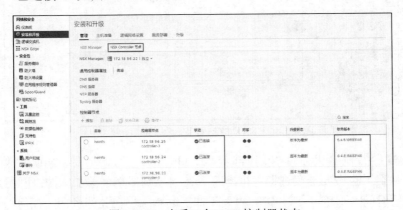

图 4-2-43 查看 3 台 NSX 控制器状态

（15）在"主机和集群"的 NSX-V 的资源池中,可以看到 3 台 NSX 控制器节点虚拟机,如图 4-2-44 所示。

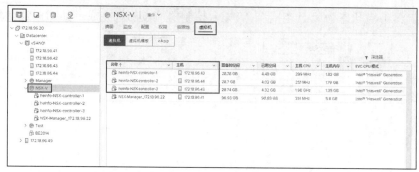

图 4-2-44　查看 3 台 NSX 控制器节点虚拟机

（16）配置 DRS 反关联性规则以防止控制器位于相同的主机。在 vSphere Client 导航器中选择集群（本示例集群名称为 vSAN01），在"配置→虚拟机/主机规则"创建"虚拟机/主机规则"，规则类型为"分别保存虚拟机"，并将 heinfo-NSX-Controller-1、heinfo-NSX-Controller-2 和 heinfo-NSX-Controller-3 添加到列表中。添加之后如图 4-2-45 所示。

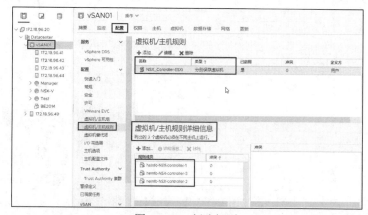

图 4-2-45　创建规则

（17）配置 DRS 反关联性规则之后查看效果，如图 4-2-46 所示。

图 4-2-46　NSX 控制器节点在不同主机运行

注意，① 当控制器状态为"正在部署（Deploying）"时，不要添加或修改逻辑交换机或分布式路由器，也不要继续进行主机准备。在向控制器集群添加新的控制器后，所有控制器都将在短时间（不超过 5 分钟）内处于非活动状态。在此停机期间任何与控制器相关的操作（例如主机准备）都可能导致出现意外结果。即使主机准备可能看上去成功完成，但 SSL 证书可能无法正确建立从而导致 VXLAN 网络中出现问题。

② NSX Data Center for vSphere 从 6.4.2 版本开始，可以为 NSX Controller 集群配置

DNS、NTP 和 syslog 服务器。相同的设置将应用于集群中的所有 NSX Controller 节点。管理员可以在 NSX Controller 节点部署之前或者部署之后的任何时间配置这些设置。

4.2.5 从防火墙中排除虚拟机

可以从分布式防火墙保护中排除一组虚拟机，NSX Manager、NSX Controller 和 NSX Edge 虚拟机将自动从分布式防火墙保护中排除。此外，将以下服务虚拟机放在"排除列表"中可允许流量自由流动。

（1）vCenter Server。可以将其移至受防火墙保护的集群中，但其必须已存在于排除列表中，以避免出现连接问题。

注意，在将允许任何流量的默认规则从允许更改为阻止之前，应务必将 vCenter Server 添加到排除列表中。如果不执行该操作，在创建"拒绝全部"规则（或将默认规则修改为阻止操作）后，将会导致 vCenter Server 访问被阻止。

（2）合作伙伴服务虚拟机。

（3）要求杂乱模式的虚拟机。如果这些虚拟机受分布式防火墙保护，其性能可能会受到不利影响。

（4）基于 Windows 操作系统的 vCenter 所使用的 SQL Server。

在下面的操作中，将把 vCenter Server 添加到防火墙排除列表中。

（1）在"网络和安全→安全性→防火墙设置"中，"排除列表→系统排除的虚拟机"中显示了系统排除的虚拟机，如图 4-2-47 所示。当前系统排除的虚拟机包括 NSX 管理虚拟机和 NSX 控制器节点虚拟机。

（2）在"用户排除的虚拟机"中单击"添加"，如图 4-2-48 所示。

图 4-2-47 查看系统排除的虚拟机

图 4-2-48 添加

（3）在"选择要排除的虚拟机"对话框中，选择 vCenter Server 的虚拟机添加到右侧的列表中，本示例中 vCenter Server 的虚拟机名称为 vcsa7_172.18.96.20，如图 4-2-49 所示。可以在搜索文本框中输入虚拟机名称的一部分进行搜索。

（4）添加之后，"用户排除的虚拟机"列表中显示了用户添加的要排除的虚拟机，如图 4-2-50 所示。如果要移除，可以选中虚拟机，单击"移除"。

图 4-2-49 添加要排除的虚拟机

图 4-2-50 用户排除的虚拟机

4.2.6　在集群上安装 NSX

主机准备是 NSX Manager 执行的一个流程，执行主机准备之后，将在 vCenter 集群成员的 ESXi 主机上安装内核模块并构建控制层面和管理层面结构。封装在 VIB 文件中的 NSX Data Center for vSphere 内核模块在管理程序内核中运行，并提供分布式路由和分布式防火墙等服务以及 VXLAN 桥接功能。

要在 vSphere 虚拟化环境中进行网络虚拟化，必须根据需要在每个 vCenter Server 的每个集群级别安装网络基础架构组件，这是在集群中的所有主机上部署所需软件。在完成现有主机准备之后，如果有新主机添加到此集群时，所需软件将自动安装在新添加的主机上。下面将介绍在集群上安装 NSX 的方法。

（1）在"网络和安全→安装和升级→主机准备"中，选择要安装的集群（本示例为vSAN01），然后单击"安装 NSX"，如图 4-2-51 所示。

（2）在弹出的"在集群上安装 NSX"对话框中单击"是"按钮，如图 4-2-52 所示。

图 4-2-51　安装 NSX　　　　　　　图 4-2-52　确认安装

（3）安装完成后，会在"NSX 安装"中显示安装的 NSX 版本号，"防火墙"和"通信通道"中显示"已启用"，如图 4-2-53 所示。

图 4-2-53　安装完成

如果在安装过程中某台主机的"NSX 安装"显示"未就绪"，如图 4-2-54 所示，单击"未就绪"，在弹出的对话框中单击"解决"，安装程序会尝试自动解决该问题，如图 4-2-55所示。

如果 ESXi 主机因为之前执行某项操作后导致主机出现未完成的重新引导，那么在安装NSX 时会失败。此时将安装失败的主机置于维护模式并重新引导主机，当主机重新引导完成后退出维护模式，NSX 安装会自动完成。在安装 NSX 出现错误时，单击"未就绪"可以查看错误的原因或详细信息。

图 4-2-54　未就绪

图 4-2-55　解决

4.2.7　配置 VXLAN 传输参数

VXLAN 网络可用于主机之间的第 2 层逻辑交换，可能跨越多个底层第 3 层域。管理员需要在每个集群上配置 VXLAN，在该配置中将要加入 NSX 的每个集群映射到 vSphere 分布式交换机。集群映射到分布式交换机时，将为逻辑交换机启用该集群中的每个主机，此时所选设置将用于创建 VMkernel 接口。

如果需要进行逻辑路由和交换，主机上安装有 NSX Data Center for vSphere VIB 的所有集群还应配置 VXLAN 传输参数。如果计划仅部署分布式防火墙，则无须配置 VXLAN 传输参数。

在配置 VXLAN 网络时，必须提供 vSphere 分布式交换机、VLAN ID、MTU、IP 寻址机制（DHCP 或 IP 池）和网卡绑定策略。

默认情况下 VXLAN MTU 的值设置为 1600。如果 vSphere 分布式交换机的 MTU 大于 VXLAN 的 MTU，则不会下调 vSphere 分布式交换机的 MTU；如果该值设置较低，将会对其进行调整以匹配 VXLAN MTU。例如，如果 vSphere 分布式交换机的 MTU 设置为 2000，并且接受默认 VXLAN MTU 值 1600，则不会对 vSphere 分布式交换机的 MTU 进行更改；如果 vSphere 分布式交换机的 MTU 是 1500，并且 VXLAN MTU 是 1600，vSphere 分布式交换机的 MTU 将更改为 1600。

在下面的操作中，将把 DSwitch2 分布式交换机的 MTU 设置为 9000。这就要求将 DSwitch2 上行链路所连接的物理交换机端口配置为 9216。华为 S5720S 系列交换机默认 MTU 是 9216，登录交换机配置，执行 disk int 命令可以看到该交换机各端口默认 MTU 是 9216，如图 4-2-56 所示。

然后修改 DSwitch2 的 MTU 为 9000，主要步骤如下。

（1）登录到 vCenter Server，用鼠标右键单击分布式交换机 DSwitch2，在弹出的快捷菜单中选择"设置→编辑设置"，如图 4-2-57 所示。

（2）在弹出的"DSwitch2 - 编辑设置"对话框中的"高级"选项卡中修改 MTU 为 9000，如图 4-2-58 所示。

（3）根据表 4-2-1 的规划，主机准备使用 172.18.92.0/24 的地址段，这 4 台 ESXi 主机使用的地址是 172.18.92.141 至 172.18.92.144，为了避免引发问题，在 DSwitch2 分布式交换机中删除 vlan2002 端口组，如图 4-2-59 所示。

图 4-2-56　查看 MTU

图 4-2-57　编辑设置

图 4-2-58　修改 MTU

图 4-2-59　删除 vlan2002 端口组

【说明】在当前的实验环境中，NSX 主机流量使用 172.18.92.0/24 的地址段，NSX 与物理网络互联使用 192.168.254.0/24 的地址段，为了避免使用这些 VLAN 造成地址冲突，不建议在虚拟机中使用。

（4）在配置好 DSwitch2 之后，在"网络和安全→安装和升级→主机准备"中的"VXLAN"后面单击"配置"，如图 4-2-60 所示。

（5）在"配置 VXLAN 网络"对话框中进行配置，本示例交换机为 DSwitch2，VLAN 为 2002，MTU 为 9000，vmkNIC IP 寻址选择"IP 池"，然后单击"新增 IP 池"，如图 4-2-61 所示。

（6）在"新增 IP 池"对话框中，设置名称为 NSX-Host-IP，网关为 172.18.92.253，前缀长度为 24，主 DNS 为 172.18.96.1，IP 池范围为 172.18.92.141-172.18.92.144，设置之后单击"保存"按钮，如图 4-2-62 所示。

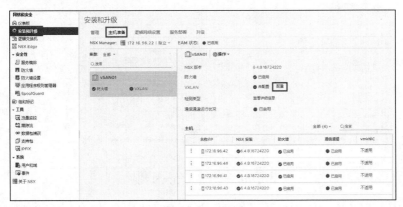

图 4-2-60　配置

图 4-2-61　配置 VXLAN

图 4-2-62　新增 IP 池

【说明】VXLAN 隧道端点具有关联的 VLAN ID。但是，可以为 VXLAN 隧道端点指定 VLAN ID = 0，这意味着将不标记帧。

（7）选择 IP 池之后单击"保存"按钮，如图 4-2-63 所示。

（8）配置完成之后，在 vmkNIC 列表中单击"查看详细信息"，可以显示主机的 vmkNIC 的 IP 地址，这 4 台主机的 IP 地址为 172.18.92.141 至 172.18.92.144，如图 4-2-64 所示。

图 4-2-63　保存

图 4-2-64　查看详细信息

（9）在"VXLAN"右侧单击"查看配置"，可以看到 VXLAN 传输配置信息，如图 4-2-65 所示。

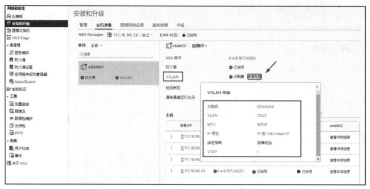

图 4-2-65　查看 VXLAN 配置

在配置了 VXLAN 传输参数后，在 DSwitch 交换机中会创建一个新的端口组，这个端口组用于每台主机新建的 VMkernel。本示例中新建的端口组名称为 vxw-vmknicPg-dvs-2021-2002-54df9e04-dcc2-45f7-af82-f6289a246198，查看端口属性，显示连接对象是 172.18.96.41 到 172.18.96.42 的主机，并且每台主机创建了一个名为 vmk2 的 VMkernel，如图 4-2-66 所示。

图 4-2-66　查看新建的端口组

在"主机和集群"中依次单击每台主机，在右侧"配置→网络→VMkernel 适配器"中可以看到新建的名为 vmk2 的 VMkernel 及 VMkernel 的 IP 地址，新建的 VMkernel 的 TCP/IP 堆栈是 vxlan，如图 4-2-67 所示。

图 4-2-67　查看新建的 VMkernel

登录华为交换机，使用 ping 命令测试 172.18.92.141 至 172.18.92.144 是否支持 MTU 为 9000 的巨型帧，命令如下。

```
ping -a 172.18.92.252 -c 3 -s 9000 172.18.92.141
```

测试结果如图 4-2-68 所示。

```
<S5720S-28P>ping -a 172.18.92.252 -c 3 -s 9000 172.18.92.141
 PING 172.18.92.141: 9000   data bytes, press CTRL_C to break
   Reply from 172.18.92.141: bytes=9000 Sequence=1 ttl=64 time=1 ms
   Reply from 172.18.92.141: bytes=9000 Sequence=2 ttl=64 time=1 ms
   Reply from 172.18.92.141: bytes=9000 Sequence=3 ttl=64 time=1 ms

 --- 172.18.92.141 ping statistics ---
   3 packet(s) transmitted
   3 packet(s) received
   0.00% packet loss
   round-trip min/avg/max = 1/1/1 ms

<S5720S-28P>
```

图 4-2-68   支持 MTU 为 9000 的巨型帧

对于超过 9000 的帧（例如 9600）则不支持，测试结果如图 4-2-69 所示。

```
<S5720S-28P>ping -a 172.18.92.252 -c 3 -s 9600 172.19.92.141
 PING 172.19.92.141: 9600   data bytes, press CTRL_C to break
   Request time out
   Request time out
   Request time out

 --- 172.19.92.141 ping statistics ---
   3 packet(s) transmitted
   0 packet(s) received
   100.00% packet loss

<S5720S-28P>
```

图 4-2-69   不支持 MTU 为 9600 的巨型帧

4.3 为 NSX-V 配置分布式防火墙

在集群上安装了 NSX 之后，NSX 分布式防火墙（Distributed Firewall，DFW）作为 VIB 软件包在内核中运行。在 vSphere 集群上执行"主机准备"向导可以自动在 ESXi 主机集群上激活 DFW。

以边界为中心的传统安全架构的基本限制，影响新型数据中心的安全状态和应用程序可扩展性。例如，通过网络边界的物理防火墙往返传输流量会导致某些应用程序出现额外的延迟，如图 4-3-1 所示。

NSX 分布式防火墙从物理防火墙中移除不必要的往返传输以补充和增强物理安全性，并减少网络上的流量。在离开 ESXi 主机之前，将阻止拒绝的流量。流量不需要穿过网络，物理防火墙将其阻止在边界位置。发往同一主机或不同主机上的另一台虚拟机的流量不必穿过网络到达物理防火墙并随后返回到目标虚拟机，将在 ESXi 级别检查流量并将其传输到目标虚拟机，如图 4-3-2 所示。

NSX 分布式防火墙是一个有状态防火墙，这意味着它监控活动连接的状态，并使用该信息确定允许哪些网络数据包通过防火墙。NSX 分布式防火墙是在虚拟化管理程序中实施的，并针对每个 vNIC 应用于虚拟机，防火墙规则是在每台虚拟机的 vNIC 中实施的。在流量即将离开虚拟机并进入虚拟交换机（输出）时，将在虚拟机的 vNIC 中进行流量检查。在流量即将离开交换机但在进入虚拟机（输入）之前，也会在 vNIC 中进行流量检查。

没有 NSX DFW 的安全性

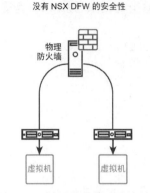

图 4-3-1　使用传统物理防火墙

具有 NSX DFW 的安全性

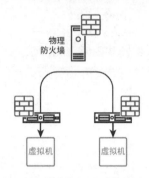

图 4-3-2　使用 NSX 分布式防火墙

使用 NSX 分布式防火墙将自动从分布式防火墙中排除 NSX Manager 虚拟设备、NSX Controller 虚拟机和 NSX Edge 服务网关。如果虚拟机不需要分布式防火墙服务，管理员可以手动将其添加到排除列表中。

由于分布式防火墙分布在每台 ESXi 主机的内核中，因此，在将主机添加到集群时，会横向扩展防火墙容量，添加更多主机将会增加分布式防火墙容量。随着 vSphere 基础架构扩展，可在集群中添加更多物理服务器以满足不断增长的虚拟机数量要求，分布式防火墙容量也会增加。

4.3.1　分布式防火墙规则

使用 vSphere Client 登录到 vCenter Server，在"菜单"中选择"网络和安全"，在"安全性"中单击"防火墙"进入 NSX 分布式防火墙的规则管理界面，如图 4-3-3 所示。

图 4-3-3　分布式防火墙

在该界面中有常规、以太网和合作伙伴服务 3 个选项卡，每一个选项卡都有一个默认区域，可以根据需要添加一个或多个规则和区域，在每个区域可以添加不同的防火墙规则。例如，管理员可能希望将销售部和工程部的对应规则分别置于 2 个单独区域中。可以为 L2 和 L3 规则创建多个防火墙规则区域。由于多个用户可以登录到 Web 客户端，并且可以同时对防火墙规则和区域进行更改，用户可以锁定自己正在处理的区域，以便其他人无法修改该区域中的规则。

在默认情况下，"常规"选项卡默认区域有 3 条规则，如图 4-3-3 所示；"以太网"选项卡默认区域有 1 条规则，如图 4-3-4 所示；"合作伙伴"服务选项卡默认区域没有规则，如

图 4-3-5 所示。

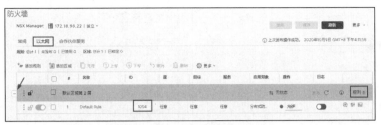

图 4-3-4　以太网选项卡默认区域

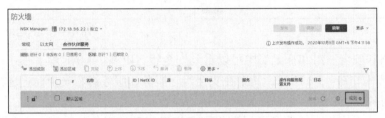

图 4-3-5　合作伙伴服务默认区域

在 NSX 分布式防火墙中，每条规则包括如下的内容。

（1）每条规则的第 1 个选项是锁定或解锁图标。如果规则处于锁定状态，规则状态为🔒，否则为🔓。锁定与解锁只能在防火墙规则区域这一级进行修改。锁定防火墙规则区域可以防止多个用户同时修改同一区域。企业管理员可以查看和覆盖所有锁定。

（2）规则启用或禁用标志。图标🔵为启用状态，图标⚪为禁用状态。防火墙规则禁用时，该条规则不生效。

（3）规则序号。防火墙规则中的 1、2、3、4 等数字是规则序号。分布式防火墙规则是按自上而下的顺序运行的。必须通过防火墙的流量先与防火墙规则列表进行匹配，根据规则表中的最上面规则检查每个数据包，然后向下移到表中的后续规则。表中第 1 条匹配流量参数的规则会被强制实施；表中的最后一个规则是 DFW 默认规则，与默认规则上方的任何规则均不匹配的数据包将强制使用默认规则。防火墙规则顺序可以通过"上移"和"下移"按钮调整，在规则顺序调整之后，对应的规则序号会被一同修改。

（4）规则名称。规则名称由管理员创建规则时设置，并且可以修改。

（5）ID。分布式防火墙的规则 ID 从 1001 开始，每创建一条规则会同时创建规则 ID，规则 ID 不能修改也不会重复。如果删除了某条规则，该条规则的 ID 会同时被删除，但以后创建的规则 ID 不会再使用被删除的规则 ID。

（6）源和目标。定义防火墙的访问来源和目标。NSX 分布式防火墙的源和目标可以是一个或多个，每一个可以是对象或 IP 地址。对象类型包括安全组、IP 集、vApp、vNIC、传统端口组、分布式端口组、数据中心、集群、虚拟机、资源池和逻辑交换机，如图 4-3-6 所示。如果选择 IP 地址，可以是 IPv4 或 IPv6 的 IP 地址，或者是以逗号分隔的 IP 列表，也可以是 CIDR，如图 4-3-7 所示。

在定义 NSX 分布式防火墙的源和目标对象时，选择非常灵活，基本上凡是在 vSphere Client 中能管理或看到的对象都可以用来定义。例如数据中心、资源池、虚拟机和虚拟机网卡，vSphere 标准交换机的标准端口组、vSphere 分布式交换机的分布式端口组、NSX 中的逻辑交换机等。

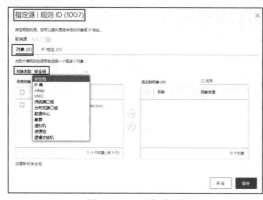

图 4-3-6　对象类型

图 4-3-7　IP 地址

在"网络和安全→组和标记"中可以看到安全组、IP 集、MAC 集、服务、服务组、IP 池、安全标记,如图 4-3-8 所示,其中在安全组、服务、服务组、安全标记选项卡中有系统创建的默认对象。

(7)服务。指定规则的服务可以使用预定义的服务、服务组对象,或者将服务指定为端口协议组合,如图 4-3-9 所示。

图 4-3-8　组和标记

图 4-3-9　指定服务

NSX 分布式防火墙支持第 2 到第 7 层的服务。在"常规"选项卡中,创建的防火墙规则应用的是第 3 到第 7 层的服务;在"以太网"选项卡中,创建的防火墙规则应用的是第 2 层的服务,如图 4-3-10 所示。

图 4-3-10　以太网

第 2 层规则映射到 OSI 模型第 2 层:只能在源和目标字段中使用 MAC 地址,并且只能在服务字段中使用第 2 层协议(例如 ARP)。

第 3 层/第 4 层规则映射到 OSI 模型第 3 层/第 4 层:可以使用 IP 地址和 TCP/UDP 端口编写策略规则。应务必记住始终在实施第 3 层/第 4 层规则之前实施第 2 层规则。举一个具体的例子,如果第 2 层默认策略规则修改为"block"(阻止),则 DFW 也会阻止所有第 3

层/第 4 层流量（例如，ping 会停止工作）。

NSX 分布式防火墙（DFW）是旨在保护工作负载间网络流量（虚拟到虚拟或虚拟到物理）的 NSX 组件。DFW 主要目标是保护东西向流量。由于 DFW 策略实施应用于虚拟机的虚拟网卡，因此它可用于阻止虚拟机和外部物理网络基础架构之间的通信。DFW 通过可提供集中式防火墙功能的 NSX Edge 服务网关进行充分补充。ESG 通常用于保护南北向流量（虚拟到物理），因此是软件定义的数据中心的第一个入口点。

在"常规"选项卡可以使用系统默认创建的服务，也可以使用自定义服务。系统创建的服务可以在"组和标记→服务"中查看，当前 NSX 6.4.8 中默认的服务共有 503 个，包括常用的 L3 和 L7 层的服务，如图 4-3-11 所示。

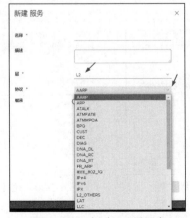

图 4-3-11　系统默认的服务

在"以太网"选项卡中，如果要创建 L2 层服务，可供选择的协议有 AARP、ARP、ATALK、ATMFATE、ATMMPOA、vBPQ、CUST、DEC、DIAG、DNA_DL、DNA_RC、DNA_RT、FR_ARP、IEEE_802_1Q、IPV4、IPv6、IPX、L2_OTHERS、LAT、LLC、LOOP、NETBEUI、PPP、PPP_DISC、PPP_SES、PARP、RAW_FR、SCA、TEB、X25，如图 4-3-12 所示。

在"常规"选项卡，为防火墙规则新建服务时可以创建 L3、L4、L7 层的服务，如图 4-3-13 所示。每一层都有对应的协议选择，如图 4-3-14 至图 4-3-16 所示。

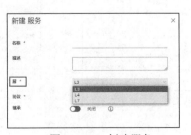

图 4-3-12　新建 L2 层服务　　　　　　　图 4-3-13　创建服务

图 4-3-14 创建 L3 层服务

图 4-3-15 创建 L4 层服务

图 4-3-16 创建 L7 层服务

（8）在应用对象中可以选择分布式防火墙或 Edge 网关，如图 4-3-17 所示。当前介绍的是分布式防火墙。

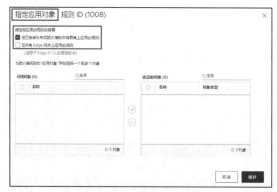

图 4-3-17 指定应用对象

（9）操作中可供选择的是允许、阻止和拒绝。

（10）日志中可选择是否保存日志。图标 为启用状态，图标 为禁用状态。

（11）单击 可备注规则，如图 4-3-18 所示；单击 还可进入高级设置，设置规则的方向（双向、入站、出站）和数据包类型（任意、IPv4、IPv6），如图 4-3-19 所示；单击 还可查看统计信息，如图 4-3-20 所示。

图 4-3-18 规则备注

图 4-3-19 高级设置

图 4-3-20 统计信息

4.3.2　分布式防火墙默认策略规则

在配置 NSX-V 分布式防火墙的时候，一般有以下两种原则。

（1）默认禁止原则。在默认情况下，对于任意的网络访问，除非明确定义了允许原则，否则默认都是禁止的。

（2）默认允许原则。在默认情况下，所有的网络访问都是允许的，除非明确定义了禁止原则。

对于分布式防火墙"常规"选项卡，系统创建了以下 3 种规则，如图 4-3-21 所示。

（1）Default Rule NDP，允许 IPv6-ICMP Neighbor Solicitation（ICMPv6 邻居请求）、IPv6-ICMP Neighbor Advertisement（ICMPv6 邻居通告）消息通过分布式防火墙。

（2）Default Rule DHCP，允许 DHCP-Server 和 DHCP-Client 服务通过分布式防火墙。使用这条规则，客户端使用 DHCP 可以从服务器获得 IP 地址，DHCP 服务器可以将地址下发到 DHCP 客户端。

（3）Default Rule，允许任意服务通过分布式防火墙。

图 4-3-21　默认允许规则

在图 4-3-21 中，最后一条是默认防火墙规则，允许任意源、任意目标、任意服务的网络访问通过，即默认允许原则。如果要启用默认禁止（默认拒绝）原则，可以修改最后一条防火墙规则为"阻止"，设置之后如图 4-3-22 所示，然后单击"发布"按钮让防火墙策略生效。

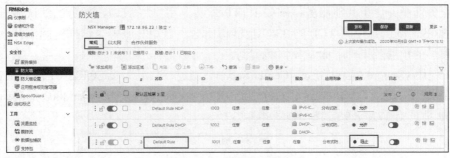

图 4-3-22　默认阻止原则

在设置了默认禁止规则后，在"网络和安全→安全性→防火墙设置"中，在"排列列表"选项卡中，除了用户排除的虚拟机和系统排除的虚拟机不受限制外，其他的虚拟机默认都是受分布式防火墙限制的。图 4-3-22 中第 1 条规则是允许任意源、任意目标的 ICMPv6 邻居请求、ICMPv6 邻居通告服务，第 2 条规则是允许任意源、任意目标的 DHCP 客户端与 DHCP 服务器端请求，第 3 条规则是禁止所有源和所有目标的所有服务，当策略执行到这一条时就是默认禁止。

DFW 策略规则是使用 vSphere Web Client（对于 vSphere 6.7 以前的版本）或 vSphere Client（对于 vSphere 6.7 及以后的版本）创建的，这些规则存储在 NSX Manager 数据库中。通过使用 DFW，管理员可以创建以太网规则（L2 规则）和一般规则（L3 到 L7 规则）。这些规则从 NSX Manager 发布到 ESXi 集群，然后从 ESXi 主机下发到虚拟机级别。同一集群中的所有 ESXi 主机具有相同的 DFW 策略规则。ESXi 主机上的分布式防火墙实例包含以下两个表。

● 用于存储所有安全策略规则的规则表。

● 连接跟踪器表，用于缓存具有允许操作的规则的流条目。

DFW 规则是按自上而下的顺序运行的。必须通过防火墙的流量先与防火墙规则列表进行匹配，根据规则表中的最上面规则检查每个数据包，然后向下移到表中的后续规则。表中第 1 条匹配流量参数的规则会被强制实施，表中的最后一条规则是 DFW 默认规则。与默认规则上方的任何规则均不匹配的数据包将被强制使用默认规则。

每台虚拟机具有自己的防火墙策略规则和上下文。在 vMotion 期间，当虚拟机从一台 ESXi 主机移动到另一台 ESXi 主机时，DFW 上下文（规则表、连接跟踪器表）随虚拟机一起移动。此外，在 vMotion 期间，所有活动连接保持不变。换句话说，DFW 安全策略独立于虚拟机之外。

4.3.3　为防火墙配置 L3 层策略

L3 层的服务一般是绑定 TCP 或 UDP 协议的某个端口的，例如 Microsoft 远程桌面服务（RDP）使用 TCP 的 3389 端口、HTTP 服务使用 TCP 的 80 端口、HTTPS 使用 TCP 的 443 端口。在配置 L3 层的服务时，防火墙的策略是针对这些服务端口而并不对数据包的应用做进一步检查。

例如，创建一个防火墙规则，允许使用远程桌面服务管理 Windows Server 服务器，默认是允许访问这台服务器的 TCP 的 3389 端口。如果这台服务器启用了远程桌面服务并且使用默认端口 TCP 的 3389，则策略达到预期的效果。如果用户修改了远程桌面服务的默认端口 TCP 的 3389，例如改为 12345，则创建的策略将不能生效。如果这台服务器没有开启远程桌面服务而是开启了其他服务，例如 HTTP 服务，用户将 HTTP 服务的默认端口修改为 TCP 的 3389，则用户使用 TCP 的 3389 也能访问这个 HTTP 服务。这样实际上并没有达到网络管理员的预期效果。下面看具体的实例。

（1）使用 vSphere Client 登录 vCenter Server，创建一台名为 WS08R2-01 的测试虚拟机，当前这台虚拟机安装了 Windows Server 2008 R2 的操作系统，使用 vlan2003 的端口组，虚拟机的 IP 地址为 172.18.93.236，如图 4-3-23 所示。

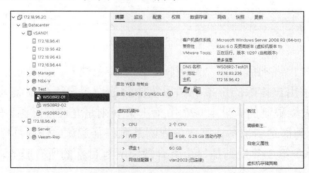

图 4-3-23　测试虚拟机

（2）在"网络和安全→安全性→防火墙"中添加一条规则，规则名称为"允许 RDP 访问 WS08R2-01"，调整此条规则的顺序到第 3 条，如图 4-3-24 所示，然后移动鼠标到"目标"处，单击浮现的  图标，进入编辑对话框。

图 4-3-24　添加规则

（3）在"指定目标"的"对象"选项卡的"对象类型"下拉列表中选择虚拟机，然后搜索到 WS08R2-01 虚拟机并将其添加到列表中，如图 4-3-25 所示。

（4）移动鼠标到"服务"处，单击浮现的  图标进入编辑对话框，在"指定服务"的"服务/服务组"选项卡中的"对象类型"下拉列表中选择"服务"，然后搜索 RDP 协议，一共找到 2 条与 RDP 相关的协议，一条是名称为 APP_RDP 的服务（这是 L7 层的服务），另一条是名称为 RDP 的服务（这是 L3 层的服务），本示例将 L3 层的 RDP 服务添加到右侧的列表中，单击"RDP"可以看到当前服务的协议是 TCP，其目标端口是 3389，如图 4-3-26 所示。

图 4-3-25　添加目标虚拟机

图 4-3-26　添加目标服务

（5）添加之后如图 4-3-27 所示。注意最后一条策略是"拒绝"，这样只能使用 RDP 协议访问 WS08R2-01 虚拟机，其他方式都不能访问，该虚拟机也不能访问其他网络。设置之后单击"发布"按钮让规则生效。

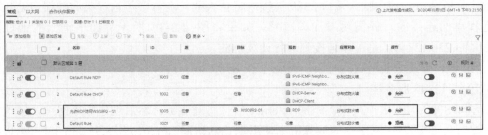

图 4-3-27　规则添加完成

（6）添加规则之后，在 WS08R2-01 的虚拟机远程桌面开启的前提下，在网络中的一台计算机上，使用远程桌面连接登录 WS08R2-01 虚拟机（IP 地址为 172.18.93.236），会弹出身份验证对话框，表示此时使用 RDP 协议并使用 TCP 的 3389 端口是可以登录的，如图 4-3-28 所示。然后输入正确的用户名和密码即可连接到远程桌面。

图 4-3-28　连接到远程桌面

（7）下面修改远程服务的端口号。使用控制台登录到 WS08R2-01 虚拟机，运行 regedit，修改 [HKEY_LOCAL_MACHINE\SYSTEM\CurrentControlSet\Control\Terminal Server\Wds\rdpwd\Tds\tcp]，右击 PortNumber，选择修改。默认是十六进制的 d3d（十进制为 3389），修改为十进制的 12345。然后修改 [HKEY_LOCAL_MACHINE\SYSTEM\CurrentControlSet\Control\Terminal Server\WinStations\RDP-Tcp]，在 PortNumber 处查看远程桌面服务端口号，默认是十六进制的 d3d（十进制为 3389），本示例将其修改为十进制的 12345，如图 4-3-29 所示。修改之后重新启动虚拟机。

（8）虚拟机重新启动完成后，在网络中的计算机上使用远程桌面登录 172.18.93.236（此时不加端口号，默认采用的是 3389），提示无法连接到远程计算机，如图 4-3-30 所示。

图 4-3-29　修改 RDP 服务默认端口

图 4-3-30　远程桌面连接出错

虽然在防火墙中的策略是 L3 层的 RDP，但这条策略实际上是允许 TCP 协议的 3389 端口的连接。这种策略是针对 TCP 的端口并不是针对 RDP 协议的。如果目标用户修改了 RDP 的默认服务端口，使用默认端口 3389 连接时将会失败。在修改了远程桌面的端口之后，使用远程桌面连接的时候需要添加端口号。如果将图 4-3-30 所示界面中输入的地址改为 172.18.93.236:12345，是可以连接到远程计算机的。

【说明】在做这个测试的时候，需要在 WS08R2-01 虚拟机修改操作系统的防火墙，开启 TCP 的 12345 服务端口。

在 WS08R2-01 虚拟机中，添加 Internet 信息访问服务，然后创建一个网站，修改网站服务端口为 3389，在网络中的计算机上使用浏览器访问 http://172.18.93.236:3389 可以打开测试网站，如图 4-3-31 所示。

图 4-3-31 打开测试网站

4.3.4 为防火墙配置 L7 层策略

应用程序和协议身份根据应用程序层（如 Active Directory、DNS、HTTPS 或 MySQL）
在大量应用程序和实施中启用可见性。第 7 层应用程序标识可识别特定的数据包或流量由
哪个应用程序生成，而这一过程与所使用的端口无关。通过基于应用程序标识的实施，用
户可以允许或拒绝应用程序在任何端口上运行，或者强制应用程序在其标准端口上运行。
深度数据包检查（DPI）允许将数据包负载与定义的模式（通常称为签名）进行匹配。第 7
层服务对象可用于无关端口的实施，或创建新的服务对象，这些对象将利用第 7 层应用程
序标识、协议和端口的组合。基于第 7 层的服务对象可用在防火墙规则表和服务编排中，

并且在分析应用程序时，应用程序标识信息
会在分布式防火墙日志、流量监控和应用程
序规则管理器（Application Rule Manager，
ARM）中捕获。

（1）在"网络和安全→安全性→防火墙"
修改名为 "允许 RDP 访问 WS08R2-01"的
规则，在"服务"中移除 L3 层的 RDP 服务，
添加 L7 层的 APP_RDP 服务，如图 4-3-32
所示。修改之后如图 4-3-33 所示。单击"发
布"按钮让规则生效。

图 4-3-32 修改服务

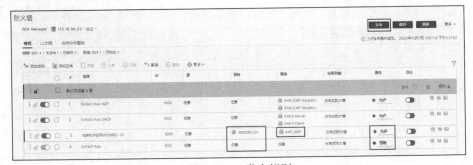

图 4-3-33 发布规则

（2）当规则生效后，在网络中的计算机上使用浏览器访问 http://172.18.93.236:3389，此
时测试网站已经不能打开，但在 WS08R2-01 虚拟机中是可以打开的，表示网站没有问题，
如图 4-3-34 所示。

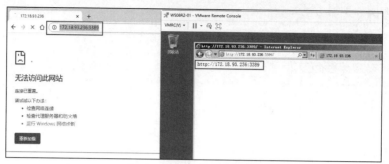

图 4-3-34　在网络中测试

（3）使用远程桌面客户端连接 WS08R2-01 虚拟机，地址为 172.18.93.236:12345，此时可以连接，如图 4-3-35 所示。

图 4-3-35　使用 12345 端口连接远程桌面

在此可以看到，无论是否修改默认的 RDP 服务的端口，客户端都可以使用 RDP 协议连接。

4.3.5　查看示例配置

本小节通过具体的实例介绍防火墙策略。在当前的实验环境中，配置了 1 台 CentOS 的虚拟机、1 台 Windows Server 2019 的虚拟机（Active Directory 域控制器）、1 台 Windows 10 的虚拟机和 3 台 Windows Server 2008 的虚拟机，还有 vCenter Server 的虚拟机，如图 4-3-36 所示。

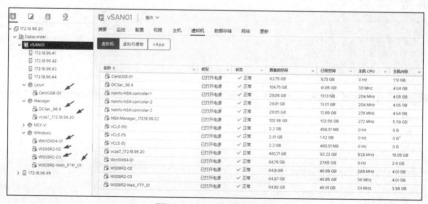

图 4-3-36　虚拟机清单

当前实验环境创建的防火墙规则如图 4-3-37 所示。

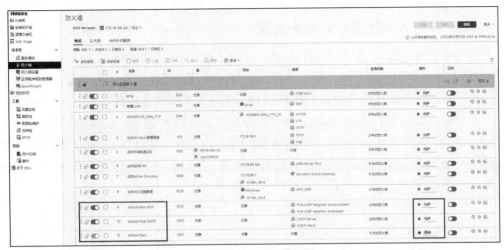

图 4-3-37 防火墙规则

当前一共有 11 条规则，序号为 9、10 和 11 的规则为系统默认创建，其他规则为管理员创建。管理员创建的规则及说明如表 4-3-1 所列。

表 4-3-1 管理员创建的规则及说明

序号	规则名称	源	目标	服务	规则说明
1	ping	任意	任意	ICMP Echo	允许使用 ping 命令测试网络并且允许返回数据包
2	管理 Linux	任意	资源池：Linux	SSH	允许使用 SSH 登录管理 Linux 资源池中的所有虚拟机
3	WS08R2-01_Web_FTP	任意	虚拟机：WS08R2-Web_FTP_01	HTTPS FTP HTTP	WS08R2-Web_FTP_01 是 Web 与 FTP 服务器，允许从网络中使用 HTTP、HTTPS、FTP 协议访问这台虚拟机
4	允许 Windows 部署服务	任意	IP 地址：172.18.96.1	TFTP PXE	IP 地址为 172.18.96.1 的计算机提供 Windows 部署服务，允许客户端计算机使用该计算机提供的 Windows 部署服务。其中名为 PXE 的服务是创建的 L3 层的服务，使用 UDP 的 4011 端口
5	访问外网的虚拟机	虚拟机：Win10X64-01、CentOS8-01	任意	任意	允许这两台虚拟机访问任意网络（包括 Internet）
6	允许访问 KMS	任意	IP 地址：172.18.96.199	KMS-Server-Port	IP 地址为 172.18.96.199 的计算机是 KMS 服务器，KMS 服务端口是 TCP 的 1688
7	访问 Active Directory	任意	IP 地址：172.18.96.1；虚拟机：DCSer_96.4	Microsoft Active Directory	当前网络中有两台 Active Directory 服务器，其中一台是物理机，IP 地址为 172.18.96.1；另一台是虚拟机，虚拟机名称为 DCSer_96.4，IP 地址是 172.18.96.4
8	允许 RDP 远程管理	任意	资源池：Windows；虚拟机：DCSer_96.4	APP_RDP	允许资源池为 Windows、虚拟机为 DCSer_96.4 的计算机使用 RDP 协议远程管理

4.3.6　在防火墙配置默认允许规则

管理员可以根据需要灵活地创建防火墙规则。在前文的防火墙规则列表中，将系统最后一条规则 Default Rule 修改为拒绝，这样凡是没有明确创建访问规则的虚拟机和网络都是被拒绝的。如果虚拟化环境中虚拟机数量较多，并且大多数虚拟机都不需要使用 NSX 进行保护，可以将最后一条 Default Rule 规则设置为允许，其他为受保护的虚拟机设置允许和拒绝规则。例如，对于第 4.3.5 小节"查看示例配置"的内容，如果将 Default Rule 规则设置为允许后，在第 8 条规则后面创建一条拒绝的规则，那么规则的目标为第 2 至第 8 条规则中的所有虚拟机和 IP 地址。创建之后如图 4-3-38 所示。

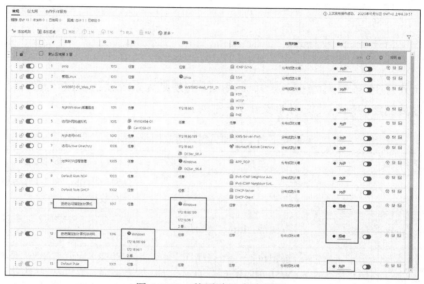

图 4-3-38　使用默认允许规则

新创建的第 11 和第 12 条规则如表 4-3-2 所列。

表 4-3-2　新建防火墙规则

序号	规则名称	源	目标	服务	规则说明
11	拒绝访问指定的计算机	任意	资源池：Linux、Windows； 虚拟机：DCSer_96.4； IP 地址：172.18.96.1、172.18.96.199	任意	禁止所有源访问指定的计算机
12	拒绝指定的计算机访问网络	资源池：Linux、Windows； 虚拟机：DCSer_96.4； IP 地址：172.18.96.1、172.18.96.199	任意	任意	禁止指定资源池、虚拟机、IP 地址访问所有的网络

4.4　使用身份防火墙

NSX 分布式防火墙除了能够识别 L2 到 L7 层的应用之外，还能识别 Active Directory 用户并针对用户组来定义防火墙规则，从而实现对某些特定用户的网络访问进行控制。例如只允许人事部门职工访问人员管理系统，只允许财务部门的职工访问财务类应用，普通用户访问 OA 类应用，其他非 Active Directory 用户不能访问任何应用等。通过使用身份防火墙（Identity Firewall，IDFW）功能，NSX 管理员可以创建基于 Active Directory 用户的分布式防火墙规则。

4.4.1　身份防火墙概述

针对用户的访问控制跟 NSX 的微分段功能是有区别的。微分段功能是针对数据中心的，前提是每台服务器上都安装了 NSX Data Center 软件，微分段是通过每台虚拟机上的分布式防火墙来实现的，防火墙跟着虚拟机"走"。用户身份识别和访问权限控制则把范围扩展到了数据中心以外的客户端，跟着用户的 Windows 桌面会话而产生作用。桌面会话（Session）是指从用户登录开始到退出登录之间的整个操作交互过程，用户都是通过自己的桌面会话来访问数据中心内的企业应用，这种桌面会话通常有以下几种类型。

（1）物理桌面。PC 一般是部署在数据中心以外的办公网络中的，PC 上一般也没有安装 NSX 软件，但是只要是用 Active Directory 用户身份登录 Windows 桌面，NSX 就能够识别从这个桌面到数据中心的数据包是属于哪个用户的。

（2）VDI 虚拟桌面。VDI（Virtual Desktop Infrastructure）是虚拟化桌面最常见的一种方式，用户的 Windows 桌面运行在数据中心内的虚拟机中，通过瘦客户机远程访问虚拟桌面。桌面虚拟机有专用和共享两种类型，共享类型的桌面不能通过微分段来设定从这个桌面发出的访问控制，必须按登录用户（即通过身份防火墙）来进行访问控制。

（3）RDSH 远程应用。RDSH（Remote Desktop Service Host）是由 Windows Server 提供的远程应用共享服务，服务器上的应用可以被用户远程访问，并且可被多个用户共享，用户可以通过 PC 或瘦客户机来远程访问应用。因为 RDSH 应用是在同一台服务器上运行并且被多个用户共享的，所以需要按照用户来设置访问权限。

具有这种用户身份感知能力的防火墙叫身份防火墙，该防火墙使用两种方法进行登录检测。

（1）客户机侦测（Guest Introspection，GI）。GI 部署在运行 IDFW 虚拟机的 ESXi 集群上，是一种安全服务扩展机制，它通过在虚拟机中安装的 VMware Tools 来把用户登录会话的相关信息发送给 NSX Manager，从而让 NSX 知道在各个虚拟桌面上的会话属于哪个用户。用户生成网络事件时，虚拟机上安装的客户机代理将信息通过 GI 框架转发到 NSX Manager。

（2）Active Directory（AD）事件日志采集器。首先在 NSX Manager 中配置 AD 事件日志采集器以指向一个 AD 域控制器实例，然后 NSX Manager 从 AD 安全事件日志中提取事件。NSX Manager 通过直接访问 AD 安全事件日志来获得桌面会话所属的用户信息。

管理员可以在环境中同时使用这两种方法，或者使用其中的一种方法从而实现用户身份感知能力。如果同时使用 AD 事件日志采集器和 GI，将优先使用 GI。

4.4.2　身份防火墙案例概述

本小节通过一个具体的案例介绍身份防火墙。

企业有多台 Windows 与 Linux 服务器需要远程管理，其中 Windows 服务器使用远程桌面服务进行管理，Linux 服务器使用 SSH 远程管理。一般的做法是将这些 Windows 与 Linux

服务器的管理端口在防火墙上映射到 Internet 供用户远程管理。但这样需要管理的服务器都直接映射到 Internet，安全性较低。所以管理员将这些 Windows 与 Linux 服务器的端口映射全部取消，而配置一台 Windows 服务器作为堡垒机用于远程管理。所有用户先登录到这台堡垒机，然后在堡垒机中使用远程桌面登录到想要管理的 Windows 内网服务器，或者使用 SSH 登录到想要管理的 Linux 内网服务器，网络拓扑如图 4-4-1 所示。

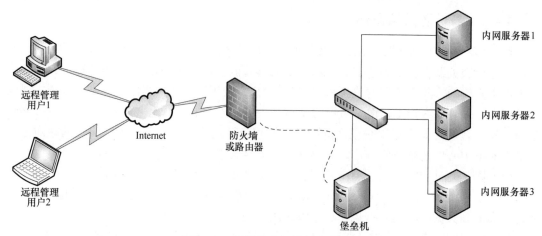

图 4-4-1   配置堡垒机用于远程管理

使用堡垒机避免了将要管理的服务器直接映射到 Internet 的弊端，但采用这种方式也有一个问题，因为堡垒机与内网服务器都在局域网中，当中没有防火墙，堡垒机可以直接访问内网的所有服务器。如果黑客攻击到堡垒机，通过堡垒机可以访问内网所有服务器，那么这个时候，堡垒机也是一个风险点。而使用身份防火墙就可以避免这个问题，即使黑客或恶意用户登录到堡垒机，受到的影响也会降低许多。下面介绍身份防火墙的应用。

如果使用同一台堡垒机，根据登录的用户不同而访问不同的内网服务器，是否可以做到呢？NSX 的身份防火墙就可解决这个问题。本小节采用图 4-4-2 的实验拓扑介绍身份防火墙的配置与使用。

在图 4-4-2 中，WS08R2-03 是虚拟机，该虚拟机所在主机安装并配置了 NSX 并启用了分布式防火墙，其他的计算机可以是物理机也可以是虚拟机。在图 4-4-2 中，有 2 台 Active Directory 服务器（Active Directory 的域名是 heinfo.edu.cn，2 台 Active Directory 服务器的 IP 地址分别是 172.18.96.1 和 172.18.96.4）。在 Active Directory 中新建了两个账户，分别是张三（账户登录名 zhangsan）和李四（账户登录名 lisi），远程管理用户 1 或远程管理用户 2 登录到堡垒机，再通过堡垒机分别登录管理测试服务器 1 和测试服务器 2。只有登录堡垒机的用户是张三时，才能管理测试服务器 1（IP 地址为 172.18.96.2）；只有登录用户是李四时，才能管理测试服务器 2（IP 地址为 172.18.96.3）。下面介绍配置方法和操作步骤。

在使用身份防火墙时，NSX 安全组关联（包含）的是 Active Directory 的用户组。本示例中，在 Active Directory 中，张三属于运维一组用户组，李四属于运维二组用户组。在 NSX 中，将会创建 2 个安全组，例如 heinfo-yy01、heinfo-yy02，其中 heinfo-yy01 包含运维一组用户组，heinfo-yy02 包含运维二组用户组。本示例中身份防火墙策略信息如表 4-4-1 所列。

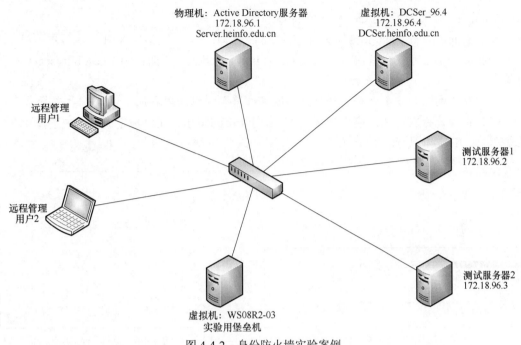

图 4-4-2　身份防火墙实验案例

表 4-4-1　身份防火墙策略

序号	NSX 安全组	包含的 AD 用户组	包含的 AD 用户	要管理的服务器的 IP 地址
1	heinfo-yy01	运维一组	张三	172.18.96.2
2	heinfo-yy02	运维二组	李四	172.18.96.3

4.4.3　安装 Guest Introspection

大多数在 VMware vSphere 平台上运行的安全软件都需要 Guest Introspection 的支持，Guest Introspection 可将防病毒和防恶意软件代理处理任务迁移到 VMware 合作伙伴所提供的专用安全虚拟设备上。由于安全虚拟设备（与客户机虚拟机不同）不会脱机，因此可以不断地更新防病毒特征码，从而为主机上的虚拟机提供持续保护。另外，还可以在新虚拟机（或处于脱机状态的现有虚拟机）联机时，立即使用最新的防病毒特征码来保护这些虚拟机。

Guest Introspection 运行状况将通过 vCenter Server 控制台中的红色警报进行体现。此外，还可通过查看事件日志来收集更多状况信息。

要使用这些功能，必须正确配置环境以提供 Guest Introspection 安全功能。

（1）必须为 Guest Introspection 准备资源池中包含保护的虚拟机的所有主机，以便通过 vMotion 将虚拟机从资源池中的一台 ESXi 主机迁移到另一台 ESXi 主机时继续对其进行保护。在 NSX 6.4.1 及更高版本中，虚拟机硬件必须为 V9.0 或更高版本，Guest Introspection 才支持在主机之间迁移（vMotion）虚拟机期间提供虚拟机保护。

（2）虚拟机必须安装了 Guest Introspection 瘦代理，才能由 Guest Introspection 安全解决方案对其进行保护。但它并非支持所有客户机操作系统，使用不支持的操作系统的虚拟机不受安全解决方案保护。

1. 在主机集群上安装 Guest Introspection

安装 Guest Introspection 会在集群中的每台主机上自动安装新的 VIB 和服务虚拟机。活动监控和多个第三方安全解决方案需要 Guest Introspection。下面介绍 Guest Introspection 的部署。

（1）在"网络和安全→安装和升级→服务部署"中单击"添加"，如图 4-4-3 所示。

（2）在"选择服务和调度"中选中 Guest Introspection，在"指定调度"中选择"立即部署"，如图 4-4-4 所示。

图 4-4-3 添加　　　　　　　　　　　　图 4-4-4 立即部署

（3）在"选择集群"中选择将 Guest Introspection 部署到哪一个集群，本示例为 vSAN01 集群，如图 4-4-5 所示。

（4）在"选择存储和管理网络"中为部署 Guest Introspection 的虚拟机分配数据存储、网络和 IP 分配方式。在为一个集群部署 Guest Introspection 时，可以在此界面中统一选择数据存储和 Guest Introspection 虚拟机使用的网络以及 IP 分配方式，本示例中为 Guest Introspection 虚拟机选择 vSAN 存储，使用 vlan2003 的网络，IP 分配方式为 DHCP，如图 4-4-6 所示。

图 4-4-5 选择部署集群　　　　　　　　　图 4-4-6 选择存储和管理网络

【说明】如果要将 IP 池中的某个 IP 地址分配给 Guest Introspection 服务虚拟机，应先创建 IP 池，然后安装 Guest Introspection。如果选择使用 DHCP，Guest Introspection 会使用 169.254.x.x 子网在内部为 Guest Introspection 服务分配 IP 地址。如果将 169.254.x.x 的 IP 地址分配给 ESXi 主机的任意 VMkernel 接口，则 Guest Introspection 的安装将失败。Guest Introspection 服务使用此 IP 地址进行内部通信。

再为多个集群部署 Guest Introspection 虚拟机，如果每个集群保存 Guest Introspection 虚拟机的存储不同和分配的网络不同，可以选择"已在主机上指定"，如图 4-4-7 所示。如果选择"已在主机上指定"，应需要在每台 ESXi 主机的"配置→虚拟机→代理虚拟机设置"中单击"编辑"按钮，为代理虚拟机设置数据存储和网络，如图 4-4-8 所示。

图 4-4-7 已在主机上指定

图 4-4-8 代理虚拟机设置

（5）在添加网络和安全服务后，NSX 会在集群中创建一个名为 ESX Agents 的资源池，并在资源池中为每台 ESXi 主机添加一台 Guest Introspection 的虚拟机。部署完成后如图 4-4-9 所示。

图 4-4-9 部署完成后的 Guest Introspection 虚拟机

（6）部署完成后，在"网络和安全→安装和升级→服务部署"中显示 Guest Introspection 服务的版本、安装状态、服务状态以及部署的集群，如图 4-4-10 所示。

图 4-4-10 部署 Guest Introspection 服务完成

2. 在虚拟机上安装 Guest Introspection 瘦代理

要使用 Guest Introspection 安全解决方案保护虚拟机，管理员必须在虚拟机上安装 Guest Introspection 瘦代理（也称为 Guest Introspection 驱动程序）。Guest Introspection 驱动程序是随适用于 Windows 的 VMware Tools 提供的，但不是默认安装的一部分。要在 Windows 虚拟机上安装 Guest Introspection，管理员必须执行自定义安装并选择这些驱动程序。

如果虚拟机已经安装了 VMware Tools，可以在虚拟机控制台中选择"重新安装 VMware Tools"，在进入 VMware Tools 安装向导后选择"自定义安装"，在"程序维护"中选择"修改"，如图 4-4-11 所示；展开 VMCI 驱动程序（VMCI Driver）部分，安装 NSX 文件自检驱动程序和 NSX 网络自检驱动程序，如图 4-4-12 所示。由于 VMware Tools 的版本不同，可用的选项也可能不同，这些不同的选项可能有：vShield Endpoint 驱动程序、Guest Introspection 驱动程序、NSX 文件自检驱动程序、NSX 网络自检驱动程序。

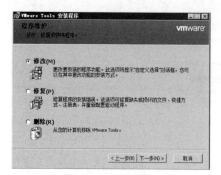

图 4-4-11   修改

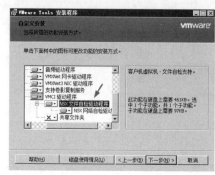

图 4-4-12   添加 NSX 网络自检驱动程序

在本示例中，为后文要用到的名为 WS08R2-03 的虚拟机重新安装 VMware Tools，并添加 NSX 网络自检驱动程序，然后重新启动虚拟机。

4.4.4   在 NSX 中注册 Active Directory

在当前的实验环境中有两台 Active Directory 服务器，IP 地址分别是 172.18.96.1 和 172.18.96.4。其中 IP 地址为 172.18.96.1 的 Active Directory 是一台物理机，IP 地址为 172.18.96.4 的 Active Directory 是一台虚拟机（在当前 VMware vSphere 环境中，虚拟机名称为 DCSer_96.4）。Active Directory 域名是 heinfo.edu.cn。172.18.96.1 是第 1 台域控制器的 IP 地址，172.18.96.4 是额外的域控制器的 IP 地址。本示例将把 IP 地址为 172.18.96.1、域名为 heinfo.edu.cn 的服务器在 NSX 中注册。

（1）在"网络和安全→系统→用户和域→域"中单击"添加"，如图 4-4-13 所示。

（2）在"名称"的"域名"文本框中输入要添加的域名，本示例为 heinfo.edu.cn，在 NetBIOS 名称处输入域的 NetBIOS 名称，本示例为 heinfo。如果不使用 Active Directory 中禁用的用户，可以开启"忽略禁用的用户"，如图 4-4-14 所示。

图 4-4-13   添加

图 4-4-14   添加域

（3）在"LDAP 选项"中，输入 Active Directory 域服务器的 IP 地址（本示例为 172.18.96.1）、用户名和密码，协议与端口使用默认值，如图 4-4-15 所示。

（4）在"安全事件日志访问"中选择 CIFS 或 WMI 作为连接方法以访问指定的 AD 服务器上的安全事件日志。本示例选择 CIFS 连接方法，端口使用默认值 445。如果使用上一步（图 4-4-15）中输入的域用户名及密码，则使用域凭据状态为"开启"，如图 4-4-16 所示。

如果要为安全事件日志访问配置一个"只读"的域账户，切换到 Active Directory 域服务器，在"Active Directory 用户和计算机"的"Builtin"中双击"Event Log Readers"用户组，如图 4-4-17 所示；为 Event Log Readers 添加一个域账户（本示例为 readlog），如图 4-4-18 所示。然后在"安全事件日志访问"中关闭使用域凭据，输入用户名 heinfo\readlog 和密码，如图 4-4-19 所示。

图 4-4-15 LDAP 选项

图 4-4-16 安全事件日志访问

图 4-4-17 Event Log Readers 组

图 4-4-18 添加域用户

图 4-4-19 指定用户访问事件日志

（5）在"检查以完成"对话框中，查看为添加域而指定的参数，检查无误之后单击"完成"按钮，如图 4-4-20 所示。

图 4-4-20 添加域完成

（6）添加域之后，系统会从 Active Directory 同步域用户和域用户组等账户信息，同步之后状态显示为 SUCCESS，如图 4-4-21 所示。

图 4-4-21　添加域并同步数据

4.4.5　为身份防火墙配置安全组

安全组是 vSphere 清单中的资产或分组对象的集合。安全组是可以包含多种对象类型的容器，包括逻辑交换机、虚拟网卡、IPsec 和虚拟机。安全组可以有基于安全标记、虚拟机名称或逻辑交换机名称的动态成员资格条件。例如，所有拥有安全标记 Web 的虚拟机都将自动添加到专用于 Web 服务器的特定安全组。创建安全组后，会对该安全组应用安全策略。如果虚拟机 ID 因执行移动或复制操作而重新生成，则安全标记不会传播到新虚拟机 ID。

用于 RDSH 身份防火墙的安全组必须使用在创建时标记为在源中启用用户身份的安全策略。用于 RDSH 身份防火墙的安全组只能包含 AD 组，并且所有嵌套的安全组也必须是 AD 组。身份防火墙中使用的安全组只能包含 AD 组。嵌套的组可以是非 AD 组或其他逻辑实体，例如虚拟机。

在本示例中创建两个安全组，每个安全组包含一个 AD 组。下面介绍主要步骤。

（1）登录到 Active Directory 服务器，在"Active Directory 用户和计算机"中创建名为运维一组和运维二组的安全组，再创建显示名称为张三（登录名为 zhangsan）和李四（登录名为 lisi）的两个账户，如图 4-4-22 所示。将张三添加到运维一组，如图 4-4-23 所示；将李四添加到运维二组，如图 4-4-24 所示。

图 4-4-22　创建 2 个组和 2 个账户

图 4-4-23　运维一组

图 4-4-24　运维二组

（2）使用 vSphere Client 登录到 vCenter Server，在"网络和安全→组和标记"的"安全

组"选项卡中单击"添加",如图 4-4-25 所示。

（3）在"名称和描述"的"名称"文本框中输入新建安全组的名称,本示例为 heinfo-yy01,如图 4-4-26 所示。

图 4-4-25 添加安全组

图 4-4-26 设置安全组名称

（4）在"定义动态成员资格"中单击"下一步"按钮,如图 4-4-27 所示。

图 4-4-27 定义动态成员资格

（5）在"选择要包括的对象"的对象类型下拉列表中选择"目录组",此时会将检索到的 Active Directory 域账户显示在列表中。从列表中选中运维一组并将其添加到"选定的对象"列表中,如图 4-4-28 所示（也可以在"搜索"文本框中输入关键字搜索）,单击"完成"按钮完成创建。

图 4-4-28 添加 Active Directory 安全组

（6）参照第（2）至（5）的步骤,再次创建一个安全组,组名为 heinfo-yy02,如图 4-4-29 所示。其包括的对象是运维二组,如图 4-4-30 所示。

（7）本示例中创建了 2 个安全组,创建之后如图 4-4-31 所示。

在准备基础架构后,管理员创建 NSX 安全组并添加新的可用 AD 组（称为目录组）,然后创建具有关联的防火墙规则的安全策略,并将这些策略应用于新创建的安全组。在用户登录到桌面时,系统将检测该事件以及使用的 IP 地址,查找与该用户关联的防火墙策略,然后向下推送这些规则。这适用于物理桌面和虚拟桌面。对于物理桌面,还需要使用 AD 事件日志采集器来检测用户是否登录到物理桌面。

图 4-4-29　新建安全组　　　　　　　　　图 4-4-30　选择要包括的对象

图 4-4-31　创建的安全组

身份防火墙可用于通过远程桌面会话进行的微分段，从而允许多个用户同时登录，根据要求访问用户应用程序并且能够保持独立的用户环境。具有远程桌面会话的身份防火墙需要 Active Directory。应注意，身份防火墙不支持来自 Linux 操作系统的物理机或虚拟机的身份认证。

4.4.6　配置身份防火墙

在创建了安全组之后，下一步是创建防火墙区域，添加身份防火墙规则。在配置身份防火墙时，必须在防火墙规则的新区域中创建规则，规则必须选中在源中启用用户身份。远程桌面访问规则不支持应用对象字段，适用于 RDSH 的 IDFW 不支持 ICMP。

（1）在"网络和安全→安全性→防火墙"的"常规"选项卡中，单击"添加区域"添加一个新的区域，如图 4-4-32 所示。原来的"默认区域第 3 层"区域没有启用身份验证防火墙功能。

（2）在"新建区域"对话框的"区域名称"文本框中输入新建的区域名称，本示例为"AD 身份防火墙区域"，在"区域属性"中选中"在源中启用用户身份"复选框，然后单击"添加"按钮，如图 4-4-33 所示。

图 4-4-32　添加新区域　　　　　　　　　图 4-4-33　添加区域名称和属性

（3）新建区域后在新建的区域中添加规则，如图 4-4-34 所示。

图 4-4-34 添加规则

（4）在本示例中添加 4 条规则，添加之后如图 4-3-35 所示，然后单击"发布"按钮让规则生效。添加的 4 条规则信息如表 4-4-2 所列。

图 4-4-35 添加 4 条规则

表 4-4-2 身份防火墙规则与说明

序号	规则名称	源	目标	服务	规则说明
1	允许访问 AD 服务器	安全组：heinfo-yy01、heinfo-yy02	虚拟机：DCSer_96.4；IP 地址：172.18.96.1	服务组：Microsoft Active Directory	NSX 的安全组 heinfo-yy01 包括 AD 用户组运维一组、heinfo-yy02 包括 AD 用户组运维二组，本策略是允许这两个 AD 用户组访问 2 台 AD 服务器
2	运维一组访问规则	安全组：heinfo-yy01	IP 地址：172.18.96.2	L3 层服务：RDP	允许 AD 用户组运维一组的用户使用 RDP 协议访问 IP 地址为 172.18.96.2 的服务器
3	运维二组访问规则	安全组：heinfo-yy02	IP 地址：172.18.96.3	L3 层服务：RDP	允许 AD 用户组运维二组的用户使用 RDP 协议访问 IP 地址为 172.18.96.3 的服务器
4	禁止规则	安全组：heinfo-yy01、heinfo-yy02	任意	任意	禁止 AD 用户运维一组、运维二组的用户访问其他服务器

单击每个区域右侧的①图标查看区域属性，如图 4-4-36 所示，这是新建的"AD 身份防火墙区域"的区域属性，在此可以看到当前区域启用了用户身份。

查看"默认区域第 3 层"的区域属性，可以看到当前区域没有启用用户身份，如图 4-4-37 所示。

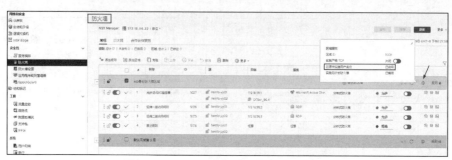

图 4-4-36   区域属性：启用了用户身份

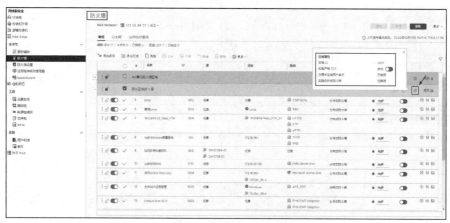

图 4-4-37   区域属性：没有启用用户身份

4.4.7   客户端验证

下面通过具体的实验验证身份防火墙。在本示例中使用一台安装了 Windows Server 2008 R2 操作系统的虚拟机进行验证，该虚拟机的名称为 WS08R2-03。为这台虚拟机重新安装 VMware Tools，并添加 NSX 网络自检驱动程序。

（1）使用 vSphere Client 登录到 vCenter Server，定位到 WS08R2-03 的虚拟机，查看该虚拟机的 IP 地址为 172.18.96.195，如图 4-4-38 所示。

（2）打开 WS08R2-03 虚拟机控制台，将此计算机添加到 Active Directory 服务器。在当前的实验环境中，Active Directory 服务器有 2 台，IP 地址分别是 172.18.96.1 和 172.18.96.4。Active Directory 域名是 heinfo.edu.cn，添加之后如图 4-4-39 所示。

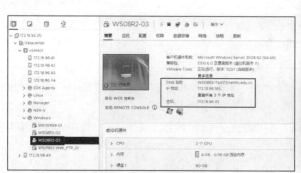

图 4-4-38   查看实验虚拟机信息

图 4-4-39   计算机加入域

（3）计算机加入域之后，添加远程桌面服务和远程桌面会话主机，添加之后如图 4-4-40 所示。

（4）在"服务器管理器→配置→本地用户和组→组"中，将 Domain Users 添加到 Remote Desktop Users 用户组中，添加后如图 4-4-41 所示。这样域中的每个用户都能登录到这台远程桌面会话主机。

图 4-4-40　添加远程桌面会话主机

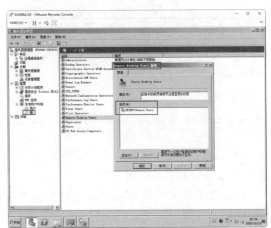
图 4-4-41　将域用户添加到远程桌面用户组

准备好 Windows Server 2008 R2 的实验用机之后，登录到远程桌面，分别以域用户张三和李四的身份登录并进行测试。当前测试用机的 IP 地址是 172.18.96.195。

（1）使用域用户张三登录到测试用机，然后运行远程桌面连接程序，登录 IP 地址为 172.18.96.2 的服务器，弹出身份验证对话框，表示张三可以登录该服务器，如图 4-4-42 所示。如果登录 IP 地址为 172.18.96.3 的服务器，会弹出无法连接的提示，如图 4-4-43 所示。

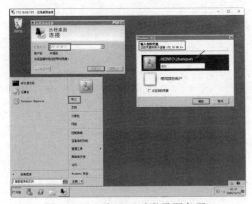
图 4-4-42　张三可以登录服务器

图 4-4-43　张三无法登录服务器

（2）使用域用户李四登录到测试用机，然后运行远程桌面连接程序，登录 IP 地址为 172.18.96.3 的服务器，弹出身份验证对话框，表示李四可以登录该服务器，如图 4-4-44 所示。如果登录 IP 地址为 172.18.96.2 的服务器，会弹出无法连接的提示，如图 4-4-45 所示。

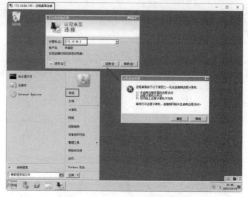

图 4-4-44　李四可以登录服务器　　　　　　　图 4-4-45　李四无法登录服务器

4.4.8　使用身份验证管理 Linux 服务器

身份验证不支持目标为 L7 层的服务，但支持目标为 L3 层的服务。本示例身份认证使用 SSH 服务管理 Linux 服务器。

（1）在当前实验环境中，有一台名为 CentOS8-01 安装了 CentOS 8 操作系统的虚拟机，虚拟机的 IP 地址是 172.18.96.185，如图 4-4-46 所示。

图 4-4-46　Linux 实验虚拟机

（2）在"防火墙"中修改"运维一组访问规则"，在访问目标中添加名为 CentOS8-01 的虚拟机，在服务中添加 SSH 服务，如图 4-4-47 所示。添加之后单击"发布"按钮让策略生效。

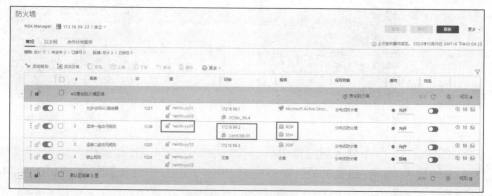

图 4-4-47　修改策略

（3）使用域用户张三登录到 IP 地址为 172.18.96.195 的 Windows Server 虚拟机，登录之后使用 Xshell 6 登录 IP 地址为 172.18.96.185 的 CentOS 8 虚拟机，此时看到张三可以登录到这台 Linux 虚拟机，如图 4-4-48 所示。

（4）使用域用户李四登录到 IP 地址为 172.18.96.195 的计算机，登录之后使用 Xshell 6 登录 IP 地址为 172.18.96.185 的虚拟机失败，如图 4-4-49 所示，表示李四不能访问测试用的 CentOS 8 虚拟机。

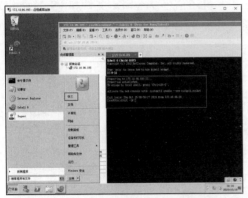
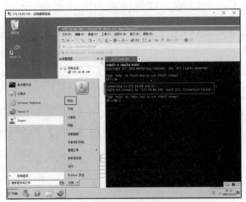

图 4-4-48　张三可以登录 Linux 虚拟机　　　　图 4-4-49　李四不能登录 Linux 虚拟机

4.5　使用 SpoofGuard

SpoofGuard 有助于防止一种被称为网络欺骗或网络钓鱼的恶意攻击。SpoofGuard 策略可阻止被确定为网络欺骗或网络钓鱼的流量。

SpoofGuard 工具旨在防止环境中的虚拟机发送某种流量，该流量带有未授权终止流量的 IP 地址。如果虚拟机的 IP 地址与 SpoofGuard 上的相应逻辑端口和交换机地址绑定中的 IP 地址不匹配，将完全禁止虚拟机的 vNIC 访问网络。可以在端口或交换机级别配置 SpoofGuard。在虚拟化环境中使用 SpoofGuard 可能有以下几个原因。

（1）防止恶意虚拟机使用现有虚拟机的 IP 地址。

（2）确保无法在没有干预的情况下更改虚拟机的 IP 地址。在某些环境中，最好禁止虚拟机更改其 IP 地址。SpoofGuard 确保虚拟机所有者无法直接更改 IP 地址并继续工作而不会受到妨碍。

（3）保证不会无意或有意绕过分布式防火墙规则。对于将 IP 集作为源或目标创建的 DFW 规则，始终存在虚拟机可能在数据包标头中伪造其 IP 地址的可能性，从而绕过相关的规则。

SpoofGuard 通过维护虚拟机名称和 IP 地址的参考表来抵御"IP 欺骗"。SpoofGuard 通过使用 NSX Manager 在虚拟机最初启动时从 VMware Tools 检索的 IP 地址来维护此参考表。

与 vCenter Server 同步后，NSX Manager 会从每台虚拟机上的 VMware Tools 中收集所有 vCenter 客户机虚拟机的 IP 地址。如果虚拟机被攻击，则 IP 地址可能被假冒，恶意传输信息可能会绕过防火墙策略。

4.5.1　创建 SpoofGuard 策略

管理员可以创建 SpoofGuard 策略为特定网络指定操作模式。系统生成的默认策略适用于现有 SpoofGuard 策略未覆盖的端口组和逻辑交换机。

默认情况下 SpoofGuard 处于非活动状态，管理员必须在每台逻辑交换机或 VDS 端口组上明确启用 SpoofGuard。检测到虚拟机 IP 地址更改后，分布式防火墙会阻止来自或流向此虚拟机的流量，直到管理员批准此更改的 IP 地址为止。

为特定网络创建 SpoofGuard 策略后，管理员可以授权 VMware Tools 所报告的 IP 地址，并在必要时更改这些地址以防止欺骗。SpoofGuard 本身还信任从 VMX 文件和 vSphere SDK 收集的虚拟机的 MAC 地址。可以在防火墙规则之外使用 SpoofGuard 阻止已确认为虚假的流量。

只有启用了分布式防火墙后 SpoofGuard 才可正常运行。默认情况下 SpoofGuard 并没有启用，需要管理员手动启用。

（1）使用 vSphere Client 登录到 vCenter Server，在"菜单"中选择"网络和安全"，在"安全性→SpoofGuard"中单击"默认策略"，然后单击"编辑"，如图 4-5-1 所示。

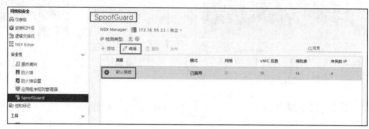

图 4-5-1　编辑默认策略

（2）在"策略设置"中启用或停用 SpoofGuard。如果启用 SpoofGuard 有两种模式可供选择，如图 4-5-2 所示。本示例选择"首次使用时自动信任分配的 IP"，然后单击"完成"按钮。

如果选择"首次使用时自动信任分配的 IP"，则允许来自虚拟机的所有流量通过，同时构建一个有关虚拟网卡到 IP 地址的分配表。管理员可在方便时查看此表并更改 IP 地址。此模式将自动批准在虚拟网卡上首次看到的所有 IPv4 和 IPv6 地址。

如果选择"使用前手动检查和批准分配的所有 IP"，则会阻止所有流量，直到管理员批准分配所有虚拟网卡到 IP 地址。在此模式中，可以批准多个 IPv4 地址。

图 4-5-2　启用策略并选择模式

不管启用哪种模式，SpoofGuard 本身都会允许 DHCP 请求。不过，如果处于手动检测模式，流量将无法通过，除非 DHCP 分配的 IP 地址经过批准。

（3）配置之后如图 4-5-3 所示。

图 4-5-3 配置 SpoofGuard

图 4-5-3 中显示了 SpoofGuard 的模式（当前为"首次使用时信任"）、网络数（当前为 0）、检测到的 vNIC 总数（当前为 17）、等待批准的 IP 地址数（当前为 9）、冲突的 IP 地址数（当前为 4）。单击"默认策略"或单击"vNIC 总数""待批准""冲突的 IP"下面的数字可以进入详细信息界面。

单击"默认策略"，将显示系统中所有虚拟机（包括模板虚拟机）清单，会显示每台虚拟机的名称、虚拟网卡、待批准、批准的 IP、检测到的 IP、上次批准日期等信息，如图 4-5-4 所示。

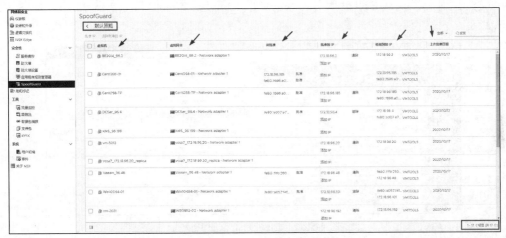

图 4-5-4 虚拟机清单

在虚拟机清单中，某台虚拟机启动后，第一次从 DHCP 获得的 IP 地址将被自动批准，经过批准的 IP 地址会在"批准的 IP"中显示。单击"清除"可以清除批准的 IP 地址；单击"添加 IP"，可以为虚拟机添加新的 IP 地址。SpoofGuard 同时支持 IPv4 和 IPv6 地址。使用 VMware Tools 和 DHCP 监听时，SpoofGuard 策略支持为一个虚拟网卡分配多个 IP 地址。ARP 监听最多支持每台虚拟机每块虚拟网卡分配 128 个 IP 地址。

在"检测到的 IP"一列中显示该虚拟机当前的 IP 地址，这个 IP 地址可以是自动获得的，也可以是手动设置的。如果虚拟机的 IP 地址不在"批准的 IP"中，该虚拟机将无法访问网络（网络上的计算机或虚拟机也无法访问到这台虚拟机）。管理员可以在"待批准"中单击"批准"，将新的 IP 地址添加到"批准的 IP"中，允许虚拟机使用新的 IP 地址。

4.5.2 批准 IP 地址

如果将 SpoofGuard 设置为需要对分配的所有 IP 地址进行手动批准，则必须对分配的 IP 地址进行批准，才能允许来自这些虚拟机的流量通过。如果虚拟机从 DHCP 获得了新的 IP 地址（例如为虚拟机分配了其他 VLAN 的端口组，或者 DHCP 租约过期导致地址更新），也需要管理员批准 IP 地址。下面通过具体的示例介绍这一内容。

（1）当前环境中有一台名为 Win10X64-01 的虚拟机，该虚拟机使用 VM Network 的端口组，从 DHCP 自动获得的 IP 地址是 172.18.96.101，SpoofGuard 批准该 IP 地址后允许该虚拟机通信。在右上角搜索文本框中输入"win10"进行搜索，查找到名为 Win10X64-01 的虚拟机，在"批准的 IP"和"检测到的 IP"都是 172.18.96.101，如图 4-5-5 所示。

图 4-5-5　搜索虚拟机

（2）修改 Win10X64-01 的虚拟机设置，将网卡使用的端口从 VM Network 修改为 vlan2005。此时虚拟机从 DHCP 服务器获得新的 IP 地址，本示例为 172.18.95.243，如图 4-5-6 所示。

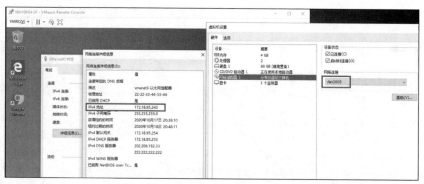

图 4-5-6　虚拟机获得新的 IP 地址

（3）虽然 Win10X64-01 的虚拟机获得了新的 IP 地址，但该虚拟机无法 ping 通网关（本示例其 IP 地址为 172.18.95.254）和 DHCP 服务器（本示例其 IP 地址为 172.18.95.253），如图 4-5-7 所示。

（4）在"网络和安全→安全性→SpoofGuard"中刷新策略，然后重新搜索"win10"，此时可以看到，在待批准和检测到的 IP 中，显示了该虚拟机新获得的 IP 地址 172.18.95.243，在 172.18.95.243 后单击"批准"，如图 4-5-8 所示，在弹出的"批准 IP"对话框中单击"是"按钮，如图 4-5-9 所示。

（5）批准之后，在"批准的 IP"列表中会显示当前虚拟机获准使用的 IP 地址，如图 4-5-10 所示。

图 4-5-7　无法 ping 通网关和 DHCP 服务器

（6）当新获得的 IP 地址在 SpoofGuard 中获得批准之后，切换到虚拟机，使用 ping 命令再次 ping 网关和 DHCP 服务器，此时能看到可以 ping 通，如图 4-5-11 所示。

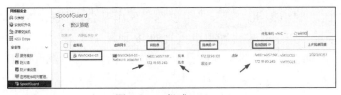

图 4-5-8 批准 IP（1）

图 4-5-9 批准 IP（2）

图 4-5-10 批准的 IP（3）

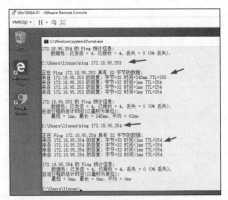

图 4-5-11 允许虚拟机使用新 IP 地址访问网络

4.5.3 清除 IP 地址

管理员可以更改分配给 MAC 地址的 IP 地址以更正分配的 IP 地址。SpoofGuard 可接受来自多台虚拟机的唯一 IP 地址。但是，管理员只能分配一次 IP 地址。经过批准的 IP 地址在 NSX 中是唯一的，不允许出现重复的经过批准的 IP 地址。

（1）在"默认策略"的"全部"下拉列表中选择"具有重复 IP 的 vNIC"，如图 4-5-12 所示。

图 4-5-12 全部

（2）此时会显示具有重复 IP 地址的虚拟机，管理员可以选择保留某台虚拟机的 IP 地址，而清除其他虚拟机重复的 IP 地址。如果有多台虚拟机重复的 IP 地址需要清除，可以依次选中这些虚拟机，单击"清除批准的 IP"，如图 4-5-13 所示，在弹出的"清除批准的 IP"对话框中单击"是"按钮确认。

图 4-5-13　清除批准的 IP

（3）清除批准的 IP 地址之后如图 4-5-14 所示。

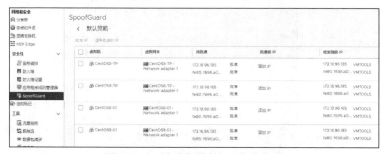

图 4-5-14　清除批准的 IP 地址之后

4.5.4　使用 SpoofGuard 的建议

如果要在 vSphere 与 NSX 环境中启用 SpoofGuard，如果 SpoofGuard 策略为"首次使用时自动信任分配的 IP"，建议使用 DHCP 服务器为虚拟机分配 IP 地址，并在 DHCP 的作用域中，将作用域期限设置为永不过期或永久有效。如果虚拟机会被频繁地创建和删除，应及时在 DHCP 服务器中清除过期的客户端信息并释放 DHCP 地址租约。

如果选择"使用前手动检查和批准分配的所有 IP"，需要管理员为每台虚拟机手动添加 IP 地址，然后在虚拟机中手动为虚拟机设置批准的 IP 地址、子网掩码、网关和 DNS。添加 IP 地址的操作比较简单，在"批准的 IP"列表中，单击"添加 IP"为指定的虚拟机添加 IP 地址即可。可以为虚拟机添加多个 IP 地址，这些 IP 地址可以是同一网段的，也可以是不同网段的，如图 4-5-15 所示。为 Win10X64-01 虚拟机添加多个 IP 地址之后如图 4-5-16 所示。

图 4-5-15　为虚拟机添加 IP 地址

图 4-5-16　为虚拟机添加多个 IP 地址

4.5.5 禁用 SpoofGuard

实验完成后如果不再使用 SpoofGuard 功能，在"安全性→SpoofGuard"中选中"默认策略"，关闭"启用"，然后单击"完成"按钮，如图 4-5-17 所示。

图 4-5-17 禁用 SpoofGuard

4.6 流量监控与数据包捕获

NSX 提供了不同的工具可帮助管理员监控和收集数据，以诊断系统存在的问题。

4.6.1 流量监控

流量监控是一种流量分析工具，提供流入/流出受保护虚拟机的流量详细信息。下面通过具体实例介绍实时流量监控。

（1）启动名为 Win10X64-01 的测试虚拟机。

（2）在"网络和安全→工具→流量监控"中单击"选择 vNIC"，如图 4-6-1 所示。

（3）在"选择虚拟机和 vNIC"对话框中，先选择名为 Win10X64-01 的虚拟机，然后单击">"图标，如图 4-6-2 所示；在虚拟机中选择虚拟网卡，单击"确定"按钮，如图 4-6-3 所示。

（4）选择虚拟机和虚拟网卡之后，单击"启动"按钮启动流量监控，如图 4-6-4 所示。

图 4-6-1 选择 vNIC

（5）启动流量监控后，可查看哪些计算机正通过哪些应用程序交换数据，包括会话数和每个会话传输的数据包数等。会话详细信息包括源、目标、应用程序和正在使用的端口，可以使用会话详细信息来创建防火墙以允许或阻止规则。管理员可以查看多种类型协议的流量数据，包括 TCP、UDP、ARP 和 ICMP 等。管理员还可以查看选定虚拟网卡的入站/出站 TCP 和 UDP 连接。实时流量监控提供了流量在遍历特定虚拟网卡时的可视化显示，以便能够快速执行故障排除。在对匹配 L7 防火墙规则的流量进行的实时流量监控中还会捕获应用程序上下文。查看的实时流量如图 4-6-5 所示。

图 4-6-2　选择虚拟机

图 4-6-3　选择虚拟网卡

图 4-6-4　启动流量监控

图 4-6-5　查看实时流量

可以查看选定虚拟网卡的出站和入站的 UDP 和 TCP 连接。要查看两台虚拟机之间的流量，可以在一台计算机上查看其中一台虚拟机的实时流量，在另一台计算机上查看另一台虚拟机的实时流量。每台主机最多可查看 2 块虚拟网卡的流量，每个基础架构最多可查看 5 块虚拟网卡的流量。

【说明】查看实时流量可能会影响 NSX Manager 和相应虚拟机的性能，在不需要查看时应停止实时流量监控。

4.6.2　数据包捕获

使用数据包捕获工具可为 NSX Manager 上所需的主机创建数据包捕获会话。捕获数据包后，可以下载相应的文件。如果仪表板指示某台主机未处于正常运行状态，管理员可以捕获该特定主机的数据包，以进一步执行故障排除。

对于主机上的每个会话，数据包捕获文件限制为 20MB，捕获时间限制为 10 分钟。会话保持活动状态的时间为 10 分钟，或者直到捕获文件达到 20MB 或 20 000 个数据包（以先达到的限制为准）。达到任何一个限制时，会话即停止。在 vSphere Client 界面中，管理员最

多可以创建 16 个数据包捕获会话。NSX 管理层面将所有会话中捕获的总文件大小限制为
400MB。达到 400MB 的总数据包文件大小时，将无法创建新的捕获会话。但是，可以下载
之前的数据包捕获会话的文件。如果要在达到 400MB 文件大小限制后启动新会话，则必须
清除旧会话。在创建会话一小时后将移除现有会话。如果管理员重新启动 NSX，所有现有
会话均会被清除。利用数据包捕获无法捕获 NSX 虚拟机接口。

（1）在"网络和安全→工具→数据包捕获"中单击"创建会话"，如图 4-6-6 所示。

（2）在"选择主机"对话框中，选择一台主机，本示例为 172.18.96.42，如图 4-6-7
所示。

图 4-6-6　创建会话

图 4-6-7　选择主机

（3）在"创建会话"对话框中，设置对话名称，然后选择捕获点（可以为物理适配器、
VMkernel、vNIC、VDrPort、DVFilter）和方向（入站或出站），如图 4-6-8 所示。选择之后
单击"保存"按钮。

（4）开始捕获数据。如果要停止捕获数据，单击"停止"按钮，如图 4-6-9 所示，在弹
出的"停止会话"对话框中单击"是"按钮。

图 4-6-8　创建会话

图 4-6-9　停止捕获数据

（5）停止捕获数据之后，选中会话，单击"下载"，下载捕获的会话，下载会话完成后
如图 4-6-10 所示。

图 4-6-10　下载会话完成后

（6）下载的文件扩展名为.pcap，如图 4-6-11 所示；可以用 Wireshark 打开下载的文件查看，如图 4-6-12 所示。

图 4-6-11　下载的文件

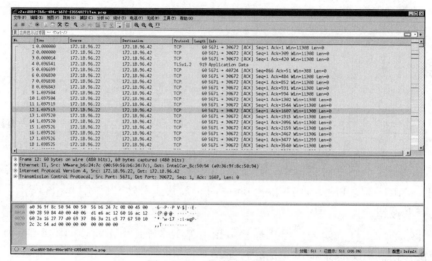

图 4-6-12　查看下载的文件

NSX-V 分布式防火墙基础应用就介绍到这里，下一章介绍 Edge 防火墙和 NSX-V 虚拟网络组建等。

第 5 章　Edge 防火墙与负载均衡应用

在第 4 章介绍了 NSX-V 分布式防火墙和身份防火墙的使用，本章介绍组建 NSX-V 网络、NSX Edge 防火墙、逻辑负载均衡器和在 NSX 中配置 DHCP 等内容。

5.1　配置 NSX-V 逻辑设备

本节介绍组建 NSX-V 网络的内容，并将在第 4 章所用的实验拓扑的基础上增加 NSX-V 虚拟网络内容，新的实验拓扑如图 5-1-1 所示。

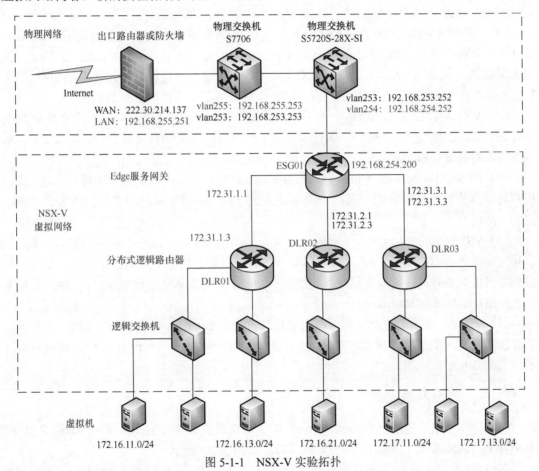

图 5-1-1　NSX-V 实验拓扑

在图 5-1-1 所示的实验拓扑中，为 NSX-V 虚拟网络规划使用 172.16.0.0/16 和 172.17.0.0/16 网段，这两个网段相当于对物理网络的扩充。

要组建 NSX-V 虚拟网络，需要配置 Edge 服务网关、分布式逻辑路由器和逻辑交换机等虚拟设备，还要为这些虚拟设备进行一系列的配置，这包括配置 VXLAN、分段 ID 和添加传输区域等内容。下面将一一介绍。

在配置 NSX 之前先了解下列名词及相关概念，后文将会用到。

（1）VXLAN（Virtual eXtensible LAN），即虚拟扩展局域网。VXLAN 采用 MAC in UDP（User Datagram Protocol）报文封装方式，是 NVO3（Network Virtualization over Layer 3）中的一种网络虚拟化技术，可实现二层网络在三层范围内进行扩展，满足数据中心虚拟机迁移的需求。在 VXLAN 中，属于相同 VXLAN 的虚拟机处于同一个逻辑二层网络，彼此之间二层互通；属于不同 VXLAN 的虚拟机之间二层隔离。

传统交换网络用 VLAN 来隔离用户和虚拟机，但理论上只支持最多 4094 个标签的 VLAN 已无法满足需求。VXLAN 头部包含一个 VXLAN 标识符，只有在同一个 VXLAN 上的虚拟机之间才能相互通信。

（2）VNI（VXLAN Network Identifier），即 VXLAN 标识符。VXLAN 通过 VXLAN ID 来标识，VNI 在数据包之中占 24 位，故可支持 1600 多万（最大是 16 777 215，2 的 24 次方）个 VXLAN 的同时存在，远多于 VLAN 的 4094 个，因此可适应大规模租户的部署。VXLAN 的 1600 多万个标签弥补了传统 VLAN 标签不足的缺点。

（3）VTEP（VXLAN Tunnel End Point），即 VXLAN 隧道端点，VXLAN 的边缘设备，VXLAN 分段构建于 VXLAN 隧道端点。VXLAN 的相关处理都在 VTEP 上进行，例如识别以太网数据帧所属的 VXLAN、基于 VXLAN 对数据帧进行二层转发、封装/解封装报文等。VTEP 可以是一台独立的物理设备，也可以是虚拟机所在服务器的虚拟交换机。

（4）VXLAN Tunnel，即两个 VTEP 之间点到点的逻辑隧道。VTEP 为数据帧封装 VXLAN 头、UDP 头和 IP 头后，通过 VXLAN 隧道将封装后的报文转发给远端 VTEP，远端 VTEP 对其进行解封装。

（5）BUM（Broadcast、Unknown-unicast、Multicast），即广播、未知单播和多播流量。根据对泛洪流量的复制方式不同可分为单播路由方式（头端复制）和多播路由方式（核心复制）两种。

（6）VSI（Virtual Switching Instance），即虚拟交换实例，VTEP 上为一个 VXLAN 提供二层交换服务的虚拟交换实例。VSI 可以看作 VTEP 上的一台基于 VXLAN 进行二层转发的虚拟交换机，它具有传统以太网交换机的所有功能，包括源 MAC 地址学习，MAC 地址老化、泛洪等。VSI 与 VXLAN 一一对应。

（7）VSI-Interface，即 VSI 的虚拟三层接口。类似于 VLAN-Interface，它被用来处理跨 VNI 流量即跨 VXLAN 的流量。VSI-Interface 与 VSI 一一对应，在没有跨 VNI 流量时可以不使用 VSI-Interface。

5.1.1　逻辑网络设置

使用管理员账户登录到 vCenter Server，在"网络和安全→安装和升级→逻辑网络设置"中配置 VXLAN 端口、分段 ID 和传输区域等，如图 5-1-2 所示。

在"网络和安全→安装和升级→逻辑网络设置"的"VXLAN 设置"选项卡中，"VXLAN 端口"默认显示为 4789，这是 NSX 配置的端口，应确保防火墙没有阻止为 VXLAN 流量指定的端口号。在"分段 ID"后面单击"编辑"，在弹出的"编辑分段 ID 设置"对话框的"分段 ID 池"文本框中设置分段 ID 的范围，可用范围是 5000–16 777 215，本示例为 5000–5999。"多播寻址"保持关闭状态。设置之后单击"保存"按钮，如图 5-1-3 所示。

图 5-1-2　逻辑网络设置

图 5-1-3　编辑分段 ID

如果任何传输区域使用多播或混合复制模式，需要添加一个或一定范围的多播地址。如果具有多个多播地址，则可将流量分散到网络中，防止单个多播地址超载，并能更好地包含 BUM 复制。不要使用 239.0.0.0/24 或 239.128.0.0/24 作为多播地址，因为这些地址用于本地子网控制，这意味着物理交换机会使所有使用这些地址的流量泛洪。

VXLAN 分段构建于 VXLAN 隧道端点之间。在确定每个分段 ID 池的大小时，应注意分段 ID 控制可创建的逻辑交换机数。应该选择 1600 多万个潜在 VNI 的小型子集，不要在单个 vCenter 中配置超过 10 000 个 VNI，因为 vCenter 将分布式端口数限制为 10 000 个。如果 VXLAN 位于其他 NSX-V 部署中，应考虑哪些 VNI 已在使用并避免重叠 VNI。单个 NSX Manager 和 vCenter 环境中会自动实施非重叠 VNI。

5.1.2　添加传输区域

传输区域控制逻辑交换机可以延伸到的主机，它可以跨越一个或多个 vSphere 集群。传输区域确定了哪些集群可以参与使用特定网络，进而确定哪些虚拟机可以参与使用该网络。

（1）在"网络和安全→安装和升级→逻辑网络设置"的"传输区域"选项卡中单击"添加"，如图 5-1-4 所示。当前还没有创建传输区域。

（2）在"新建传输区域"对话框的"名称"文本框中输入新建传输区域的名称，本示例为 TZ-vSAN01，复制模式选择"单播"，在"选择集群"列表中选择添加到传输区域的集群，本示例为 vSAN01，如图 5-1-5 所示。

图 5-1-4　添加传输区域

图 5-1-5　新建传输区域

复制模式支持多播、单播、混合三种模式，各模式介绍如下。

多播（Multicast）：物理网络中的多播 IP 地址用于控制层面，只有在从较旧的 VXLAN

升级部署时才推荐使用该模式。如果使用多播，在物理网络中需要配置 PIM/IGMP。

使用多播复制模式需要在物理基础架构中同时启用 L3 层和 L2 层多播。要配置多播模式，网络管理员需要将每个逻辑交换机与 IP 多播组关联起来。对于在特定逻辑交换机上托管虚拟机的 ESXi 主机，其相关联的 VTEP 会使用 IGMP 加入多播组。路由器会跟踪 IGMP 连接情况并使用多播路由协议在 IGMP 连接之间创建多播分发树。

当主机将 BUM 流量复制到位于同一子网的 VTEP 时，它们使用 L2 层多播；当主机将 BUM 流量复制到位于不同子网的 VTEP 时，它们使用 L3 层多播。在这两种情况下，由物理基础架构来处理到远程 VTEP 的 BUM 流量复制。

尽管 IP 多播是一项众所周知的技术，但由于各种技术、运营或管理原因，在数据中心中部署 IP 多播通常被视为一大难题。网络管理员必须密切关注物理基础架构支持的最大多播状态，以便在逻辑交换机与多播组之间启用一对一映射。虚拟化的一个好处是，允许在不将其他状态公开到物理基础架构的情况下扩展虚拟基础架构。将逻辑交换机映射到物理多播组会破坏此模型。在多播复制模式下，NSX Controller 集群不用于逻辑交换。

单播（**Unicast**）：控制层面由 NSX Controller 处理，所有单播流量都利用优化的头端复制，不需要任何多播 IP 地址或特殊的网络配置。在新配置的 NSX 网络中，推荐选择此种模式。

单播复制模式无须物理网络支持 L2 层或 L3 层多播来处理逻辑交换机内的 BUM 流量。使用单播模式可以将逻辑交换机从物理网络中完全分离出来。单播模式会将所有 BUM 流量复制到源主机本地，并通过单播数据包将这些 BUM 流量转发给远程主机。在单播模式下，可以将所有 VTEP 放在一个子网中，也可以放在多个子网中。

当所有主机 VTEP 接口都属于一个子网时，源 VTEP 会将 BUM 流量转发给所有远程 VTEP。这种复制称为头端复制。头端复制可能会导致不必要的主机开销和更高的带宽使用，具体影响取决于 BUM 流量的多少以及子网内的主机和 VTEP 数量。

如果主机 VTEP 接口分布到多个子网，源主机将分两部分处理 BUM 流量。源 VTEP 将 BUM 流量转发到同一子网中的每个 VTEP（与一个子网的情况相同）。对于远程子网中的 VTEP，源 VTEP 会将 BUM 流量转发给每个远程 VTEP 子网中的主机，并设置复制位以将此数据包标记为本地复制。远程子网中的主机在收到此数据包并找到所设置的复制位后，会将数据包发送到其子网中逻辑交换机所在的所有其他 VTEP。

因此，在具有许多 VTEP 子网的网络架构中，单播复制模式具有良好的可扩展性，因为负载在多个主机之间进行分发。

混合（**Hybrid**）：将本地流量复制卸载到物理网络（L2 层多播）。这在第 1 台跃点交换机上需要 IGMP 监听，并且需要在每个 VTEP 子网中访问 IGMP 查询器，但是不需要 PIM。第 1 台跃点交换机将处理该子网的流量复制。

混合模式是单播和多播复制模式的组合。在混合复制模式中，主机 VTEP 使用 L2 层多播将 BUM 流量分发到位于同一子网的对等 VTEP。当主机 VTEP 将 BUM 流量复制到位于不同子网中的 VTEP 时，它们会以单播数据包形式将这些流量转发给每个 VTEP 子网中的一个主机。然后，接收流量的主机使用 L2 层多播将数据包发送给子网中的其他 VTEP。

在客户网络中，L2 层多播比 L3 层多播更常用，因为 L2 层多播通常可以轻松部署。将 BUM 流量复制到位于同一子网中的不同 VTEP 通常在物理网络中进行。如果同一子网中有多个对等 VTEP，则混合复制可以有效缓解源主机的 BUM 流量。使用混合复制可以扩展至分段很少或不含分段的高密度环境。

（3）创建传输区域之后如图 5-1-6 所示。NSX Data Center for vSphere 环境可能包含一个或多个传输区域，一台主机集群可以属于多个传输区域。

图 5-1-6 创建完成的传输区域

（4）在图 5-1-6 所示界面中单击传输区域的名称，将显示传输区域包括的集群及集群主机信息，再次单击"查看详细信息"可以显示集群中每台主机的名称（IP 地址）和每台主机准备 VMkernel 流量的 IP 地址，如图 5-1-7 所示。

图 5-1-7 查看传输区域集群信息

（5）在"逻辑交换机"选项卡可以查看当前传输区域包含的逻辑交换机信息，如图 5-1-8 所示。当前还没有配置逻辑交换机。

图 5-1-8 逻辑交换机选项卡

一台逻辑交换机只能属于一个传输区域。NSX-V 不允许连接位于不同传输区域的虚拟机。逻辑交换机的跨度仅限于一个传输区域，因此不同传输区域中的虚拟机不能位于同一 L2 层网络。分布式逻辑路由器无法连接到位于不同传输区域的逻辑交换机。连接第 1 台逻辑交换机后，只能在同一传输区域中选择其他逻辑交换机。下一小节介绍添加逻辑交换机的内容。

5.1.3 添加逻辑交换机

NSX-V 逻辑交换机可在完全脱离底层硬件的虚拟环境中再现交换功能。在 NSX-V 的虚拟网络中，逻辑交换机用于连接 Edge 服务网关与分布式逻辑路由器，或者用于连接分布式逻辑路由器与虚拟机。逻辑交换机在提供可连接虚拟机的网络连接方式上类似于 VLAN。如果将这些虚拟机连接到同一逻辑交换机，它们就可以通过 VXLAN 相互通信。每台逻辑交换机都有一个类似 VLAN ID 的分段 ID。但与 VLAN ID 不同的是，分段 ID 可能多达 1600多万个。如果将本章图 5-1-1 所示的实验拓扑详细化，在 ESG01 服务网关与分布式逻辑路由器之间连接的就是逻辑交换机，如图 5-1-9 所示。

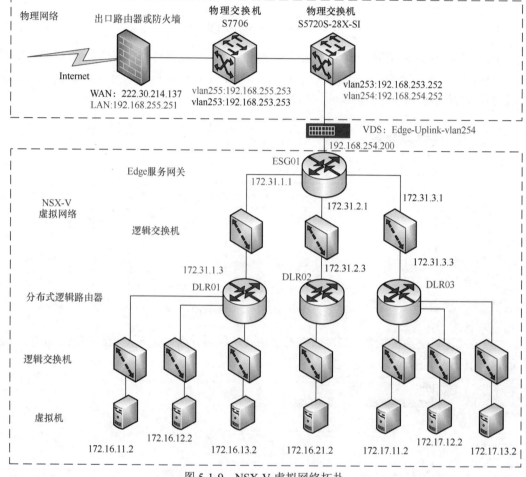

图 5-1-9　NSX-V 虚拟网络拓扑

在 NSX-V 网络中，管理员需要创建逻辑交换机、分布式逻辑路由器和 Edge 服务网关。Edge 服务网关使用 vSphere 分布式交换机的分布式端口组连接物理网络。Edge 服务网关和分布式逻辑路由器通过逻辑交换机连接，虚拟机再通过逻辑交换机连接分布式逻辑路由器。

在创建 Edge 服务网关、分布式逻辑路由器和逻辑交换机时，可以根据需要或规划进行命名。在本示例中，逻辑交换机命名原则为"LSW+IP 段第 2 位+IP 段第 3 位"。创建的 Edge服务网关命名为"ESG+序号"，创建的分布式逻辑路由器命名为"DLR+序号"。例如，对于图 5-1-9 所示的拓扑，创建的 Edge 服务网关、分布式逻辑路由器和逻辑交换机的命名如表 5-1-1 所列。

表 5-1-1 NSX-V 实验网络中设备的命名

序号	命名	用途
1	ESG01	Edge 服务网关，用于连接物理网络与 NSX 虚拟网络
2	DLR01	分布式逻辑路由器，上连 Edge 服务网关，下连逻辑交换机
3	DLR02	分布式逻辑路由器，上连 Edge 服务网关，下连逻辑交换机
4	DLR03	分布式逻辑路由器，上连 Edge 服务网关，下连逻辑交换机
5	LSW3101	连接 DLR01 与 ESG01
6	LSW3102	连接 DLR02 与 ESG01
7	LSW3103	连接 DLR03 与 ESG01
8	LSW1611	连接 DLR01 与虚拟机
9	LSW1612	连接 DLR01 与虚拟机
10	LSW1613	连接 DLR01 与虚拟机
11	LSW1621	连接 DLR02 与虚拟机
12	LSW1711	连接 DLR03 与虚拟机
13	LSW1712	连接 DLR03 与虚拟机
14	LSW1713	连接 DLR03 与虚拟机
15	LSW-Edge-DLR01-HA	为 DLR01 Edge 设备虚拟机配置 HA 网络
16	LSW-Edge-DLR02-HA	为 DLR02 Edge 设备虚拟机配置 HA 网络
17	LSW-Edge-DLR03-HA	为 DLR03 Edge 设备虚拟机配置 HA 网络

应注意，逻辑交换机本身不分配 IP 地址，逻辑交换机连接的虚拟机所属的网段由逻辑交换机连接的分布式逻辑路由器分配。同样，逻辑交换机连接分布式逻辑路由器与 Edge 服务网关时，每一端的接口地址由其所连接的 Edge 服务网关或分布式逻辑路由器设置。下面介绍添加逻辑交换机的方法，步骤如下。

（1）使用 vSphere Client 登录到 vCenter Server，在"网络和安全→逻辑交换机"中单击"添加"，如图 5-1-10 所示。

（2）在"新建逻辑交换机"对话框的"名称"文本框中输入新建的逻辑交换机的名称，本示例为 LSW3101，在"传输区域"下拉列表中选择要在哪个传输区域创建逻辑交换机，在"复制模式"中选择单播，这与创建传输区域时的复制模式相同。在本示例中，启用 IP 发现，禁用 MAC 学习，然后单击"添加"按钮完成逻辑交换机的创建，如图 5-1-11 所示。

图 5-1-10 添加逻辑交换机

图 5-1-11 新建逻辑交换机

（3）参照第（1）至（2）步的操作，根据表 5-1-1 所列的规划创建其他逻辑交换机，创建完成之后如图 5-1-12 所示。

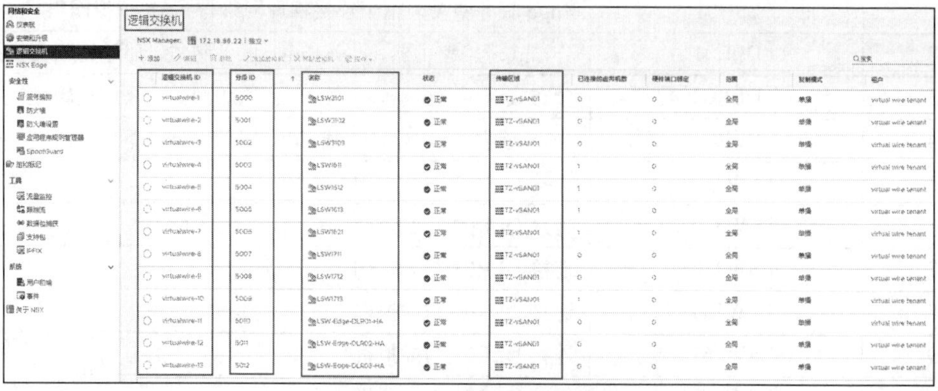

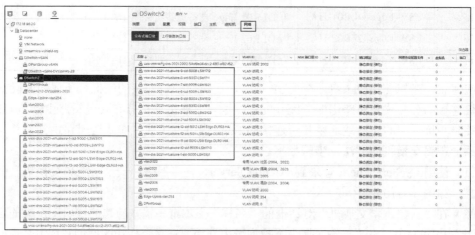

图 5-1-12　创建逻辑交换机

（4）在添加逻辑交换机之后，在"网络→DSwitch2"的"网络"选项卡中可以看到，创建的逻辑交换机以分布式端口组的方式出现在分布式交换机中，如图 5-1-13 所示。虚拟机可以使用这些分布式端口组（对应逻辑交换机）。

图 5-1-13　分布式端口组

（5）最后在 DSwitch2 创建一个名为 Edge-Uplink-vlan254 的分布式端口组，设置 VLAN ID 为 254，该端口组将用于 Edge 服务网关上行链路与物理网络连接，如图 5-1-14 所示。

图 5-1-14　创建 Edge 上行链路端口组

5.1.4　添加分布式逻辑路由器

分布式逻辑路由器（DLR）是一台包含控制层面和数据层面的虚拟设备，控制层面用于管理路由，而数据层面负责从内部模块分发流量到各台虚拟机管理程序主机。DLR 控制层面依靠 NSX Controller 集群将路由更新推送到内核模块。根据图 5-1-9 的示例拓扑创建 3 台分布式逻辑路由器。

（1）使用 vSphere Client 登录到 vCenter Server，在"网络和安全→NSX Edge"中单击"添加"，在弹出的下拉菜单中选择"分布式逻辑路由器"，如图 5-1-15 所示。

（2）在"基本详细信息"的"名称"文本框中输入新建逻辑路由器的名称，本示例为DLR01，在"选择部署选项"中选中"部署控制虚拟机"和"高可用性"，如图 5-1-16 所示。

图 5-1-15　添加分布式逻辑路由器

图 5-1-16　设置逻辑路由器名称等

（3）在"设置"的"密码"和"确认密码"中设置一个复杂密码（要求长度至少为 12位，同时包括大写字母、小写字母、数字、特殊符号），如图 5-1-17 所示。

（4）在"部署配置"中为分布式逻辑路由器选择数据中心（本示例为 Datacenter），单击"添加 Edge 设备虚拟机"，如图 5-1-18 所示，在"添加 Edge 设备虚拟机"对话框中为 Edge 设备虚拟机选择部署位置。如果要为 Edge 启用高可用性需要配置 2 台 Edge 设备虚拟机，这 2 台设备虚拟机需要部署在不同的主机上。在本示例中，第 1 台 Edge 设备虚拟机部署在 IP 地址为 172.18.96.42 的主机上，如图 5-1-19 所示；第 2 台 Edge 设备虚拟机部署在 IP 地址为 172.18.96.44 的主机上，如图 5-1-20 所示。

图 5-1-17　设置密码

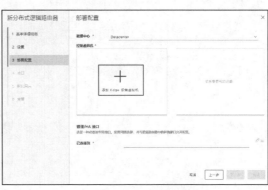

图 5-1-18　部署配置

图 5-1-19　添加第 1 台 Edge 设备虚拟机　　　　图 5-1-20　添加第 2 台 Edge 设备虚拟机

在添加了控制虚拟机之后，在"管理/HA 接口"中"已连接到"右侧单击 $\mathscr{O}$ 图标，为 Edge 设备 HA 接口选择名为 LSW-Edge-DLR01-HA 的逻辑交换机，如图 5-1-21 所示。

图 5-1-21　部署配置

【说明】在部署 Edge 设备时建议将其部署在不同的主机和数据存储上。如果只有一个共享存储，部署位置可以选择同一个共享存储。

（5）在"配置接口"中添加此分布式逻辑路由器的接口，根据图 5-1-9 的规划，第 1 台分布式逻辑路由器需要配置 1 个上行链路连接到 Edge 服务网关，配置 3 条内部链路用于连接虚拟机。在"配置接口"中单击"添加"按钮，如图 5-1-22 所示。

图 5-1-22　添加接口

（6）在"配置接口"中先添加上行链路，然后添加配置内部接口。在"名称"文本框中输入新建上行链路的名称，本示例为 vmnic0，在"类型"中选择"上行链路"，在"已连接到"中选择 LSW3101 的逻辑交换机，连接状态选择"已连接"，单击 ✎ 图标为上行链路端口设置 IP 地址和子网前缀长度，本示例为 172.31.1.3，子网前缀长度为 24（相当于子网掩码 255.255.255.0），如图 5-1-23 所示。

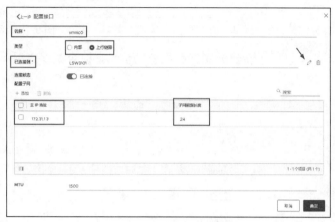

图 5-1-23　添加上行链路

（7）在添加上行链路之后，添加 3 条内部链路。

第 1 条内部链路名称为 vmnic1，类型为内部，"已连接到"选择 LSW1611 逻辑交换机，连接状态为已连接，添加 IP 地址为 172.16.11.254，子网前缀长度为 24，如图 5-1-24 所示。

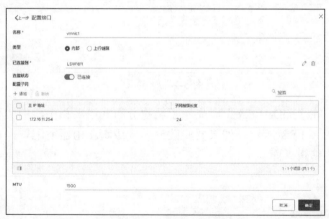

图 5-1-24　添加内部链路

第 2 条内部链路名称为 vmnic2，类型为内部，"已连接到"选择 LSW1612 逻辑交换机，连接状态为已连接，添加 IP 地址为 172.16.12.254，子网前缀长度为 24。

第 3 条内部链路名称为 vmnic3，类型为内部，"已连接到"选择 LSW1613 逻辑交换机，连接状态为已连接，添加 IP 地址为 172.16.13.254，子网前缀长度为 24。

（8）在"配置接口"一共添加了 1 条上行链路和 3 条内部链路，相关 IP 地址和使用的逻辑交换机如图 5-1-25 所示。

（9）在"默认网关"中启用配置默认网关，vNIC 选择 vmnic0，网关 IP 地址为 172.31.1.1，如图 5-1-26 所示。这仍然是图 5-1-9 所示实验拓扑所规划的内容。

图 5-1-25　配置接口完成

图 5-1-26　默认网关

（10）在"查看"中显示了新建分布式路由器的信息，检查无误之后单击"完成"按钮，如图 5-1-27 所示。

图 5-1-27　查看

部署完成后，在"NSX Edge"中显示了新建分布式逻辑路由器的名称、版本、部署状态和接口等，如图 5-1-28 所示。如果要修改分布式逻辑路由器的配置，可以单击"分布式逻辑路由器"进入编辑界面。

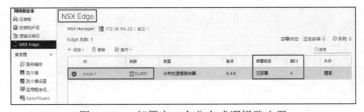
图 5-1-28　部署完一台分布式逻辑路由器

如果需要更多的逻辑路由器，参考本小节的内容继续添加。

在部署完分布式逻辑路由器后，在"主机和集群"中可以看到，新添加了 2 台虚拟机，名称分别为 DLR01-0 和 DLR01-1，这是 2 台分布式逻辑路由器的控制虚拟机，如图 5-1-29 所示。

图 5-1-29 分布式逻辑路由器的控制虚拟机

5.1.5 添加 Edge 服务网关

参照图 5-1-9 所示实验拓扑创建 Edge 服务网关，主要步骤如下。

（1）在"网络和安全→NSX Edge"中单击"添加→Edge 服务网关"，如图 5-1-30 所示。

（2）在"基本详细信息"的"名称"文本框中输入新建 Edge 服务网关的名称，本示例为 ESG01，在"选择部署选项"中选中"部署 Edge 设备虚拟机"和"高可用性"，如图 5-1-31 所示。

图 5-1-30 添加 Edge 服务网关

图 5-1-31 设置逻辑路由器名称

（3）在"设置"中的"密码"和"确认密码"中设置一个复杂密码（要求长度至少 12 位，同时包括大写字母、小写字母、数字和特殊符号），如图 5-1-32 所示。

（4）在"部署配置"中为 Edge 服务网关选择数据中心（本示例为 Datacenter，单击右侧下拉按钮可以选择），单击"添加 Edge 设备虚拟机"，如图 5-1-33 所示，在"添加 Edge 设备虚拟机"对话框中为 Edge 设备虚拟机选择部署位置。如果要为 Edge 启用高可用性，需要配置 2 台 Edge 设备虚拟机，这 2 台设备虚拟机需要部署在不同的主机上。在本示例中，第 1 台 Edge 设备虚拟机部署在 IP 地址为 172.18.96.42 的主机上，如图 5-1-34 所示；第 2 台 Edge 设备虚拟机部署在 IP 地址为 172.18.96.43 的主机上，如图 5-1-35 所示。

图 5-1-32 设置密码

图 5-1-33 部署配置

图 5-1-34 添加第 1 台 Edge 设备虚拟机   图 5-1-35 添加第 2 台 Edge 设备虚拟机

此时添加了 2 台 Edge 虚拟机，如图 5-1-36 所示。

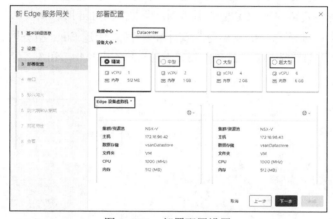

图 5-1-36 部署配置设置

【说明】在部署 Edge 设备时，建议将其部署在不同的主机和数据存储上。如果只有一个共享存储，部署位置可以选择同一个共享存储。

（5）在"配置接口"中添加此 Edge 服务网关的接口。在本示例中，配置 1 个外部接口连接到上行链路，1 个内部接口用于连接 DLR01。在"配置接口"中单击"添加"按钮，如图 5-1-37 所示。

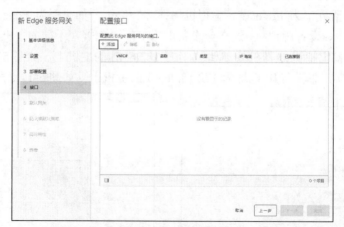

图 5-1-37 添加接口

（6）在"配置接口"中先配置上行链路，然后添加配置内部接口。在"名称"文本框中输入新建上行链路的名称，本示例为 vmnic0，在"类型"中选择"上行链路"，在"已连接到"中选择 DSwitch2 的 Edge-Uplink-vlan254 端口组，连接状态选择"已连接"，单击"添加"按钮为上行链路端口设置 IP 地址和子网前缀长度，本示例 IP 地址为 192.168.254.200，子网前缀长度为 24（相当于子网掩码 255.255.255.0），如图 5-1-38 所示。

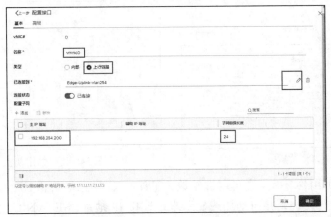

图 5-1-38　添加上行链路

（7）添加上行链路之后添加 1 条内部链路。本示例中内部链路名称为 vmnic1，类型为内部，已连接到选择 LSW3101 逻辑交换机，连接状态为已连接，添加 IP 地址为 172.31.1.1，子网前缀长度为 24，如图 5-1-39 所示。

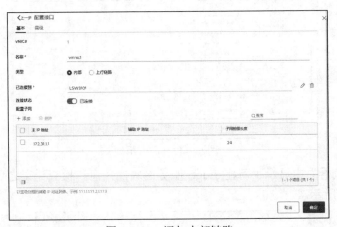

图 5-1-39　添加内部链路

（8）在"配置接口"分别添加了 1 个用于外部的上行链路和 1 个用于内部的接口，设置的 IP 地址和使用的逻辑交换机如图 5-1-40 所示。

图 5-1-40　配置接口完成

（9）在"默认网关"中启用配置默认网关，vNIC 选择 vmnic0，网关 IP 地址为

192.168.254.252，如图 5-1-41 所示。这仍然是图 5-1-9 所示的实验拓扑规划的内容。

（10）在"防火墙默认策略"中配置默认防火墙策略。如果未配置防火墙策略，则默认策略将设置为拒绝所有流量。但是部署期间会在 ESG 上默认启用防火墙。在本示例中禁用防火墙默认策略，如图 5-1-42 所示。

图 5-1-41　默认网关

图 5-1-42　禁用防火墙默认策略

（11）在"高可用性"指定高可用性参数，配置 ESG 日志记录和 HA 参数。默认情况下，HA 会自动选择内部接口，并自动加载显示本地连接 IP 地址。在"vNIC"选择"any"，"HA日志记录"选择"已禁用"，如图 5-1-43 所示。默认情况下，将在所有新的 NSX Edge 设备上启用日志，日志级别为"信息"。如果将日志存储在 ESG 本地，可能会生成过多日志并影响 NSX Edge 性能。因此，管理员后期最好配置远程 syslog 服务器，并将所有日志转发到集中式收集器以进行分析和监控。

图 5-1-43　高可用性

（12）在"查看"中显示了新建 Edge 服务网关的信息，检查无误之后单击"完成"按钮，如图 5-1-44 所示。

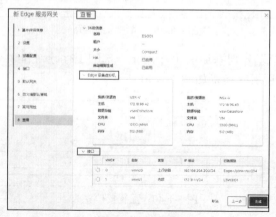

图 5-1-44　查看

部署完成后，在"NSX Edge"中显示了新建分布式逻辑路由器的名称、版本、部署状态和接口等，如图 5-1-45 所示。如果要修改 Edge 服务网关配置，可以单击"ID"中的 Edge 服务网关 ID 进入编辑界面。

图 5-1-45　部署完一台 Edge 服务网关

如果需要更多的服务网关，可以参考本小节的内容继续添加。在一个数据中心中可以安装多个 NSX Edge 服务网关虚拟设备（ESG），每个 NSX Edge 设备总共可以有 10 个上行链路和内部网络接口。内部接口连接至安全的端口组并充当端口组中所有受保护虚拟机的网关。分配给内部接口的子网可以是公开路由的 IP 地址空间，也可以是采用 NAT/路由的 RFC 1918 专用空间。可以对接口之间的流量实施防火墙规则和其他 NSX Edge 服务。ESG 的上行链路接口连接至上行链路端口组，用来与物理网络互通。

【说明】RFC 1918 专用空间保留了 3 个 IP 地址段用于私有网络，这 3 个 IP 地址段如下。

10.0.0.0—10.255.255.255，也可以用 10.0.0.0/8 表示。

172.16.0.0—172.31.255.255，也可以用 172.16.0.0/12 表示。

192.168.0.0—192.168.255.255，也可以用 192.168.0.0/16 表示。

在部署完 Edge 服务网关后，在"主机和集群"中可以看到，当前新添加了 2 台虚拟机，名称分别为 ESG01-0、ESG01-1，这是 2 台 Edge 服务网关的控制虚拟机，如图 5-1-46 所示。

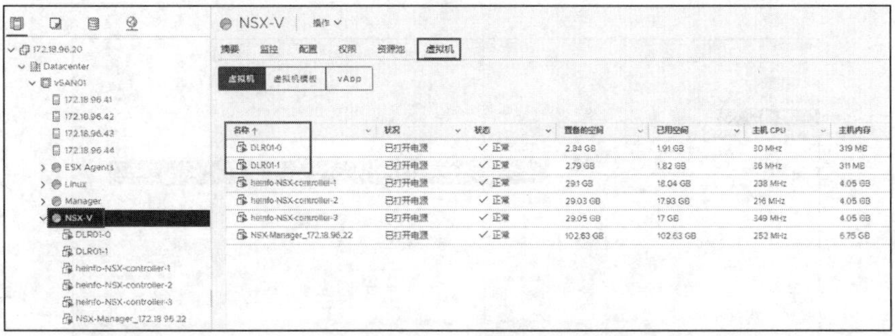

图 5-1-46　Edge 服务网关的控制虚拟机

5.1.6　在分布式逻辑路由器上配置 OSPF

在分布式逻辑路由器上配置 OSPF 可以启用逻辑路由器之间的虚拟机连接，以及从逻辑路由器到 Edge 服务网关（ESG）的虚拟机连接。OSPF 路由策略用于在成本相同的路由之间动态进行流量负载均衡。

（1）在"网络和安全→NSX Edge"中单击 ID 为 edge-1（名称为 DLR01）的分布式逻辑路由器，如图 5-1-47 所示。

（2）打开 DLR01 的管理界面，在"路由"选项卡中单击"全局配置"，在"动态路由配置"中单击"编辑"，如图 5-1-48 所示，在"编辑动态路由配置"对话框中设置路由器 ID。

路由器 ID 是逻辑路由器的上行链路接口，其 IP 就是面向 ESG 的 IP 地址，本示例为 vmnic0-172.31.1.3（单击右侧的下拉按钮进行选择），如图 5-1-49 所示。

图 5-1-47　单击分布式逻辑路由器

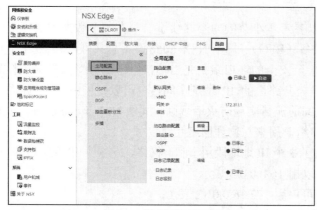

图 5-1-48　动态路由配置

图 5-1-49　路由器 ID

（3）在配置了路由器 ID 之后，单击右上角的"发布"按钮让配置生效，如图 5-1-50 所示。

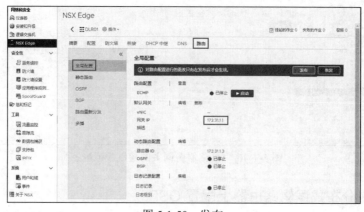

图 5-1-50　发布

（4）单击左侧的"OSPF"，然后单击"编辑"，如图 5-1-51 所示。

（5）在"OSPF 配置"对话框的接口列表中选择 vmnic0，在"状态"中单击启用，在"协议地址"处输入与转发地址（Forwarding Address）位于同一个子网的一个未使用的 IP 地址，该地址由协议使用，以与对等方相邻，本示例为 172.31.1.5。然后单击"保存"按钮，如图 5-1-52 所示。

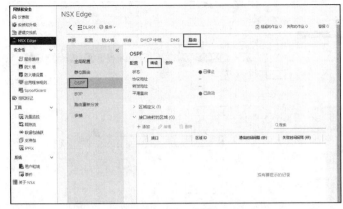

图 5-1-51 配置

图 5-1-52 启用 OSPF

（6）展开"区域定义"，选中区域 ID 为 51 的区域，然后单击"删除"，如图 5-1-53 所示；在"删除区域定义"对话框中单击"删除"按钮，如图 5-1-54 所示。

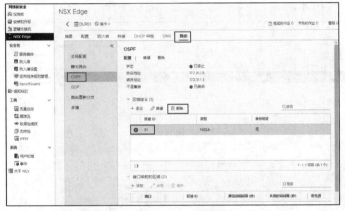

图 5-1-53 删除

图 5-1-54 确认删除

（7）删除默认区域后，在"区域定义"中单击"添加"，在弹出的"新建区域定义"对话框的区域 ID 文本框中输入区域 ID，NSX Edge 支持十进制数字形式的区域 ID，有效值为 0～4 294 967 295，本示例为 0。然后在"类型"中，选择"正常"或"NSSA"，本示例选择"正常"，如图 5-1-55 所示。

【说明】一个 OSPF 网络分为多个路由区域以优化流量并限制路由表的大小。区域是具有相同区域标识的 OSPF 网络、路由器和链路的逻辑集合。区域由区域 ID 进行标识。

图 5-1-55 添加区域

（8）展开"接口映射的区域"，单击"添加"添加属于 OSPF 区域的接口。在弹出的"新建接口映射的区域"对话框的接口列表中选择 vmnic0，区域输入 0，其他保持默认，单击"添加"按钮，如图 5-1-56 所示。

（9）配置完成之后，单击"发布"按钮，如图 5-1-57 所示。

图 5-1-56   新建接口映射的区域

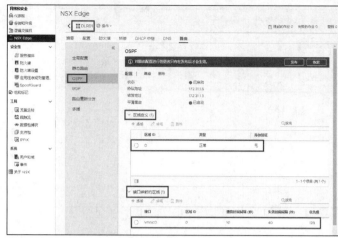

图 5-1-57   发布

（10）在"防火墙"选项卡中，最后一条规则默认为"丢弃"，将其修改为"接受"，然后单击"发布"按钮，如图 5-1-58 所示。

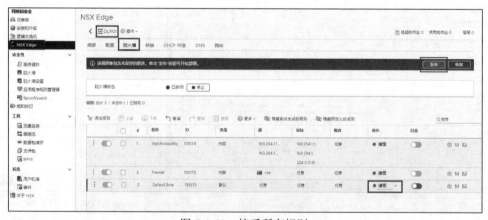

图 5-1-58   接受所有规则

5.1.7   在 Edge 服务网关上配置 OSPF

在 Edge 服务网关（ESG）上配置 OSPF 可以使 ESG 获知和播发路由。OSPF 路由策略用于在成本相同的路由之间动态进行流量负载均衡。

（1）在"网络和安全→NSX Edge"中单击 ID 为 edge-2（名称为 ESG01）的 Edge 服务网关，如图 5-1-59 所示。

图 5-1-59   Edge 服务网关

（2）打开 ESG01 的管理界面，在"路由"选项卡中单击"全局配置"，在"动态路由配置"中单击"编辑"，如图 5-1-60 所示；在"编辑动态路由配置"对话框中设置路由器 ID，

路由器 ID 是 ESG01 的上行链路接口，该 IP 就是面向物理网络的 IP 地址，本示例为
vmnic0-192.168.254.200，如图 5-1-61 所示。

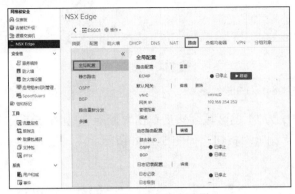

图 5-1-60 动态路由配置

图 5-1-61 路由器 ID

（3）在配置了路由器 ID 之后，单击"发布"按钮让配置生效，如图 5-1-62 所示。

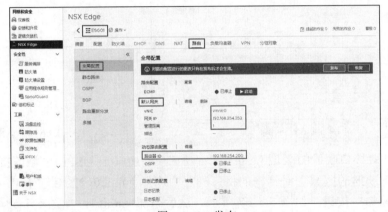

图 5-1-62 发布

（4）单击左侧的"OSPF"，单击"编辑"，如图 5-1-63 所示。

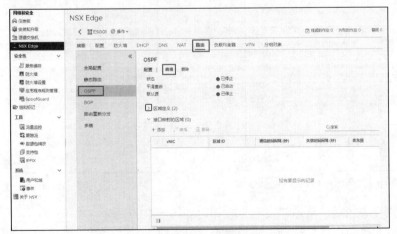

图 5-1-63 配置

（5）在"OSPF 配置"对话框中启用状态、平滑重启和默认源，如图 5-1-64 所示。

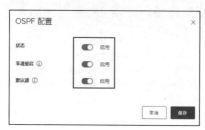

图 5-1-64　OSPF 配置

（6）展开"区域定义"，选中区域 ID 为 51 的区域，然后单击"删除"，如图 5-1-65 所示；在"删除区域定义"对话框中单击"删除"按钮，如图 5-1-66 所示。

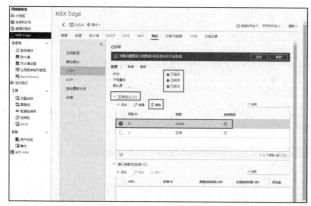

图 5-1-65　删除

图 5-1-66　确认删除

（7）展开"接口映射的区域"，单击"添加"，添加属于 OSPF 区域的接口。在弹出的"新建接口映射的区域"对话框的接口列表中选择 vmnic0，区域输入 0，其他保持默认，单击"添加"按钮，如图 5-1-67 所示。然后添加 vmnic1，如图 5-1-68 所示。

图 5-1-67　新建接口映射的区域

图 5-1-68　添加 vmnic1

（8）配置完成之后，单击"发布"按钮，如图 5-1-69 所示。

（9）最后在"防火墙"选项卡中，将最后一条规则从"丢弃"修改为"接受"，然后单击"发布"按钮，如图 5-1-70 所示。关于 NSX Edge 防火墙的具体使用将在后文介绍。

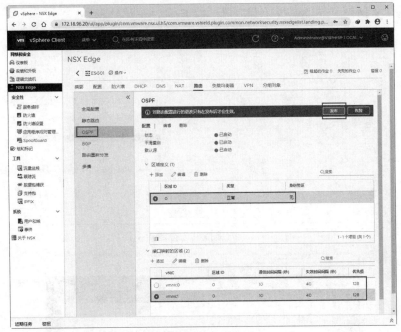

图 5-1-69 发布

图 5-1-70 接受所有规则

5.1.8 在虚拟机中测试

在分布式逻辑路由器与 Edge 服务网关的防火墙中，将默认规则设置为"接受"，然后在"网络和安全→安全性→防火墙"中，将 AD 身份防火墙区域和默认区域第 3 层两个区域的最后一条规则设置为"允许"，暂时允许所有的网络访问行为，然后选择一台虚拟机，例如当前环境中有一台名为 Win10X64-172.16.11.100 的虚拟机，修改虚拟机配置，为该虚拟机分配后缀为 LSW1611 的端口组，如图 5-1-71 所示。

打开虚拟机控制台，为该虚拟机设置 172.16.11.100 的 IP 地址，子网掩码为 255.255.255.0，网关为 172.16.11.254，本示例 DNS 为 172.18.96.1（如果你没有配置内部的 DNS，可以直接采用 ISP 提供的 DNS，实验结果相同），如图 5-1-72 所示。

然后使用浏览器访问外网（例如访问作者 51CTO 博客主页），如图 5-1-73 所示。也可以在命令提示符窗口，使用 ping 命令测试到内网（ping 内网网关）与外网（ping 物理网络交换机的管理 IP 地址）的连通性，如图 5-1-74 所示。

图 5-1-71　为虚拟机选择逻辑交换机

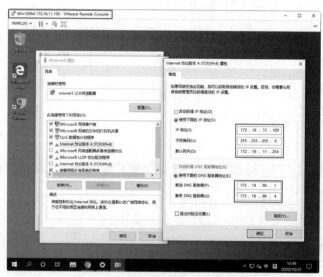

图 5-1-72　为虚拟机设置 IP 地址等

图 5-1-73　在虚拟机中访问外网

图 5-1-74　测试连通性

5.2　NSX Edge 防火墙

NSX 分布式逻辑路由器与 Edge 服务网关都有防火墙的功能，它们可以被称为 NSX Edge 防火墙。NSX Edge 防火墙为南北向流量提供防护，第 4 章介绍的分布式防火墙主要为东西向流量（虚拟机之间流量）提供防护。

NSX Edge 防火墙会监控南北向流量以提供边界安全功能，包括防火墙、NAT 以及点对点 IPSec 和 SSL VPN 功能。Edge 防火墙以虚拟机形式提供，并且可以在高可用性模式下部署。

Edge 防火墙中只有管理接口或上行链路接口上的规则起作用，而内部接口上的规则不起作用。Edge 防火墙规则仅保护流入和流出逻辑路由器控制虚拟机的控制层面流量，这些规则不强制执行任何数据层面的保护。要保护数据层面流量，应为东西向保护创建逻辑防火墙规则，或者在 NSX Edge 服务网关级别为南北向保护创建规则。

NSX-V 包括分布式防火墙和 Edge 防火墙，在实际的生产环境中应该怎么选择配置呢？如果虚拟机没有使用 NSX 逻辑交换机，而是使用 vSphere 标准交换机或 vSphere 分布式交换机，只能为虚拟机选择使用 NSX 分布式防火墙；如果虚拟机使用 NSX 逻辑交换机并且使用 NSX 分布式逻辑路由器提供的网络，可以根据需要选择使用分布式防火墙或 Edge 防火墙，或者两者配合使用。通常情况下，对于虚拟机之间的东西向流量，建议使用分布式防火墙；对于南北向流量（通常为网络流量），建议使用 Edge 防火墙并在 Edge 服务网关中配置。

5.2.1　查看分布式逻辑路由器防火墙默认策略

前文介绍了创建一台分布式逻辑路由器 DLR01 和一台 Edge 服务网关 ESG01。本小节先介绍这两台 Edge 设备的防火墙应用。

（1）使用 vSphere Client 登录到 vCenter Server，在"网络和安全→NSX Edge"中可以看到，当前有 2 台 Edge 设备，如图 5-2-1 所示。

图 5-2-1　NSX Edge

（2）首先看分布式逻辑路由器 DLR01。单击 ID 为 edge-1（名称为 DLR01）的分布式逻辑路由器，在"配置"选项卡的"接口"中，看到当前有 4 个接口，其中有一个名称为 vmnic0 的上行链路（该名称可以重命名），有 3 个内部类型的链路。在"IP 地址"列可以看到每个接口的 IP 地址，在"已连接到"列可以看到每个接口使用的逻辑交换机，如图 5-2-2 所示。

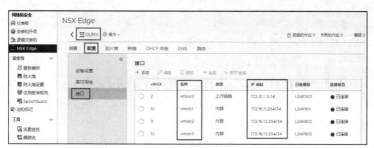

图 5-2-2　查看接口

（3）在"摘要"选项卡的"状态"中可以看到当前有 2 台 Edge 控制虚拟机，虚拟机名称分别是 DLR01-0 和 DLR01-1，如图 5-2-3 所示。

图 5-2-3　查看 Edge 设备的状态

（4）在"防火墙"选项卡中查看 DLR01 的默认防火墙规则，如图 5-2-4 所示。当前一共有 4 条规则，这 4 条是系统默认创建的规则。

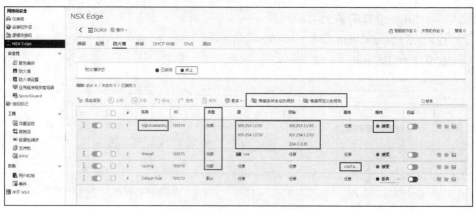

图 5-2-4　系统默认防火墙规则

单击"隐藏系统生成的规则"，可以隐藏图 5-2-4 中系统生成的 4 条规则。同时该按钮变成"显示系统生成的规则"，再次单击会显示系统生成的规则。管理员创建的规则会添加在第 3 条系统规则之后和最后一条系统规则之前。

第 1 条系统规则的名称为 highAvailability，这是为分布式防火墙 DLR01 的 2 台控制虚拟机创建的，这条规则允许 2 台 Edge 控制虚拟机在"内部"互相访问。这 2 台控制虚拟机的 IP 地址分别是 169.254.1.1 和 169.254.1.2，子网掩码是 255.255.255.252。在 vSphere Client

中切换到"主机和集群"选项卡，查看 DLR01-0 和 DLR01-1 这 2 台 Edge 控制虚拟机的所有 IP 地址。其中一台的 IPv4 地址分别是 169.254.1.1、172.31.1.5、172.16.11.254、172.16.12.254 和 172.16.13.254，如图 5-2-5 所示；另一台的 IPv4 地址分别是 169.254.1.2、172.31.1.5、172.16.11.254、172.16.12.254 和 172.16.13.254，如图 5-2-6 所示。

图 5-2-5　查看 DLR01-0 的所有 IP 地址

图 5-2-6　查看 DLR01-1 的所有 IP 地址

第 2 条规则名称为 firewall，允许类型为内部、源为 vse、目标任意、服务任意。vse 是指 NSX Edge 生成的所有流量。

【说明】在 Edge 防火墙规则中，如果要选择 vse 对象，可在防火墙的对象类型下拉菜单中选择 vNIC 组，然后从可用对象列表中选择 vse。

第 3 条规则名称为 routing，它允许 Edge 内部流量，允许使用 OSPF 服务。

第 4 条规则名称为 Default Rule，类型为默认，丢弃所有上述规则之外的任意源到任意目标的其他服务。系统前 3 条规则不允许修改，也不能修改操作、不能保存日志，只有第 4

条规则的操作可以在 "接受"、"丢弃" 和 "拒绝" 之间选择，也可以选择是否保存日志。

选择 "接受" 操作，允许具有指定的源、目标和协议的所有流量通过当前防火墙上下文。与规则匹配并接受的数据包将通过系统，就好像没有防火墙一样。

选择 "丢弃" 操作，丢弃具有指定的源、目标和协议的数据包。丢弃数据包是一个静默操作，不会向源或目标系统发送通知。丢弃数据包将导致重试连接，直到达到重试阈值。选择 "丢弃" 只是简单地直接丢弃数据，并不反馈任何回应。丢弃操作提供了更高的防火墙安全性和少许的效率提高，但是由于丢弃不是很规范的处理方式（不是很符合 TCP 连接规范），可能会对网络造成一些不可预期或难以诊断的问题。

选择 "拒绝" 操作，防火墙会返回一个拒绝（终止）数据包，明确地拒绝对方的连接动作，连接马上断开，客户端会认为访问的主机不存在。正常情况下，防火墙选择拒绝操作是一种更符合规范的处理方式，并且在可控的网络环境中，更易于诊断和调试网络或防火墙所产生的问题。

5.2.2　查看服务网关防火墙默认规则

接下来在 "网络和安全→NSX Edge" 中进入 ESG01 服务网关的管理界面，查看 ESG01 的接口和防火墙规则。

（1）在 "配置→接口" 中看到当前服务网关有 10 个接口，其中名称为 vmnic0 的上行链路与名称为 vmnic1 的内部链路已连接，另外 8 个接口现在还没有连接，如图 5-2-7 所示。

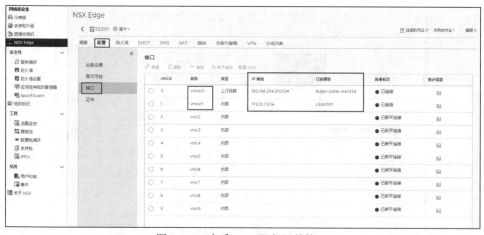

图 5-2-7　查看 ESG 服务网关接口

（2）在 "防火墙" 选项卡中可以看到当前 ESG 服务网关的默认防火墙规则。与分布式逻辑路由器的默认防火墙规则一样，默认有 4 条，如图 5-2-8 所示。

第 1 条系统规则的名称为 highAvailability，这是为服务网关 ESG01 的 2 台控制虚拟机创建的，这条规则允许 2 台 Edge 控制虚拟机在内部互相访问。这 2 台控制虚拟机的 IP 地址分别是 169.254.1.5 和 169.254.1.6，子网掩码是 255.255.255.252。在 vSphere Client 中切换到 "主机和集群" 选项卡，查看 ESG01-0 和 ESG01-1 两台 Edge 控制虚拟机的所有 IP 地址。其中一台 IPv4 地址分别是 192.168.254.200、169.254.1.5 和 172.31.1.1，如图 5-2-9 所示；另一台 IPv4 地址分别是 192.168.254.200、169.254.1.6 和 172.31.1.1，如图 5-2-10 所示。

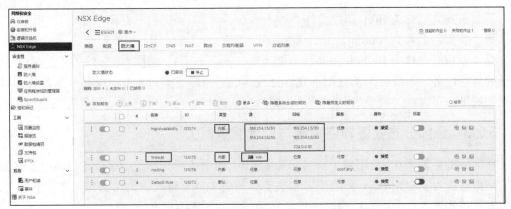

图 5-2-8 查看 ESG 默认防火墙规则

图 5-2-9 查看 ESG01-0 的所有 IP 地址

图 5-2-10 查看 ESG01-1 的所有 IP 地址

第 2 条规则名称为 firewall，允许类型为内部、源为 vse、目标任意、服务任意。

第 3 条规则名称为 routing，允许 Edge 内部流量，允许使用 OSPF 服务。

第 4 条规则名称为 Default Rule，类型为默认，丢弃所有上述规则之外的任意源到任意目标的其他服务。系统前 3 条规则不允许修改，也不能修改操作、不能保存日志，只有第 4 条规则的操作可以在"接受""丢弃""拒绝"之间选择，也可以选择是否保存日志。

5.2.3 添加分布式逻辑路由器与配置服务网关

在前面的实验操作中，创建了一台名为 ESG01 的服务网关和一台名为 DLR01 的分布式逻辑路由器。为了介绍 Edge 防火墙，本小节再创建 2 台分布式逻辑路由器，并且创建 5 台虚拟机连接到这 3 台分布式逻辑路由器，实验拓扑如图 5-2-11 所示。

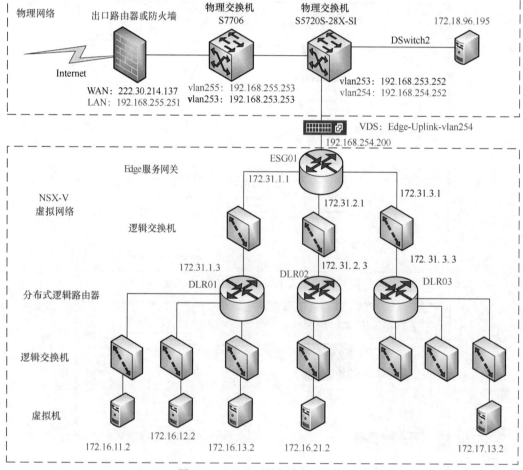

图 5-2-11　Edge 防火墙实验拓扑

参照第 5.1.4 小节"添加分布式逻辑路由器"中的内容创建分布式逻辑路由器，主要步骤如下。

（1）创建名为 DLR02 的分布式逻辑路由器，可以为该路由器配置 1 台控制虚拟机，也可以配置 2 台控制虚拟机。为"管理/HA 接口"选择 LSW-Edge-DLR02-HA 逻辑交换机，如图 5-2-12 所示。

图 5-2-12 控制虚拟机

（2）在"配置接口"中，设置上行链路名称为 vmnic0，设置 IP 地址为 172.31.2.3，使用 LSW3102 逻辑交换机。内部连接名称为 vmnic1，IP 地址为 172.16.21.254，使用 LSW1621 逻辑交换机，如图 5-2-13 所示；网关 IP 地址使用 172.31.2.1，如图 5-2-14 所示。

图 5-2-13 配置接口　　　　　　　　　　　　　图 5-2-14 默认网关

（3）配置完成界面如图 5-2-15 所示。

图 5-2-15 添加 DLR02 分布式逻辑路由器

（4）然后创建名为 DLR03 的分布式逻辑路由器，该路由器"管理/HA 接口"使用 LSW-Edge- DLR03-HA 逻辑交换机，有 1 个上行链路和 3 个内部链路。其中 1 个上行链路名称为 vmnic0，使用 LSW3103 逻辑交换机，IP 地址为 172.31.3.3，网关为 172.31.3.1。3 个内部链路名称依次为 vmnic1、vmnic2 和 vmnic3，IP 地址依次为 172.17.11.254、172.17.12.254 和 172.17.13.254，依次使用 LSW1711、LSW1712 和 LSW1713 逻辑交换机，创建完成后界面如图 5-2-16 所示。

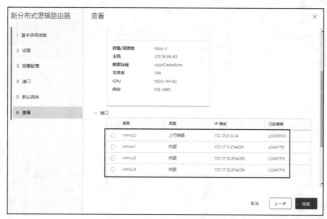

图 5-2-16　创建 DLR03

（5）在创建了名称为 DLR02 和 DLR03 的分布式逻辑路由器之后，在"网络和安全→NSX Edge"中可以看到，当前配置有 1 台 Edge 服务网关和 3 台分布式逻辑路由器，如图 5-2-17 所示。

图 5-2-17　查看 NSX Edge 列表

因为 DLR02 与 DLR03 是在创建 Edge 服务网关之后创建的分布式逻辑路由器，Edge 服务网关中没有添加到这 2 台分布式逻辑路由器的接口，需要管理员手动添加。

（1）在图 5-2-17 中单击 ID 为 edge-2（名称为 ESG01）的 Edge 服务网关，进入 Edge 服务网关管理界面。在"配置"选项卡中单击"接口"选项，选中名称为 vnic2 的链路（当前链路连接状态为已断开连接），单击"编辑"，如图 5-2-18 所示。

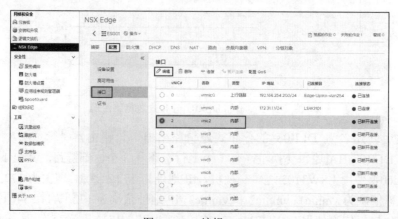

图 5-2-18　编辑 vnic2

（2）在"编辑接口 | vnic2"对话框中，类型选择内部，已连接到选择 LSW3102，该逻辑交换机将连接到分布式逻辑路由器 DLR02。然后添加 ESG01 这一端的 IP 地址，本示例为 172.31.2.1，如图 5-2-19 所示（在辅助 IP 地址中也可以添加第 2 个 IP 地址，例如 172.31.2.4）。

（3）添加到 DLR02 的连接之后，编辑 vnic3，然后添加到 DLR03 的连接。本示例选择 LSW3103 逻辑交换机，设置 IP 地址为 172.31.3.1，如图 5-2-20 所示。

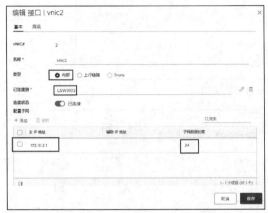

图 5-2-19　添加到 DLR02 的连接　　　　图 5-2-20　添加到 DLR03 的连接

（4）添加之后如图 5-2-21 所示。

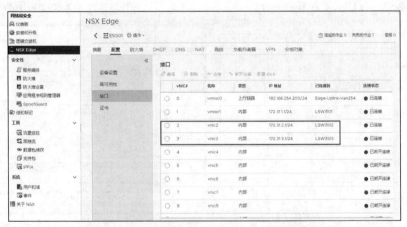

图 5-2-21　为 DLR02 和 DLR03 添加上行链路完成

（5）在"路由"选项卡中的 OSPF 配置界面，在"接口映射的区域"中添加 vnic2 和 vnic3，添加之后单击"发布"按钮让配置生效，如图 5-2-22 所示。

参照第 5.1.7 小节中的内容为 DLR02 和 DLR03 配置 OSPF，其中 DLR02 配置路由器 ID 和启用 OSPF 后如图 5-2-23 和图 5-2-24 所示，DLR03 配置后如图 5-2-25 和图 5-2-26 所示。

保持 DLR02 和 DLR03 的防火墙使用默认规则，如图 5-2-27 和图 5-2-28 所示。

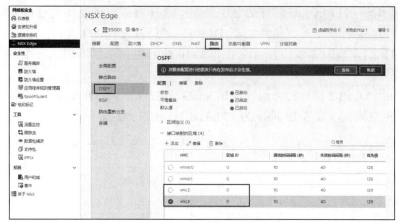

图 5-2-22　添加 OSPF 接口

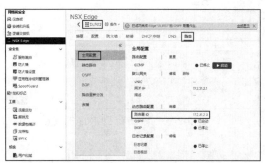

图 5-2-23　为 DLR02 配置路由器 ID

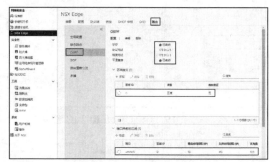

图 5-2-24　DLR02 启用 OSPF

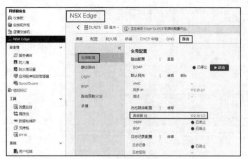

图 5-2-25　为 DLR03 配置路由器 ID

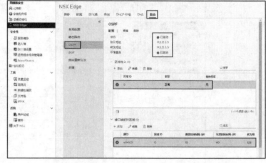

图 5-2-26　DLR03 启用 OSPF

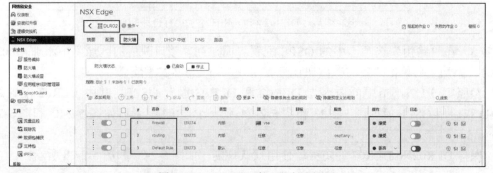

图 5-2-27　DLR02 默认防火墙规则

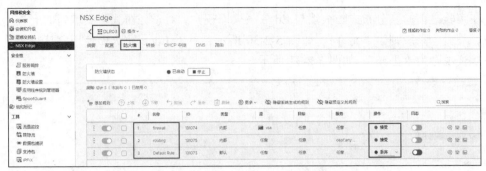

图 5-2-28　DLR03 默认防火墙规则

5.2.4　创建实验虚拟机

根据图 5-2-11 的实验拓扑规划创建 6 台虚拟机，这 6 台虚拟机的名称、IP 地址和使用的虚拟网络如表 5-2-1 所列。

表 5-2-1　虚拟机配置清单

序号	虚拟机名称	IP 地址	网关	逻辑交换机/虚拟端口组	所属虚拟交换机/分布式逻辑路由器
1	Win10X64-172.16.11.2	172.16.11.2	172.16.11.254	LSW1611	DLR01
2	WS08R2-172.16.12.2	172.16.12.2	172.16.12.254	LSW1612	DLR01
3	WS08R2-172.16.13.2	172.16.13.2	172.16.13.254	LSW1613	DLR01
4	WS08R2-172.16.21.2	172.16.21.2	172.16.21.254	LSW1621	DLR02
5	WS08R2-172.17.13.2	172.17.13.2	172.17.13.254	LSW1713	DLR03
6	WS08R2-172.18.96.195	172.18.96.195	172.18.96.254	vlan2006	DSwitch2

本示例中有 3 台虚拟机使用 DLR01 的 3 台逻辑交换机，各有 1 台虚拟机分别使用 DLR02 和 DLR03 的逻辑交换机，有一台名为 WS08R2-172.18.96.195 的虚拟机使用 DSwitch2 虚拟交换机。这 6 台虚拟机分别使用 NSX 网络与 NSX 之外的主机虚拟网络。为了方便管理，这 6 台虚拟机划分到同一个资源池中，如图 5-2-29 所示。创建虚拟机之后，为虚拟机分配对应的逻辑交换机或端口组，进入虚拟机控制台设置对应的 IP 地址、子网掩码（本示例中子网掩码均是 255.255.255.0）、网关与 DNS（本示例中 DNS 为 172.18.96.1 和 172.18.96.4）。

图 5-2-29　实验虚拟机

在实验之前检查分布式防火墙与 Edge 防火墙规则。对于分布式防火墙暂时允许所有的通信，最后一条规则为"允许"，如图 5-2-30 所示。对于 Edge 防火墙使用默认规则，最后一条默认规则为"丢弃"，如图 5-2-31 所示。

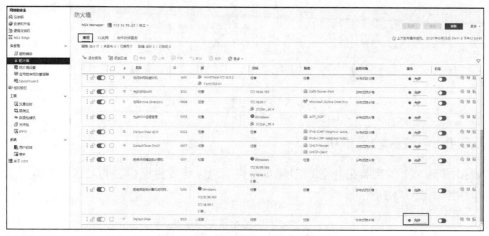

图 5-2-30   检查分布式防火墙规则

图 5-2-31   检查 Edge 防火墙规则

参照图 5-2-11 所示的实验拓扑理解 Edge 防火墙会比较容易。对于使用逻辑交换机连接到分布式逻辑路由器的虚拟机来讲，虚拟机要访问外部网络，需要通过所属的分布式逻辑路由器、Edge 服务网关及物理网络。在不考虑（不启用）NSX 分布式防火墙的前提下，虚拟机与外网的通信受分布式逻辑路由器与 Edge 服务网关防火墙的限制。

（1）对于连接到相同逻辑交换机以及同一台分布式逻辑路由器的虚拟机之间通信，默认不受任何限制。

（2）对于连接到不同逻辑交换机但连接到同一台 Edge 服务网关的虚拟机之间的通信，受 Edge 服务网关限制。

（3）对于连接到不同逻辑交换机及不同 Edge 服务网关的虚拟机之间的通信，除了受两台 Edge 服务网关限制外，还受连接到两台 Edge 服务网关的物理网络限制。

下面通过具体的实验进行测试。

5.2.5　Edge 防火墙默认规则测试

连接到同一 DLR 的虚拟机，防火墙默认规则是没有限制。在当前默认的防火墙规则下，6 台实验虚拟机之间能否互相访问如表 5-2-2 所列。

表 5-2-2　Edge 防火墙默认规则下实验虚拟机互相访问情况

序号	源虚拟机/目标虚拟机	目标虚拟机/源虚拟机	能否互相访问
1	Win10X64-172.16.11.2 WS08R2-172.16.12.2 WS08R2-172.16.13.2	Win10X64-172.16.11.2 WS08R2-172.16.12.2 WS08R2-172.16.13.2	相同 DLR 可以互相访问
2	Win10X64-172.16.11.2 WS08R2-172.16.12.2 WS08R2-172.16.13.2	WS08R2-172.16.21.2	不同 DLR 不可以互相访问
3	Win10X64-172.16.11.2 WS08R2-172.16.12.2 WS08R2-172.16.13.2	WS08R2-172.17.13.2	不同 DLR 不可以互相访问
4	Win10X64-172.16.11.2 WS08R2-172.16.12.2 WS08R2-172.16.13.2	WS08R2-172.18.96.195	不同 DLR 不可以互相访问
5	172.17.13.2	172.16.21.2	不同 DLR 不可以互相访问
6	172.18.96.195	172.17.13.2	NSX 网络与外部网络不能互相访问
7	172.18.96.195	172.16.21.2	NSX 网络与外部网络不能互相访问

当前实验中一共有 5 台 Windows Server 2008 R2 的实验虚拟机，这 5 台虚拟机都开启了远程桌面，并且在防火墙设置中允许 ICMP 回显（允许 ping 通）。在 DLR01 内部连接了 3 台逻辑交换机，每台逻辑交换机下连接了 1 台实验虚拟机，这 3 台虚拟机可以互相 ping 通，也可以使用远程桌面连接到另外 2 台 Windows Server 2008 R2 的虚拟机，部分截图如图 5-2-32 和图 5-2-33 所示。

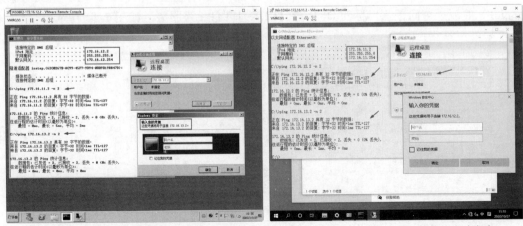

图 5-2-32　测试到其他虚拟机的访问情况　　　　图 5-2-33　可以访问其他网段虚拟机

不同 DLR 下的虚拟机不能互相访问，如图 5-3-34 所示。

图 5-2-34 不同 DLR 下的虚拟机不能互相访问

由于受服务网关 ESG01 的限制，DLR 下的每台虚拟机都不能访问外网，部分截图如图 5-2-35 和图 5-2-36 所示。

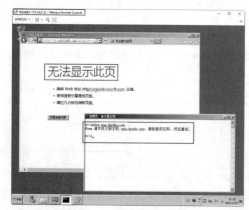

图 5-2-35 无法访问外网（1）

图 5-2-36 无法访问外网（2）

当前 DLR01、DLR02 和 DLR03 的防火墙规则是类型为内部、源为 vse 的所有流量访问任意目标地址的任意服务，如果要允许 DLR01 分布式路由器下面的所有逻辑交换机连接的虚拟机访问外网，可以在 ESG01 服务网关中添加防火墙规则，允许源为 vnic 组（对象为 vmnic1）的流量访问任意目标的 DNS 与 HTTP、HTTPS 等服务，如图 5-2-37 所示。

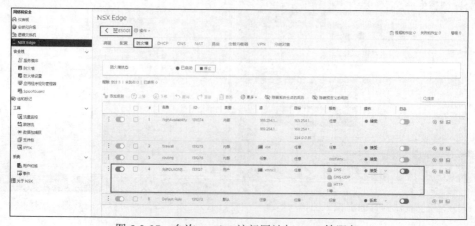

图 5-2-37 允许 vmnic1 访问网站与 DNS 等服务

【说明】ESG01 的 vmnic1 是 DLR01 的上行链路，允许来源为 ESG01 的 vmnic1 访问外网，也就是允许与 ESG01 相连的 DLR01 的接口与设备访问外网。图 5-2-38 所示是 DLR01 分布式逻辑路由器下面连接的一台虚拟机访问外网的情况，当前虚拟机配置的 IP 地址是 172.16.13.2。

图 5-2-38　DLR01 下的虚拟机可以访问外网

此时 DLR02 和 DLR03 分布式逻辑路由器下面的虚拟机仍然不能访问外网。如果要允许 ESG01 服务网关连接的所有分布式逻辑路由器及分布式逻辑路由器连接的虚拟机访问外网，可以修改图 5-2-37 所示界面的规则，在"源"中删除 vmnic1，添加对象类型为用户、源为 internal（内部）的所有流量，配置之后如图 5-2-39 所示。

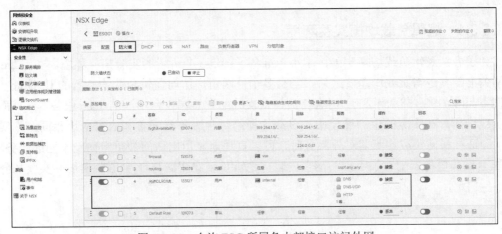

图 5-2-39　允许 ESG 所属各内部接口访问外网

如果要允许外网用户访问这几台实验虚拟机，例如想在外网（或者 vSphere 标准交换机或分布式交换机网络）以远程桌面与 HTTP、HTTPS 方式访问各 DLR 分布式逻辑路由器所连接的虚拟机，需要在 ESG 服务网关上添加访问规则，允许访问目标为 ESG01 的内部服务（这将包括 DLR01、DLR02 和 DLR03 所属的网络与虚拟机）。本示例中创建的规则如图 5-2-40 所示。

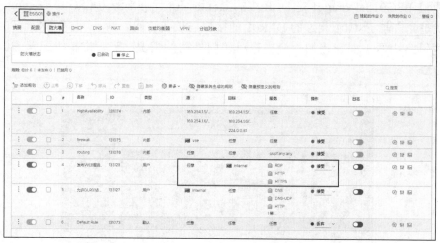

图 5-2-40　允许访问内部 HTTP、HTTPS 与 RDP 服务

5.3　配置逻辑负载均衡器

NSX Edge 负载均衡器将外部或公共 IP 地址映射到一组内部服务器以进行负载均衡。负载均衡器可接受来自外部 IP 地址的 TCP、UDP、HTTP 或 HTTPS 请求，并确定要使用的内部服务器。端口 80 是 HTTP 的默认端口，端口 443 是 HTTPS 的默认端口。

NSX Edge 负载均衡器启用高可用性服务，并在多台服务器之间分配网络流量负载。NSX Edge 负载均衡器将入站服务请求均匀分布在多台服务器中，从方式上确保负载分配对用户透明。这样负载均衡有助于实现最佳的资源利用，最大程度地提高吞吐量和减少响应时间并避免过载。

5.3.1　逻辑负载均衡实验环境

为了介绍逻辑负载均衡实验，本小节准备了图 5-3-1 所示的实验拓扑环境。在 Edge 服务网关上配置逻辑负载均衡器之后，当有多个外网用户访问逻辑负载均衡器的 IP 地址（本示例为 http://192.168.254.200）时会将流量依次分配到后端 3 台不同的 Web 服务器，从而实现负载均衡。在实际的生产环境中，负载均衡的每台服务器配置和内容应该相同，本实验为了验证在访问负载均衡器对外服务时，可以直观地显示出访问被重定向到不同的服务器，在 3 台实验服务器配置了不同的网页内容。逻辑负载均衡器与 3 台服务器简易实验拓扑如图 5-3-1 所示。

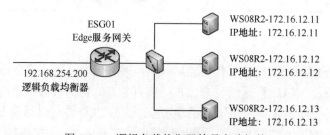

图 5-3-1　逻辑负载均衡器简易实验拓扑

这 3 台虚拟机使用 LSW1612 逻辑交换机,该网段使用 172.16.12.0/24 的地址段。准备好实验虚拟机之后,根据图 5-3-1 的规划,为 3 台实验虚拟机设置 IP 地址,依次是 172.16.12.11、172.16.12.12 和 172.16.12.13,子网掩码为 255.255.255.0,网关为 172.16.12.254。然后在每台服务器上安装 Windows Server 2008 R2,配置 IIS,创建简单的测试网页,让每台 IIS 服务器显示的内容不同,如图 5-3-2 至图 5-3-4 所示。

图 5-3-2 第 1 台服务器

图 5-3-3 第 2 台服务器

图 5-3-4 第 3 台服务器

配置好的 3 台实验虚拟机如图 5-3-5 所示。

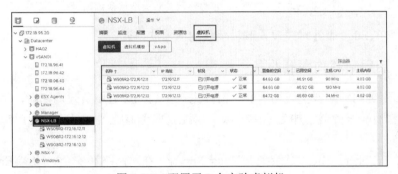
图 5-3-5 配置了 3 台实验虚拟机

在配置逻辑负载均衡器之前,修改这 3 台虚拟机所属的分布式逻辑路由器 DLR01 防火墙的默认规则为接受,如图 5-3-6 所示。

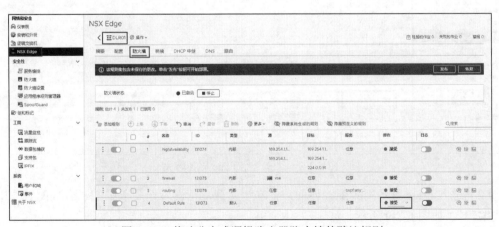
图 5-3-6 修改分布式逻辑路由器防火墙的默认规则

修改 DLR01 所属的 Edge 服务网关 ESG01 的防火墙默认规则为接受,如图 5-3-7 所示。

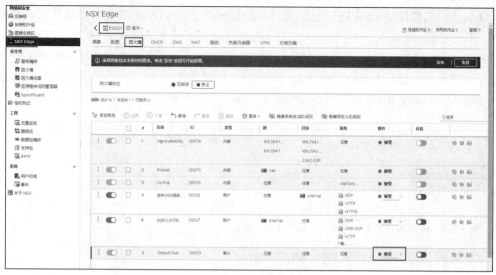

图 5-3-7 修改 Edge 服务网关防火墙默认规则

下面介绍在 Edge 服务网关配置逻辑负载均衡器的内容。

5.3.2 启用负载均衡器服务

在 Edge 服务网关配置负载均衡器，需要先在全局配置启用负载均衡器，然后添加后端服务器池，将后端服务器添加为池中的成员，配置服务监控器，最后配置虚拟服务器。下面一一介绍。

（1）使用 vSphere Client 登录到 vCenter Server，在"网络和安全→NSX Edge"中选择一个要配置负载均衡器的 Edge 服务网关，单击该 Edge 服务网关的 ID（本示例 ID 为 edge-2，名称为 ESG01），进入 Edge 服务网关配置界面，如图 5-3-8 所示。

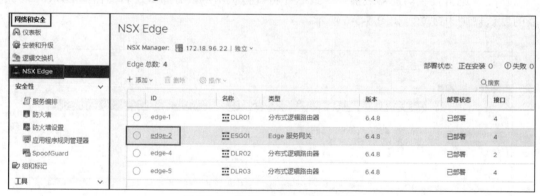

图 5-3-8 选择一个 Edge 服务网关

（2）进入 Edge 服务网关配置界面后，在"负载均衡器"选项卡中的"全局配置"中单击"编辑"，如图 5-3-9 所示。

（3）在"编辑负载均衡器全局配置"对话框中的"负载均衡器"后面单击"启用"允许 NSX Edge 负载均衡器将流量分到内部服务器以实现负载均衡。在"加速"选项中，如果选择禁用则所有虚拟 IP 地址（VIP）均使用 L7 LB（逻辑负载均衡）引擎；如果选择启用则虚拟 IP 地址使用更快的 L4 LB 引擎或 L7 LB 引擎（基于 VIP 配置）。在"日志记录"选项中，NSX Edge 负载均衡器收集流量日志。如果启用日志记录，管理员可以从下拉菜单中选择日志级别。这些日志将导出到配置的 syslog 服务器。在本示例中，启用负载均衡器和加速，如图 5-3-10 所示。配置之后单击"保存"按钮。

图 5-3-9　编辑

（4）启用负载均衡器之后，全局配置中显示了负载均衡器状态，如图 5-3-11 所示。

图 5-3-10　启用负载均衡器

图 5-3-11　负载均衡器已经启用

5.3.3　服务监控器

逻辑负载均衡器需要服务监控器为特定类型的网络流量定义运行状况检查参数。将服务监控器与池关联后，将根据服务监控器参数对池成员进行监控。NSX Edge 服务监控 ICMP、TCP、UDP、HTTP、HTTPS、DNS、MSSQL 和 LDAP 等类型的协议。如图 5-3-12 所示，NSX Edge 创建了 3 个服务监控程序，分别是 TCP、HTTP 和 HTTPS，如果需要其他的服务监控程序，可以在"服务监控"中创建。

图 5-3-12　服务监控器

5.3.4　添加服务器池

NSX Edge 服务器池可管理负载均衡器分布方法，并附加服务监控器，共享后端服务器。本小节创建一个服务器池，添加需要进行负载均衡的服务器（本示例为 172.16.12.11、172.16.12.12 和 172.16.12.13）。

（1）在"池"中单击"添加"按钮，如图 5-3-13 所示。

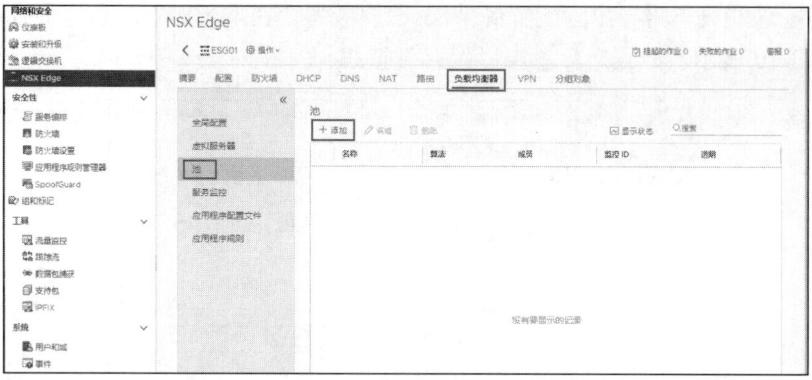

图 5-3-13　添加服务器池

（2）在"新建池"对话框的"常规"选项卡中设置新建池的名称，选择负载均衡算法和使用的监控器，在"成员"选项卡添加后端服务器。首先在"常规"选项卡的"名称"文本框中输入新建服务器池的名称，本示例为 WebSer_11-13。在"算法"下拉列表中为每个启用的服务选择负载均衡算法，各算法的说明如表 5-3-1 所列，本示例中选择 ROUND_ROBIN 算法。在"监控"下拉列表中选择一个监控器，本示例选择 default_tcp_monitor。在"IP 筛选器"中选择任意（可以选择 IPv4、IPv6 或任意）。要使客户端 IP 地址对后端服务器可见，应启用"透明"选项。如果未启用"透明"选项，则后端服务器会将流量源 IP 地址视为负载均衡器内部 IP 地址；如果启用了"透明"选项，则源 IP 地址是真正的客户端 IP 地址，并且必须将 NSX Edge 设置为默认网关以确保返回数据包通过 NSX Edge 设备，如图 5-3-14 所示。

表 5-3-1　服务器池负载均衡算法

算法名称	算法说明
ROUND_ROBIN	根据每台服务器分配到的权重依次使用各服务器。当服务器的处理时间保持均匀分布时，这是最顺畅、最公平的算法。将为该选项禁用算法参数
IP-HASH	根据源 IP 地址的哈希值以及所有运行的服务器的总权重选择服务器。将为该选项禁用算法参数
LEASTCONN	根据服务器上已存在的连接数将客户端请求分发到多台服务器。新连接会被发送到连接数最少的服务器。将为该选项禁用算法参数
URI	对 URI 左侧部分（问号之前）进行哈希运算并除以运行的服务器的总权重，根据结果指定接收请求的服务器。这样可以确保在没有服务器启动或关闭时，URI 始终定向到同一服务器。 URI 算法参数具有两个选项：uriLength=<len>和 uriDepth=<dep>。长度参数范围应该为 1≤len<256；深度参数范围应该为 1≤dep<10。长度和深度参数后跟一个正整数。长度参数指示算法只应考虑在 URI 开头定义的字符以计算哈希值。深度参数指示用于计算哈希值的最大目录深度。如果指定了两个参数，在到达任一参数时，计算将停止
HTTPHEADER	在每个 HTTP 请求中查找 HTTP 标头名称。圆括号中的标头名称不区分大小写，这类似于 ACL 函数"hdr()"。如果标头不存在或不包含任何值，将应用循环算法。 HTTPHEADER 算法参数具有一个选项：headerName=<name>。例如，可以将 host 作为 HTTPHEADER 算法参数

续表

算法名称	算法说明
URL	在每个 HTTP GET 请求的查询字符串中查找参数中指定的 URL 参数。如果参数后跟 "=" 和一个值，则对该值进行哈希运算并除以运行的服务器的总权重。结果指定接收请求的服务器。该过程用于跟踪请求中的用户标识符，并确保始终将相同的用户 ID 发送到相同的服务器，但前提是没有启动或关闭服务器。如果找不到任何值或参数，则应用循环算法。URL 算法参数具有一个选项：urlParam=\<url\>

图 5-3-14 新建池

（3）在"成员"选项卡中单击"添加"按钮以添加该服务器池要包含的后端服务器。在添加后端服务器时，可以添加的对象有安全组、IP 集、安全标记、vApp、vNIC、传统端口组、分布式端口组、数据中心、集群、虚拟机、资源池和逻辑交换机等对象，如图 5-3-15 所示。本示例中添加名为 Web_11-13 的资源池，如图 5-3-16 所示，这个资源池包括图 5-3-5 中的 3 台虚拟机。成员添加之后，单击右下角的"添加"按钮，完成操作。

图 5-3-15 对象

图 5-3-16 添加成员

（4）在"负载均衡器→池"中显示了新添加的服务器池，如图 5-3-17 所示。

图 5-3-17 创建服务器池完成

5.3.5　添加应用程序配置文件

通过创建应用程序配置文件可以定义特定类型的网络流量的行为。设置配置文件后，可以将此配置文件与虚拟服务器关联，然后该虚拟服务器会根据配置文件中指定的值处理流量。

（1）在"负载均衡器→应用程序配置文件"中单击"添加"，如图 5-3-18 所示。

图 5-3-18　添加应用程序配置文件

（2）应用程序配置文件支持 TCP、UDP、HTTP、SSL 直通、HTTPS 卸载和 HTTPS 端到端等 6 种类型。本示例创建 HTTP 应用程序配置文件。在"应用程序配置文件类型"下拉列表中选择 HTTP，在"常规"选项卡的"名称"中设置应用程序配置文件名称，本示例为 HTTP01。在"持久性"下拉列表中选择持久性类型，以支持源 IP 地址和 Cookie。源 IP 持久性类型基于源 IP 地址跟踪会话。当客户端请求连接到支持源 IP 持久性的虚拟服务器时，负载均衡器会检查该客户端之前是否曾建立连接。如果是，则负载均衡器会将客户端请求返回给同一个池成员。Cookie 这种持久性类型会插入唯一的 Cookie，以便在客户端首次访问站点时标识会话，然后在后续请求中引用该 Cookie，以永久保留相应服务器的连接。本示例中选择"源 IP"，其他保持默认。配置完成后单击右下角的"添加"按钮，如图 5-3-19 所示。

图 5-3-19　新建应用程序配置文件

（3）创建应用程序配置文件之后如图 5-3-20 所示。

图 5-3-20 应用程序配置文件

5.3.6 添加虚拟服务器

将 NSX Edge 内部或上行链路接口作为虚拟服务器进行添加。在本示例中将 IP 地址 192.168.254.200 添加为虚拟服务器。

（1）在"网络和安全→NSX Edge→ESG01→负载均衡器→虚拟服务器"中单击"添加"，如图 5-3-21 所示。

图 5-3-21 添加虚拟服务器

（2）在"新建虚拟服务器"对话框中的"应用程序配置文件"下拉列表中选择应用程序配置文件，本示例中为 HTTP01。在"名称"文本框中输入虚拟服务器名称，本示例为 Virtual-Web-Server。在"IP 地址"中单击右侧的"选择 IP 地址"，如图 5-3-22 所示。在弹出的"选择 IP 地址"对话框中选择 vmnic0（这是 NSX Edge 服务网关的出口链路），之后 vmnic0 的 IP 地址 192.168.254.200 显示在列表中，单击"确定"按钮，如图 5-3-23 所示。

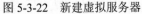

图 5-3-22 新建虚拟服务器

图 5-3-23 选择虚拟服务器接口

（3）在"协议"下拉列表中选择 HTTP，在"端口/端口范围"中输入 80，在"默认池"

下拉列表中选择服务器池，本示例为 WebSer_11-13，如图 5-3-24 所示，单击"添加"按钮。

图 5-3-24　选择服务器池

（4）添加虚拟服务器之后如图 5-3-25 所示。

图 5-3-25　添加虚拟服务器

5.3.7　在客户端测试逻辑负载均衡器

在配置好虚拟服务器之后，就可以在客户端测试逻辑负载均衡器的效果。在网络中使用不同的计算机进行测试，在浏览器中输入 http://192.168.254.200 并按 Enter 键就可以看到不同的网页内容，这表示跳转到了不同的内部服务器。为了显示负载均衡的效果，3 台内部服务器的网页内容不一样，如图 5-3-26 至图 5-3-28 所示。在实际的生产环境中，负载均衡器后端各台内部服务器的网页应该具有相同的内容。

图 5-3-26　客户端测试 1

图 5-3-27　客户端测试 2

图 5-3-28　客户端测试 3

5.4　在 NSX 中配置 DHCP

使用 vSphere 标准交换机或分布式交换机的虚拟机，如果设置为自动获得 IP 地址和 DNS 地址，可以从物理网络或虚拟网络中的 DHCP 服务器获得 IP 地址。对于使用 NSX 逻辑交换机的虚拟机，如果想从 DHCP 服务器获得 IP 地址，除了可以使用物理网络或虚拟网络中的 DHCP 服务器外，还可以使用 Edge 服务网关提供的 DHCP 服务。本节将介绍这一内容。

在当前的实验环境中，我们在 NSX 中创建了多台逻辑交换机，其中名称为 LSW1611、LSW1612、LSW1613、LSW1621、LSW1711、LSW1712 和 LSW1713 的 7 台逻辑交换机用于连接虚拟机，如图 5-4-1 所示。

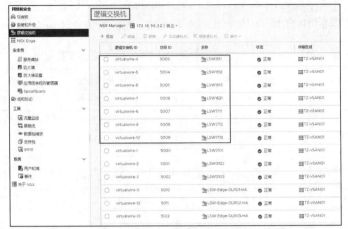

图 5-4-1　查看逻辑交换机

本小节仍然沿用原来的实验环境，拓扑如图 5-4-2 所示。

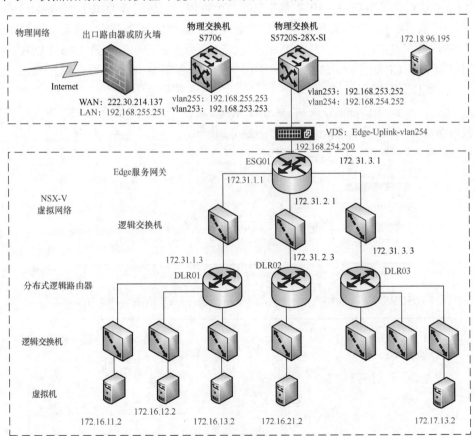

图 5-4-2　实验环境拓扑

在本小节的实验中，为连接到 DLR01 和 DLR02 分布式逻辑路由器的虚拟机使用由 Edge

服务网关 ESG01 提供的 DHCP 服务,为连接到 DLR03 分布式逻辑路由器的虚拟机使用由物理交换机(IP 地址为 172.18.96.253)提供的 DHCP 服务。在本示例中,逻辑交换机 LSW1611、LSW1612、LSW1613、LSW1621、LSW1711、LSW1712 和 LSW1713 各段规划配置的 DHCP 作用域地址范围如表 5-4-1 所列,每个网段的子网掩码都是 255.255.255.0。本示例中 DNS 服务器的 IP 地址为 172.18.96.1 和 172.18.96.4,DNS 域名为 heinfo.edu.cn。

表 5-4-1　不同逻辑交换机 DHCP 作用域地址范围规划

逻辑交换机	开始 IP 地址	结束 IP 地址	网关地址
LSW1611	172.16.11.50	172.16.11.99	172.16.11.254
LSW1612	172.16.12.50	172.16.12.99	172.16.12.254
LSW1613	172.16.13.50	172.16.13.99	172.16.13.254
LSW1621	172.16.21.50	172.16.21.99	172.16.21.254
LSW1711	172.17.11.100	172.17.11.253	172.17.11.254
LSW1712	172.17.12.100	172.17.12.253	172.17.12.254
LSW1713	172.17.13.100	172.17.13.253	172.17.13.254

5.4.1　在 Edge 服务网关配置 DHCP 作用域

为 NSX 逻辑交换机提供 DHCP 服务包括两个阶段,一是配置 DHCP 服务器,这可以在 Edge 网关配置,也可以使用物理设备(例如交换机)提供 DHCP 服务,或者使用 Windows、Linux 的物理机或虚拟机提供的 DHCP 服务;二是在分布式逻辑路由器上配置 DHCP 中继,指向网络中的 DHCP 服务器,然后添加 DHCP 中继代理端口。本小节先介绍在 Edge 服务网关配置并启用 DHCP 服务器的内容。

(1)使用 vSphere Client 登录到 vCenter Server,在"网络和安全→NSX Edge"中单击 Edge 服务网关 ID,本示例为 edge-2,如图 5-4-3 所示。

图 5-4-3　进入 Edge 服务网关配置

(2)在"DHCP"选项卡中单击"池",单击"添加",如图 5-4-4 所示。

图 5-4-4　添加池

（3）在"新建 DHCP 池"对话框中，参照表 5-4-1 所列，分别为逻辑交换机 LSW1611、LSW1612、LSW1613 和 LSW1621 添加作用域，并为每个作用域创建一个池。本小节先为 LSW1611 添加作用域。在"常规"选项卡中，设置起始 IP 地址为 172.16.11.50，结束 IP 地址为 172.16.11.99，域名为 heinfo.edu.cn，主名称服务器为 172.18.96.1，辅助名称服务器为 172.18.96.4，默认网关为 172.16.11.254，子网掩码为 255.255.255.0，租约时间使用默认值 86400（单位为秒，相当于 24 小时，1 天）。设置之后单击"添加"按钮，如图 5-4-5 所示。

图 5-4-5　新建 DHCP 池

（4）参照第（3）步的操作，按照表 5-4-1 所规划数据，为逻辑交换机 LSW1612、LSW1613 和 LSW1621 添加作用域。添加之后如图 5-4-6 所示，单击"启动"按钮，启动 DHCP 服务器，然后单击"发布"按钮，让设置生效。

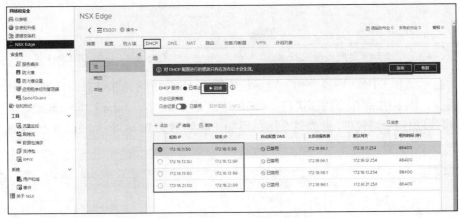

图 5-4-6　让设置生效

5.4.2　在分布式逻辑路由器上添加 DHCP 中继

在 Edge 服务网关配置了 DHCP 服务并添加了 DHCP 作用域之后，在分布式逻辑路由器上添加 DHCP 中继并配置中继代理端口，步骤如下。

（1）在"网络和安全→NSX Edge"中单击分布式逻辑路由器 DLR01 的 ID，进入 DLR01 配置界面，在"DHCP 中继"选项卡中单击"编辑"，如图 5-4-7 所示。

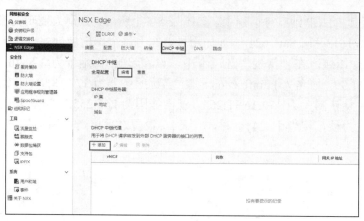

图 5-4-7　配置 DHCP 中继

（2）在"修改 DHCP 中继全局配置"对话框的"IP 地址"中输入 ESG01 连接 DLR01 路由器上行链路的 IP 地址，本示例为 172.31.1.1，单击"保存"按钮，如图 5-4-8 所示。

（3）在"DHCP 中继代理"中单击"添加"，如图 5-4-9 所示。

图 5-4-8　添加 DHCP 服务器的 IP 地址　　　　图 5-4-9　添加 DHCP 中继代理

（4）在"添加 DHCP 中继代理"对话框中添加 DLR01 内部接口并指定网关 IP 地址。当前示例中，DLR01 有 3 个内部接口，vNIC 依次是 vmnic1、vmnic2 和 vmnic3，需要将这 3 个接口都添加到中继代理，并为每个接口添加正确的网关 IP 地址，如图 5-4-10 至图 5-4-12 所示。

图 5-4-10　添加 vmnic1 接口　　图 5-4-11　添加 vmnic2 接口　　图 5-4-12　添加 vmnic3 接口

（5）添加之后如图 5-4-13 所示，单击"发布"按钮让设置生效。

（6）参照第（1）至（5）步操作步骤，为 DLR02 的分布式逻辑路由器指定 DHCP 中继服务器（服务器 IP 地址为 ESG01 连接到 DLR02 的接口 IP 地址 172.31.2.1），并为 DLR02 添加 DHCP 中继代理接口（本示例为 vmnic1，网关 IP 地址为 172.16.21.254），添加之后单击"发布"按钮让设置生效，如图 5-4-14 所示。

| 图 5-4-13 发布 DLR01 规则 | 图 5-4-14 为 DLR02 配置 DHCP 中继 |

在配置好 DHCP 服务器及 DHCP 中继之后，新建测试虚拟机 WS08R2-Test01，修改虚拟机使用 LSW1611 的逻辑交换机，并将 IP 地址设置为自动获得 IP 地址和 DNS 地址，在"常规"选项卡"详细信息"中可以看到，该虚拟机将获得 172.16.11.50 至 172.16.11.99 范围内的 IP 地址，如图 5-4-15 所示。测试之后，修改虚拟机网卡使用 LSW1621 逻辑交换机，禁用网卡后再启用，查看"详细信息"，可以看到虚拟机获得 172.16.21.0/24 网段的 IP 地址，如图 5-4-16 所示。

| 图 5-4-15 使用 LSW1611 网段 | 图 5-4-16 使用 LSW1621 网段 |

5.4.3 设置 IP 地址预留

如果要为虚拟机指定固定的 IP 地址，可以在 Edge 服务网关中将虚拟机的 MAC 地址与 IP 地址进行绑定，操作步骤如下。

（1）进入 ESG01 服务网关配置界面，在"DHCP"选项卡中单击"绑定"，然后单击"添加"，如图 5-4-17 所示。

（2）在"新建 DHCP 绑定"对话框的"常规"选项卡中选中"使用 MAC 绑定"，依次输入要绑定虚拟机的 MAC 地址、主机名、分配的 IP 地址和子网掩码等，如图 5-4-18 所示。在本示例中，为名称为 WS08R2-Test01 的测试虚拟机网卡的 MAC 地址 00:50:56:B6:9E:F1 预留 172.16.21.88 的 IP 地址。

（3）在添加 IP 地址和使用 MAC 绑定之后单击"发布"按钮，如图 5-4-19 所示。

打开测试虚拟机的控制台，重新获得 IP 地址之后，可以看到该虚拟机获得图 5-4-18 中所分配的 IP 地址 172.16.21.88，如图 5-4-20 所示。

图 5-4-17   添加

图 5-4-18   添加 MAC 绑定

图 5-4-19   发布

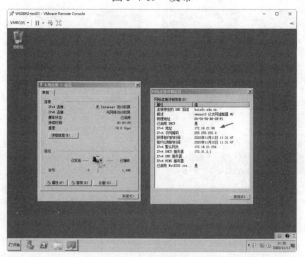

图 5-4-20   查看 IP 地址

5.4.4   在交换机上配置 DHCP 服务器

除了使用 Edge 服务网关提供的 DHCP 服务之外，还可以使用物理交换机提供 DHCP 服务。本示例中使用图 5-4-2 所示拓扑中的物理交换机 S7706 配置并启用 DHCP 服务。在核心交换机上为连接 DLR03 分布式逻辑路由器的 3 个逻辑交换机配置 DHCP 作用域，主要命令如下。

```
ip pool lsw1711
gateway-list 172.17.11.254
network 172.17.11.0 mask 255.255.255.0
excluded-ip-address 172.17.11.1 172.17.11.99
lease day 0 hour 20 minute 0
dns-list 172.18.96.1 172.18.96.4
```

```
ip pool lsw1712
 gateway-list 172.17.12.254
 network 172.17.12.0 mask 255.255.255.0
 excluded-ip-address 172.17.12.1 172.17.12.99
 lease day 0 hour 20 minute 0
 dns-list 172.18.96.1 172.18.96.4

ip pool lsw1713
 gateway-list 172.17.13.254
 network 172.17.13.0 mask 255.255.255.0
 excluded-ip-address 172.17.13.1 172.17.13.99
 lease day 0 hour 20 minute 0
 dns-list 172.18.96.1 172.18.96.4
```

再为 DLR03 指定 DHCP 中继代理的地址为 192.168.253.253，然后添加 LSW1711、LSW1712 和 LSW1713 的代理接口并配置网关 IP 地址，如图 5-4-21 所示。

图 5-4-21　为 DLR03 配置中继代理

在为 DLR03 配置 DHCP 中继代理之后，修改测试虚拟机的网络配置，使用 LSW1713 的逻辑交换机，在虚拟机中禁用再启动网卡，查看获得的 IP 地址，如图 5-4-22 所示。在此可以看到该虚拟机获得了 172.17.13.253 的 IP 地址，显示的 DHCP 服务器的 IP 地址为 192.168.253.253。

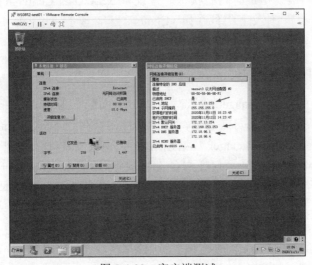

图 5-4-22　客户端测试

【说明】华为交换机配置 DHCP Server 并为客户端提供 IP 地址时，是从最后（数值最大）的地址开始分配的；一般的交换机配置 DHCP 服务，通常是从最小的 IP 地址开始分配的。

5.5　NSX-V 备份与恢复

在配置完物理交换机和物理路由器之后，一般都需要导出配置文件，这样可以在物理设备出现问题后通过配置文件恢复。对于 NSX 来讲，安装配置较为复杂，当 NSX 出现问题后，如果没有备份，重新安装、重新配置将花费较多的时间。另外，不能使用传统的备份虚拟机的方式对 NSX Manager、NSX 控制虚拟机、Edge 虚拟机进行备份，正确的方法是使用 NSX Manager 提供的备份与恢复工具。

要在出现故障时将系统还原到工作状态，就必须正确备份所有 NSX Data Center for vSphere 组件，这一点至关重要。NSX Manager 备份包含所有 NSX Data Center for vSphere 配置，包括控制器、逻辑交换和路由实体、安全性、防火墙规则，以及在 NSX Manager UI 或 API 中配置的所有其他内容。对于 vCenter Server 的虚拟机，可以使用传统的备份虚拟机的方式。

建议至少定期备份 NSX Manager 和 vCenter。备份频率和计划可能因业务需求和运行流程而异。建议在配置频繁更改时经常执行 NSX 备份。

NSX Manager 备份可以按需执行，也可以按每小时、每日或每周的频率执行。

建议在以下情况下执行备份。

- 执行 NSX Data Center for vSphere 或 vCenter 升级之前。
- 执行 NSX Data Center for vSphere 或 vCenter 升级之后。
- 执行 NSX Data Center for vSphere 组件零日部署和初始配置之后，例如，创建 NSX Controller 集群、逻辑交换机、逻辑路由器、Edge 服务网关、安全策略和防火墙策略之后。
- 基础架构或拓扑更改前后。

要将整个系统回滚到指定时间的状态，建议将 NSX Data Center for vSphere 组件备份（如 NSX Manager）与其他交互组件（如 vCenter、云管理系统和运行工具等）的备份计划保持同步。

5.5.1　备份 NSX Manager 数据

管理员可以通过 NSX Manager 虚拟设备 Web 界面配置 NSX Manager 备份和还原。备份频率可以调度为每小时、每日或每周。备份文件将保存到 NSX Manager 可以访问的远程 FTP 或 SFTP 位置。NSX Manager 数据包括配置、事件和审核日志表，配置表包含在每个备份中。NSX Management 还原仅在与备份版本相同的 NSX Manager 上支持，因此，请务必在执行 NSX 升级前、后分别创建备份文件，一个备份用于旧版本，另一个备份用于新版本。

（1）要为 NSX Manager 进行备份，需要配置一台 FTP 服务器。在本示例中，将在 IP 地址为 172.18.96.1 的 Windows Server 2019 的服务器中配置一台 FTP 服务器，设置一个用户对 FTP 具有读写权限。本示例中该用户名为 linnan（这是 Windows Server 2019 中的一个具有非管理员权限的用户），如图 5-5-1 所示。在 FTP 根目录中创建一个文件夹，例如 NSX，用该文件夹备份 NSX Manager。

（2）登录 NSX Manager 管理界面（本示例为 172.18.96.22/index.html），登录进入界面之后单击"Backup & Restore"，如图 5-5-2 所示。

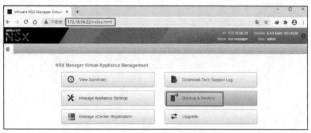

图 5-5-1　配置 FTP 服务器　　　　　　　　图 5-5-2　备份与还原

（3）在"Backups & Restore"中添加 FTP 服务器的 IP 地址等信息，配置执行备份的周期以及要排除备份的文件，如图 5-5-3 所示。在"FTP Server Settings"右侧单击"Change"按钮，在"Backup Location"对话框中输入 FTP 服务器的 IP 地址、选择 FTP 协议和 FTP端口，配置登录用户名与密码以及备份路径，在"Filename Prefix"文本框中输入一个文本字符串，该文本字符串将被放在每个备份文件名前面，以帮助管理员在备份系统上轻松识别该文件。例如，如果输入 nsx，则生成的备份文件将被命名为 nsxHH_MM_SS_YYYY_Mon_Day。在"Pass Phrase"文本框中输入一个密码短语以保护备份，注意需要使用密码短语才能还原备份，如图 5-5-4 所示。

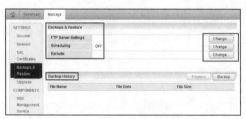

图 5-5-3　备份与还原　　　　　　　　　　图 5-5-4　FTP 设置

【说明】备份目录中的文件限制为 100 个。如果目录中的文件数超过该限制，则会显示警告消息。

（4）在"Scheduling"（调度）右侧单击"Change"按钮，弹出新窗口，选择备份频率，如图 5-5-5 所示。本示例选择每天 12 点进行备份。

（5）之后 NSX Manager 会在每天 12 点进行备份。备份完成的记录会显示在"Backup History"中，如图 5-5-6 所示。

（6）在 vCenter Server 的"网络和安全→仪表板"的"备份状态"中能显示备份调度计划、上次备份状态（成功或失败）和上次备份尝试时间，如图 5-5-7 所示。

（7）打开 FTP 服务器找到备份文件夹，可以看到备份成功的文件，如图 5-5-8 所示。

图 5-5-5 备份频率 图 5-5-6 备份历史记录

图 5-5-7 备份状态

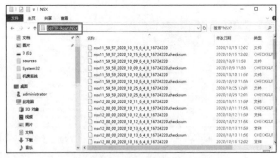

图 5-5-8 备份成功的文件

5.5.2 从备份还原 NSX Manager

还原 NSX Manager 会使备份文件加载到 NSX Manager 设备。还原 NSX Manager 数据之前，建议重新安装 NSX Manager 设备。管理员也可以在现有 NSX Manager 设备上运行还原操作，但不推荐此种操作。如果现有 NSX Manager 设备出现故障或已经无法运行，可以部署新的 NSX Manager 设备。下面介绍从备份还原 NSX Manager 的方法，主要步骤如下。

（1）记下现有 NSX Manager 设备上的所有设置，同时记下 FTP 服务器设置。

（2）部署新的 NSX Manager 设备。部署的 NSX 版本必须与已备份的 NSX Manager 设备的相同。

（3）登录到新的 NSX Manager 设备，进入 Backups & Restore 界面，在"FTP Server Settings"右侧，单击"Change"并添加 FTP 服务器设置。这些信息应该与图 5-5-4 中的配置相同，包括 FTP 的 IP 地址、用户名、密码、备份目录、文件名前缀和密码短语等，它们标明了要还原的备份的位置。

（4）在备份历史记录（Backup History）中，选择需要还原的备份文件夹，然后单击"Restore"按钮，如图 5-5-9 所示。

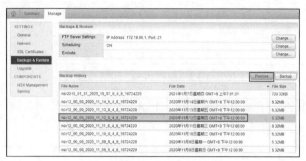

图 5-5-9　还原

（5）在"Restore from Backup"对话框中单击"Yes"按钮，确认从选定的备份还原，如图 5-5-10 所示。

（6）而后在"Restore from Backup"对话框中再次单击"Yes"按钮，确认开始还原，如图 5-5-11 所示。

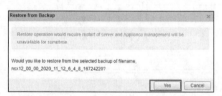

图 5-5-10　确认从选定的备份还原

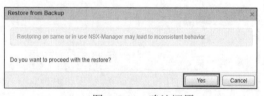

图 5-5-11　确认还原

（7）此时将开始还原 NSX Manager 数据，NSX 配置会被还原到 NSX Manager。在还原 NSX Manager 备份后，管理员还需要执行其他操作以确保 NSX Edge 设备和逻辑交换机正常运行。

5.5.3　重新安装 Edge

所有 NSX Edge 配置（逻辑路由器和 Edge 服务网关）都会在备份 NSX Manager 数据的过程中进行备份。不支持创建单独的 NSX Edge 备份。在还原 NSX Manager 之后开始还原 Edge 虚拟机。

如果环境中 NSX Manager 配置完整，可以通过重新部署 NSX Edge 来重新创建无法访问或失败的 Edge 设备虚拟机。

（1）注销当前的 vCenter Server 账户，重新登录 vCenter Server。

（2）在"网络和安全→安装和升级"中，检查 NSX Controller 节点是否正常，如图 5-5-12 所示，如果不正常应删除故障节点重新部署。

图 5-5-12　检查 NSX 控制器节点

（3）在"主机准备"中检查集群节点主机是否正常，如图 5-5-13 所示。如果主机节点有故障，可以在"操作"下拉列表中单击"解决"以解决节点故障。

图 5-5-13　检查主机

（4）如果原来 NSX Edge 虚拟机有故障，需要重新配置 NSX Edge 虚拟机。这需要在 vSphere Client 中先删除原来的 NSX Edge 虚拟机，然后在"网络和安全→NSX Edge"中，选择要重新部署的分布式逻辑路由器或 Edge 服务网关，在"操作"下拉列表中选择"重新部署"，如图 5-5-14 所示。每一台有故障的 NSX Edge 虚拟机都需要删除然后重新部署。

（5）在"重新部署 Edge"对话框中单击"是"按钮，如图 5-5-15 所示。

图 5-5-14　重新部署

图 5-5-15　确认重新部署

除非重新部署，否则不能还原上次备份后删除的 Edge 设备。在重新部署 NSX Edge 之后，如果信息不同步，可以选择 NSX Edge 设备，在"操作"下拉列表中选择"强制同步"。重新部署并强制同步后，将恢复到备份时的状态。

5.6 卸载 NSX-V

如果 vSphere 网络不再使用 NSX Data Center for vSphere，需要按照一定的步骤从 vCenter 清单中卸载 NSX Data Center for vSphere 组件。

5.6.1 卸载 Guest Introspection

卸载 Guest Introspection 会从集群上的主机中移除 VIB，并从集群上的每台主机中移除服务虚拟机。身份防火墙、端点监控以及一些第三方安全解决方案需要使用 Guest Introspection，所以卸载 Guest Introspection 会产生多种影响。

注意，在从 vSphere 集群卸载 Guest Introspection 之前，必须从该集群的主机中卸载使用 Guest Introspection 的所有第三方产品。在卸载 Guest Introspection 之后，主机集群中的虚拟机将不再受到保护。

卸载 Guest Introspection 步骤如下。

（1）使用 vSphere Client 登录到 vCenter Server，在"网络和安全→安装和升级→服务部署"中选择一个 Guest Introspection 实例，然后单击"删除"，如图 5-6-1 所示。

（2）在"删除服务部署"对话框中可以选择"立即删除"，如图 5-6-2 所示，也可以安排以后删除。

图 5-6-1　删除 Guest Introspection 实例

图 5-6-2　立即删除

（3）删除 Guest Introspection 实例之后如图 5-6-3 所示。

图 5-6-3　删除 Guest Introspection 实例完成

删除 Guest Introspection 实例之后，Guest Introspection 虚拟机也将被删除。

5.6.2 卸载 NSX Edge 服务网关与分布式逻辑路由器

在卸载 Guest Introspection 之后，卸载 NSX Edge 服务网关与分布式逻辑路由器。

（1）使用 vSphere Client 登录到 vCenter Server，在"网络和安全→NSX Edge"中选择要删除的 Edge 服务网关或分布式逻辑路由器，然后单击"删除"，如图 5-6-4 所示。

（2）在"删除 NSX Edge"对话框中单击"删除"按钮，如图 5-6-5 所示。

图 5-6-4　删除分布式逻辑路由器　　　　　　　图 5-6-5　删除 NSX Edge

（3）参照第（1）至（2）的步骤，删除其他 NSX Edge 服务网关与分布式逻辑路由器，删除之后如图 5-6-6 所示。

图 5-6-6　删除完成

在卸载 NSX Edge 服务网关与分布式逻辑路由器之后，NSX Edge 虚拟机将被删除。

5.6.3　卸载逻辑交换机

在卸载逻辑交换机之前，必须从该逻辑交换机中移除所有虚拟机。可以将使用该逻辑交换机的虚拟机迁移到其他网络，如图 5-6-7 所示。

图 5-6-7　迁移虚拟机网络

（1）在"网络和安全→逻辑交换机"中，确认要删除的逻辑交换机"已连接的虚拟机数"为 0 时，选中逻辑交换机，单击"删除"，如图 5-6-8 所示。

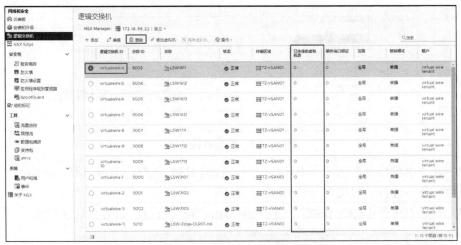

图 5-6-8　删除逻辑交换机

（2）在"删除 逻辑交换机"对话框中，单击"删除"按钮，如图 5-6-9 所示。

图 5-6-9　确认删除

（3）参照第（1）至（2）的步骤，删除所有其他逻辑交换机。删除之后如图 5-6-10 所示。

图 5-6-10　删除完成

5.6.4　从主机集群中卸载 NSX

卸载 NSX 与安装 NSX 的步骤相反。在删除逻辑交换机之后，删除传输区域，再卸载 NSX。

（1）在"网络和安全→安装和升级→逻辑网络设置→传输区域"中，选中名为 TZ-vSAN01 的传输区域，单击"删除"，如图 5-6-11 所示。在弹出的"删除传输区域 TZ-vSAN01"对话框中单击"删除"。

图 5-6-11　删除传输区域

（2）在"主机准备"选项卡中，选中要卸载的 NSX 集群，本示例为 vSAN01，在"操作"下拉列表中选择"卸载"，如图 5-6-12 所示。

（3）在"在集群上卸载 NSX"对话框中单击"是"按钮，如图 5-6-13 所示。

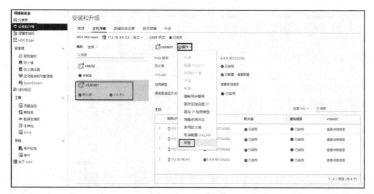

图 5-6-12　卸载

图 5-6-13　卸载 NSX

（4）在卸载 NSX 的过程中，必须将主机置于维护模式才能完成卸载。如果集群启用了 DRS，DRS 会尝试以受控方式将主机置于维护模式，这样可以让虚拟机继续运行。如果因任何原因失败，解决操作将暂停。在这种情况下，管理员需要先手动移除虚拟机，然后在"操作"下拉列表中选择"解决"，或者手动将主机置于维护模式，如图 5-6-14 所示。

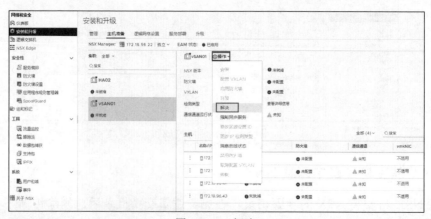

图 5-6-14　解决

（5）卸载完成之后，如图 5-6-15 所示。

图 5-6-15 卸载完成

5.6.5 删除 NSX 控制器节点

在从主机集群卸载 NSX 之后，删除 NSX 控制器节点。

（1）在"网络和安全→安装和升级→管理→NSX Controller 节点"中，选中一个控制器节点，单击"删除"，如图 5-6-16 所示。在弹出的"删除控制器"对话框中单击"删除"按钮。

（2）在删除 NSX 控制器节点的时候，应一个一个地删除。在删除到最后一个 NSX 控制器节点的时候，对话框中会出现"严重警告"提示，选中"继续强制删除"，单击"删除"按钮，如图 5-6-17 所示。

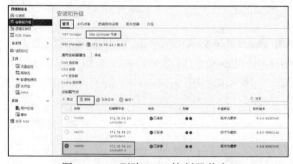

图 5-6-16 删除 NSX 控制器节点

图 5-6-17 删除最后一个控制器

（3）删除 NSX 控制器节点之后如图 5-6-18 所示。

图 5-6-18 删除完成

5.6.6　安全移除 NSX

最后需要管理员手动删除安装配置 NSX 过程中生成的 VMkernel 适配器及不再使用的端口组。

（1）使用 vSphere Client 登录到 vCenter Server，在导航器中选中要卸载 NSX 组件的 ESXi 主机，在"配置→网络→VMkernel 适配器"中，选中名称为 vmservice-vmknic-pg 的 VMkernel 适配器，单击"移除"按钮，如图 5-6-19 所示。在弹出的"移除 VMkernel 适配器"对话框中单击"移除"按钮。

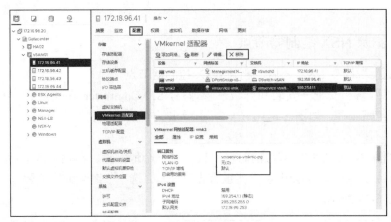

图 5-6-19　移除 vmservice-vmknic-pg

（2）需要由管理员移除每台主机名称为 vmservice-vmknic-pg 的 VMkernel 适配器。

（3）然后移除每台主机名称为 vmservice-vshield-pg 的虚拟交换机，如图 5-6-20 所示。

（4）删除名称为 ESX Agents 的资源池，如图 5-6-21 所示。

图 5-6-20　移除 vmservice-vshield-pg 虚拟交换机　　　图 5-6-21　删除资源池

（5）如果移除了 VTEP VMkernel 接口或分布式端口组，应重新引导主机。可以依次将每台主机置于维护模式，重新启动一次后退出维护模式以完成 NSX 的卸载。

如果要在 vCenter 中移除 NSX Manager 插件，应在浏览器中以 https://vc_server/mob 登录到受管对象，操作步骤如下。

（1）在本示例中，以 SSO 账户（administrator@vsphere.local）登录 https://172.18.96.20/mob，如图 5-6-22 所示。

（2）单击"content"，如图 5-6-23 所示。

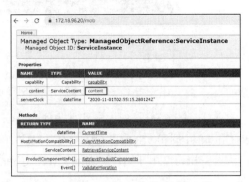

图 5-6-22 登录 　　　　　　　　　　图 5-6-23 单击"content"

（3）单击"ExtensionManager"，如图 5-6-24 所示。

（4）单击"UnregisterExtension"，如图 5-6-25 所示。

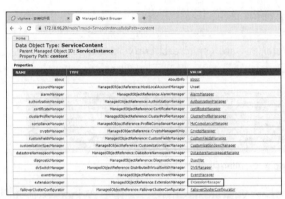

图 5-6-24 单击"ExtensionManager" 　　　图 5-6-25 单击"UnregisterExtension"

（5）在"VALUE"中输入字符串 com.vmware.vShieldManager，然后单击"Invoke Method"（调用方法），如图 5-6-26 所示。执行完成后显示"Method Invocation Result:void"。

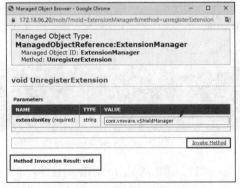

图 5-6-26 移除 vShieldManager

（6）重新引导 vCenter Server Appliance，如图 5-6-27 所示。

图 5-6-27　重新引导 vCenter Server Appliance

（7）打开 vCenter Server 虚拟机控制台，删除 NSX Data Center for vSphere 的 vSphere Web Client 目录和 vSphere Client (HTML5) 目录，然后重新启动客户端服务。

从 vSphere 7.0 开始，vSphere Web Client 已被弃用，因此不会创建 vSphere Web Client 目录。

对于 vCenter Server 6.7，NSX Data Center for vSphere 的 vSphere Web Client 目录名称为 com.vmware.vShieldManager.*，其中 Windows 版本的 VMware vCenter Server 位于以下目录。

```
C:\ProgramData\VMware\vCenterServer\cfg\vsphere-client\vc-packages\vsph
ere-client-serenity\
```

预发行版本的 VMware vCenter Server Appliance 位于以下目录。

```
/etc/vmware/vsphere-client/vc-packages/vsphere-client-serenity/
```

对于 vCenter Server Appliance，进入 /etc/vmware/vsphere-client/vc-packages 目录，使用 rm -r vsphere-client-serenity 命令删除 vsphere-client-serenity 目录，如图 5-6-28 所示。

```
root@vcsa [ /etc/vmware/vsphere-client/vc-packages ]# ls
vsphere-client-serenity
root@vcsa [ /etc/vmware/vsphere-client/vc-packages ]# rm -r vsphere-client-serenity
root@vcsa [ /etc/vmware/vsphere-client/vc-packages ]# ls
root@vcsa [ /etc/vmware/vsphere-client/vc-packages ]#
```

图 5-6-28　删除 vsphere-client-serenity 目录

vSphere Client（HTML5）目录名称为 com.vmware.nsx.ui.h5.*，其中 Windows 版本的 VMware vCenter Server 位于以下目录。

```
C:\ProgramData\VMware\vCenterServer\cfg\vsphere-ui\vc-packages\vsphere-c
lient-serenity\
```

预发行版本的 VMware vCenter Server Appliance 位于以下目录。

```
/etc/vmware/vsphere-ui/vc-packages/vsphere-client-serenity/
```

对于 vCenter Server Appliance，进入 /etc/vmware/vsphere-ui/vc-packages 目录，使用 rm -r vsphere-client-serenity 命令删除 vsphere-client-serenity 目录，如图 5-6-29 所示。

```
root@vcsa [ /etc/vmware/vsphere-client/vc-packages ]# cd /etc/vmware/vsphere-ui/vc-packages
root@vcsa [ /etc/vmware/vsphere-ui/vc-packages ]# ls
vsphere-client-serenity
root@vcsa [ /etc/vmware/vsphere-ui/vc-packages ]# rm -r vsphere-client-serenity
root@vcsa [ /etc/vmware/vsphere-ui/vc-packages ]# ls
root@vcsa [ /etc/vmware/vsphere-ui/vc-packages ]#
```

图 5-6-29　删除 vsphere-client-serenity 目录

删除 vSphere Web Client 目录和 vSphere Client(HTML5) 目录之后，需要在 vCenter Server Appliance 或 Windows 操作系统的 vCenter Server 上重新启动客户端服务。

如果要重新启动 vSphere Web Client 服务，可在 vCenter Server Appliance 6.0、6.5 和 6.7 上执行如下命令。

```
# service-control --stop vsphere-client
# service-control --start vsphere-client
```

也可在 Windows 版本的 vCenter Server 6.0、6.5 和 6.7 的命令提示符窗口中执行如下命令。

```
cd C:\Program Files\VMware\vCenter Server\bin
service-control --stop vspherewebclientsvc
service-control --start vspherewebclientsvc
```

如果要重新启动 vSphere Client 服务，可在 vCenter Server Appliance 6.5、6.7、7.0 上执行如下命令。

```
# service-control --stop vsphere-ui
# service-control --start vsphere-ui
```

结果如图 5-6-30 所示。

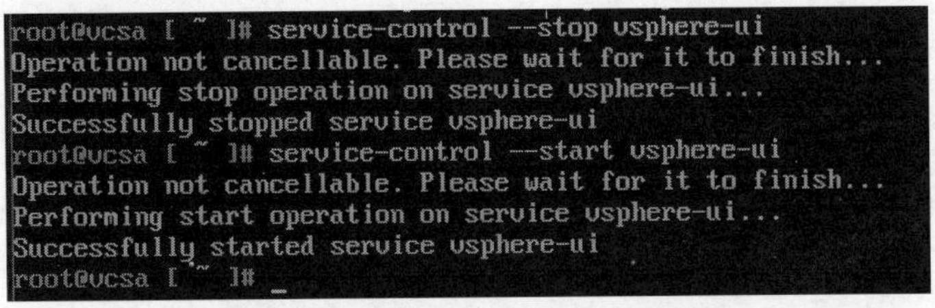

图 5-6-30 重新启动 vSphere Client 服务

也可在 Windows 版本的 vCenter Server 6.5、6.7 的命令提示符窗口中执行如下命令。

```
cd C:\Program Files\VMware\vCenter Server\bin
service-control --stop vsphere-ui
service-control --start vsphere-ui
```

关闭浏览器并重新登录 vCenter Server，网络和安全插件将不再出现，至此 NSX 卸载完成。

第6章　安装配置 NSX-T 网络

NSX-T 是适用于 vCenter 和 vSphere 环境的独立解决方案，除了 vSphere，它可以支持 KVM、公共云和容器，还可以集成到 Red Hat OpenShift 和 Pivotal 等的框架中。本章介绍为 NSX-T 准备主机传输节点、准备 Edge 传输节点和配置 NSX-T 虚拟网络等内容。

6.1　NSX-T 实验环境与基础知识

NSX-V 以插件的形式附加在 vCenter Server 中进行管理，NSX-T Manager 和 NSX-T 控制器以虚拟机方式部署在 ESXi 或 KVM 上。NSX-T 管理程序是独立的，与 VMware vCenter Server 分离。

NSX-V 使用基于 VXLAN 的封装，NSX-T 采用了更新的 Geneve 封装。这种架构差异使得 NSX-T 和 NSX-V 目前不兼容。Geneve 是由 VMware 公司、Microsoft 公司、Red Hat 公司和 Intel 公司共同开发的新版封装。Geneve 将 VXLAN、STT 和 NVGRE 等封装协议整合到一个协议中。

6.1.1　NSX-T 网络虚拟化软件清单

NSX-T 涉及知识点较多，为了让读者快速入门，本章以案例的方式介绍。本章使用 4 台物理主机组成实验环境，每台主机安装 ESXi 7.0 U1（版本号为 7.0.1-17168206），vCenter Server 使用 7.0 U1a 版本（版本号为 7.0.1-17004997），NSX-T 使用 3.1.0 版本。本小节所用的软件清单如表 6-1-1 所列。

表 6-1-1　NSX-T Data Center 网络虚拟化环境软件清单

软件名称	安装文件名	文件大小
ESXi	VMware-VMvisor-Installer-7.0U1-16850804.x86_64.iso	357MB
vCenter Server Appliance	VMware-VCSA-all-7.0.1-17004997.iso	7.88GB
VMware NSX-T Data Center 3.1.0	nsx-unified-appliance-3.1.0.0.0.17107171.ova	8.19GB

6.1.2　NSX-T 物理网络环境

在配置 NSX-T 虚拟网络之前需要先规划物理网络。本章使用 4 台主机组成的 vSphere 虚拟化环境，每台主机有 4 个 1Gbit/s 的端口和 2 个 10Gbit/s 的端口。其中 2 个 10Gbit/s 的端口用于 vSAN 网络；第 1 个和第 2 个 1Gbit/s 的端口组成 DSwitch0，用于 ESXi 主机的管理，vCenter Server 与 NSX-T 虚拟机连接，以及物理网络与 NSX-T 虚拟网络的连接；第 3 个和第 4 个 1Gbit/s 暂不配置 vSphere 虚拟交换机，稍后这 2 个端口用于 NSX-T 的主机准备流量。实验环境物理网络连接如图 6-1-1 所示。

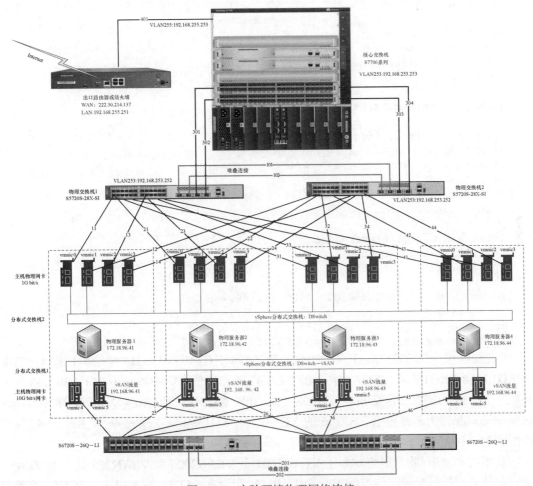

图 6-1-1　实验环境物理网络连接

在本章实验环境中，4 台虚拟化主机的每块 1Gbit/s 的网卡连接到配置成堆叠方式的 2 台 S5720S-28X-SI 的交换机。交换机堆叠端口为 XG0/0/1、XG0/0/2、XG1/0/1 和 XG1/0/2，使用图中线标为 101 和 102 的 2 条光纤连接。

核心交换机由 1 台 S7706 交换机组成。这台 S7706 交换机配置了 2 块 48 端口 10Gbit/s 的以太网光接口板，安装在插槽 1 和插槽 2 的位置；配置了 2 块 48 端口 10/100/1000Mbit/s 的 RJ-45 以太网电接口板，安装在插槽 5 和插槽 6 的位置。

S7706 交换机 XG1/0/46、XG1/0/47、XG2/0/46 和 XG2/0/47 的端口配置为链路聚合方式。

S7706 的 G6/0/47 连接到出口路由器或防火墙的 LAN 端口（线标为 401 的双绞线），出口路由器或防火墙的 WAN 端口连接到 Internet。S7706 交换机主要配置如下。

```
vlan batch 253 255
interface Vlanif253
description to S5720S-28X-SI
ip address 192.168.253.253 255.255.255.0

interface Vlanif255
description to Internet
```

```
 ip address 192.168.255.253 255.255.255.0

interface Eth-Trunk1
 port link-type trunk
 port trunk allow-pass vlan 2 to 4094
 mode lacp

interface XgigabitEthernet1/0/46
 eth-trunk 1
interface XgigabitEthernet1/0/47
 eth-trunk 1
interface XgigabitEthernet2/0/46
 eth-trunk 1
interface XgigabitEthernet2/0/47
 eth-trunk 1

interface GigabitEthernet6/0/47
 port link-type access
 port default vlan 255

ip route-static 0.0.0.0 0.0.0.0 192.168.255.251
ip route-static 172.16.0.0 255.254.0.0 192.168.253.252
ip route-static 172.31.0.0 255.255.0.0 192.168.253.252
ip route-static 192.168.254.0 255.255.255.0 192.168.253.252
```

2 台交换机 S5720S-28X-SI 的 XG0/0/3、XG0/0/4、XG1/0/3 和 XG1/0/4 端口连接到 S7706 的 XG1/0/46、XG1/0/47、XG2/0/46 和 XG2/0/47 端口，使用图中线标为 301、302、303 和 304 的 4 条光纤连接。2 台交换机 S5720S-28X-SI 的 XG0/0/3、XG0/0/4、XG1/0/3 和 XG1/0/4 这 4 个端口配置为链路聚合，S7706 的 XG1/0/46、XG1/0/47、XG2/0/46 和 XG2/0/47 端口 也配置为链路聚合。

在本次实验中，物理网络规划了 VLAN2001 至 VLAN2006 和 VLAN255 共 7 个 VLAN。 没有在核心交换机配置这些 VLAN，这些 VLAN 配置在 S5720S 交换机上。S5720S 交换机 的主要配置如下。

```
vlan batch 253 to 254 2001 to 2006

interface Vlanif253
description to S7706
ip address 192.168.253.252 255.255.255.0
interface Vlanif254
description to NSX Edge
ip address 192.168.254.252 255.255.255.0

interface Vlanif2001
ip address 172.18.91.253 255.255.255.0
interface Vlanif2002
ip address 172.18.92.253 255.255.255.0
interface Vlanif2003
ip address 172.18.93.253 255.255.255.0
interface Vlanif2004
ip address 172.18.94.253 255.255.255.0
interface Vlanif2005
ip address 172.18.95.253 255.255.255.0
interface Vlanif2006
ip address 172.18.96.253 255.255.255.0
```

```
interface Eth-Trunk11
port link-type trunk
port trunk allow-pass vlan 2 to 4094
mode lacp
interface  XGigabitEthernet0/0/3
eth-trunk 11
interface  XGigabitEthernet0/0/4
eth-trunk 11
interface  XGigabitEthernet1/0/3
eth-trunk 11
interface  XGigabitEthernet1/0/4
eth-trunk 11

ip route-static 0.0.0.0 0.0.0.0 192.168.253.253
ip route-static 172.16.0.0 255.254.0.0 192.168.254.200
ip route-static 172.31.0.0 255.255.0.0 192.168.254.200
```

6.1.3　NSX-T 相关概念

NSX-T 网络虚拟化需要规划单独的网段。在本示例中，为 NSX 规划 172.16.0.0/16 与 172.17.0.0/16 共 2 个地址段，这 2 个地址段都用于虚拟机网络。NSX-T 使用 100.64.32.0/24 的地址段用于 Tier-0 与 Tier-1 的网关互联。规划后的 NSX-T 网络拓扑如图 6-1-2 所示。为了更清晰地表达主机每块网卡到物理交换机与 NSX-T 虚拟网络的连接，本拓扑只列出了其中一台 ESXi 主机的网络连接，其他 ESXi 主机的网络连接与此相同。

在当前的实验环境中，ESXi 与 vCenter Server 的管理地址和 NSX Manager 的管理地址使用 172.18.96.0/24 的网段，这个网段属于 VLAN 2006。在图 6-1-2 中连接 4 台 ESXi 主机的物理交换机上添加静态路由，将 172.16.0.0/16 和 172.17.0.0/16 的 2 个地址段指向 NSX Tier-0 网关。物理网络与 NSX 网络互连使用 VLAN254，交换机一端的 IP 地址是 192.168.254.252，NSX Tier-0 一端的 IP 地址是 192.168.254.200。

在当前的实验环境中，每台主机配置了 6 块网卡。其中 2 块 10Gbit/s 网卡在主机中的设备名称为 vmnic4 和 vmnic5，用于 vSAN 流量分布式交换机（VDS 名称为 DSwitch-vSAN）的上行链路。每台主机的第 1 和第 2 块 1Gbit/s 网卡（设备名称为 vmnic0 和 vmnic1）用于名称为 DSwitch 的分布式交换机的上行链路，管理 ESXi 主机流量和 NSX-T 业务虚拟机的流量。每台主机的第 3 和第 4 块 1Gbit/s 网卡（设备名称为 vmnic2 和 vmnic3）用于 NSX-T 主机准备流量，这 2 块网卡不需要与 vSphere 中的标准交换机或 vSphere 分布式交换机进行绑定，在后面的安装配置中用于 NSX-T 的 Overlay-NVDS 虚拟交换机。

下面简单看一下配置完成后的网络，此处以 IP 地址为 172.18.96.44 的主机为例。在"配置→网络→物理适配器"中，查看主机网卡与虚拟交换机的对应关系，另外 3 台主机与此相同，如图 6-1-3 所示。

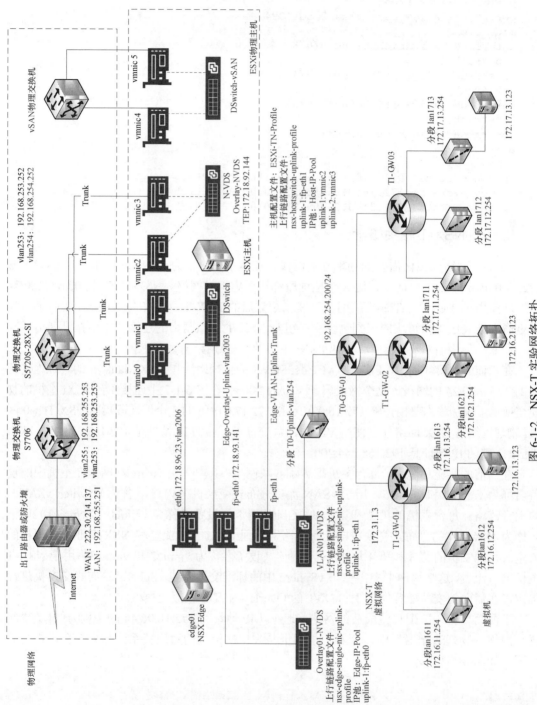

图 6-1-2　NSX-T 实验网络拓扑

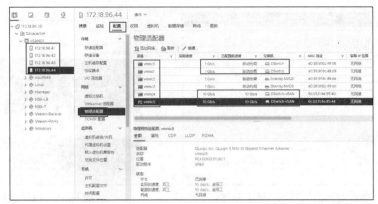

图 6-1-3　主机网卡与虚拟交换机

用于 NSX-T 的 ESXi 主机 vSphere 分布式交换机的 MTU 设置为 1600 以上。如果使用默认值 1500，则使用 NSX-T 虚拟网络的虚拟机的通信可能会引发问题。图 6-1-4 所示为主机虚拟交换机使用默认值 1500 配置，使用 NSX-T 虚拟网络的虚拟机能 ping 通网站的地址却不能访问网站的错误截图。但是此时虚拟机使用的其他网络服务是正常的，例如可以通过远程桌面的方式远程登录并管理网络中的其他服务器。

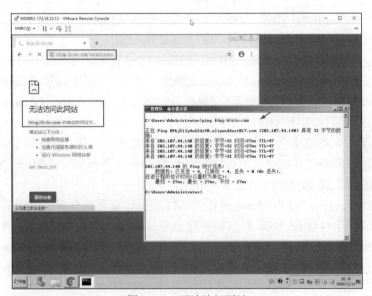

图 6-1-4　无法访问网站

如果出现图 6-1-4 所示的故障，应检查 ESXi 主机虚拟交换机的 MTU 设置，将 MTU 设置为 1600 以上，本示例中将 MTU 修改为 9000，如图 6-1-5 所示。修改之后网站访问正常，如图 6-1-6 所示。

当虚拟交换机一端的 MTU 设置为 9000 时，ESXi 主机上行链路所连接的物理交换机端口的 MTU 需要设置为 9000 以上。现在华为交换机默认的 MTU 一般为 9216。本书第 2.4.3 小节介绍了这些内容。

NSX-T 虚拟网络由 Tier-0 网关（简称 T0）、Tier-1 网关（简称 T1）和分段（相当于 NSX-V 中的逻辑交换机）组成，其中 Tier-0 网关通过连接到 Edge 传输节点提供的 N-VDS 虚拟交换机再连接到物理网络。

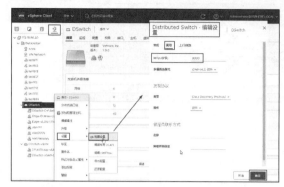

图 6-1-5　修改分布式交换机 MTU 为 9000　　　　图 6-1-6　网站访问正常

在当前的实验环境中，每台服务器的 4 块 1Gbit/s 的网卡连接到交换机的端口都设置为 Trunk，并允许所有 VLAN 通过。

针对图 6-1-2 的网络拓扑，读者需要了解下面的知识点。

（1）Tier-0 网关。Tier-0 网关与 NSX-V 中的 Edge 服务网关类似，Tier-0 网关连接物理网络与虚拟网络。Tier-0 网关执行 Tier-0 逻辑路由器的功能，它负责处理逻辑网络和物理网络之间的流量。

（2）Tier-1 网关。Tier-1 网关与 NSX-V 中的分布式逻辑路由器类似。Tier-1 网关具有通往分段的下行链路连接和通往 Tier-0 网关的上行链路连接。

（3）分段。在 NSX-T 中，分段的作用与 NSX-V 中的逻辑交换机类似。NSX-T 中的分段为虚拟机接口和网关接口提供虚拟第 2 层交换的实体。分段用于连接虚拟机与 Tier-1 网关，也用于连接 Tier-0 网关与 N-VDS 虚拟交换机。在 NSX-T 中，Tier-0 与 Tier-1 之间不需要分段进行连接，这是与 NSX-V 不同的地方。

（4）NSX-T 可以创建名为 N-VDS 的分布式虚拟交换机，也可以依附于 vSphere 分布式交换机（这需要 vSphere 7.0 支持）。N-VDS 用于 vSphere、KVM 等混合环境，依附于 vSphere 分布式交换机的用于纯 vSphere 7.0 虚拟化环境。

（5）NSX Manager。NSX Manager 托管 API 服务、管理层面和代理服务的节点。NSX Manager 的安装程序包含在 NSX-T 安装程序包中。可以使用 NSX Manager 或 nsx-cloud-service-manager 部署该设备。当前的版本中，设备一次仅支持一个角色。NSX Manager 可以配置为高可用集群。在中大型的 NSX-T 环境中，建议部署 3 台 NSX Manager 组成 NSX Manager 集群。

（6）NSX Edge 为 NSX-T 部署外部的网络提供路由服务和连接。如果要使用网络地址转换 NAT 和 VPN 等有状态服务部署 Tier-0 路由器或 Tier-1 路由器，则需要使用 NSX Edge。Edge 为 Tier-0 路由器提供上行链路，每个 Edge 集群只能为一个 Tier-0 提供上行链路。简单来说，每配置一个 Tier-0 路由器，则需要配置至少 1 台 Edge 虚拟机或 2 台 Edge 虚拟机。

要在 vSphere 安装配置 NSX-T，需要 1 个 NSX 管理节点（在中大型环境中推荐 3 个组成集群）和至少 1 个 NSX 传输节点（推荐 2 个组成集群），需要配置至少 2 个传输区域。以图 6-1-2 的实验环境为例，配置 NSX-T 涉及的虚拟机与需要的 IP 地址规划如表 6-1-2 所列。

表 6-1-2　NSX-T 网络虚拟化规划 IP 地址

名称	主机/虚拟机	IP 地址
vCenter Server 管理 IP 地址	vcsa7_172.18.96.20	172.18.96.20
4 台 ESXi 主机管理 IP 地址	esx41	172.18.96.41
	esx42	172.18.96.42
	esx43	172.18.96.43
	esx44	172.18.96.44
4 台 ESXi 主机 TEP IP 地址	ESXi41 主机流量	172.18.92.141
	ESXi42 主机流量	172.18.92.142
	ESXi43 主机流量	172.18.92.143
	ESXi44 主机流量	172.18.92.144
1 台 NSX 管理节点 IP 地址	NSX manager	172.18.96.22
2 台 Edge 传输节点管理 IP 地址	edge01	172.18.96.23
	edge02	172.18.96.24
Tier-0 接口 IP 地址	上行链路	192.168.254.200
Tier-0 到 Tier-1 接口 IP 地址	链接的 Tier-1 网关	172.31.1.1
Tier-1 接口 IP 地址	链接的 Tier-0 网关	172.31.1.3
	lan1611	172.16.11.254/24
	lan1612	172.16.12.254/24
	lan1613	172.16.13.254/24

6.2　准备主机传输节点

NSX Manager 提供了图形用户界面和 REST API 以创建、配置和监控 NSX-T 组件，例如逻辑交换机、逻辑路由器和防火墙等组件。NSX Manager 提供了系统视图并且它是 NSX-T 的管理组件。

为了获得高可用性，NSX-T 支持 3 个 NSX Manager 的管理集群。对于生产环境，建议部署管理集群，这需要 4 个 IP 地址，其中每个 NSX Manager 需要 1 个管理 IP 地址，每个 NSX Manager 管理集群需要 1 个 IP 地址。对于实验与测试环境，可以部署单个 NSX Manager。如果在生产环境中部署单个 NSX Manager，应确保在主机集群上为管理器节点启用 vSphere HA。

在 vSphere 环境中，NSX Manager 支持以下功能。

（1）vCenter Server 可以使用 vMotion 功能在主机和集群之间实时迁移 NSX Manager。

（2）vCenter Server 可以使用 Storage vMotion 功能在主机和集群之间实时迁移 NSX Manager。

（3）vCenter Server 可以使用 DRS 功能在主机和集群重新平衡 NSX Manager。

（4）vCenter Server 可以使用反关联性功能在主机和集群之间管理 NSX Manager。

6.2.1　安装 NSX Manager

以管理员身份登录到 vCenter Server 部署 NSX 管理节点虚拟机，主要步骤如下。

（1）使用 vSphere Client 登录到 vCenter Server，先在集群中创建一个名为 NSX-T 的资源池，然后用鼠标右键单击 NSX-T 的资源池，在弹出的快捷菜单中选择"部署 OVF 模板"。

（2）在"选择 OVF 模板"中选择"本地文件"，单击"上载文件"按钮，在弹出的对话框中选择 nsx-unified-appliance-3.1.0.0.0.17107171.ova 文件，选择后如图 6-2-1 所示。

图 6-2-1　加载 NSX 模板文件

（3）在"选择名称和文件夹"中的"虚拟机名称"文本框中为将要部署的 NSX 管理虚拟机设置一个名称，本示例为 NSX-Manager_172.18.96.22，如图 6-2-2 所示。

图 6-2-2　指定虚拟机名称

（4）在"查看详细信息"中显示了将要部署的 NSX Manager 虚拟机的描述信息，如图 6-2-3 所示。

图 6-2-3　查看详细信息

（5）在"配置"中单击"Small"，选择小型配置，如图 6-2-4 所示。

图 6-2-4　小型配置

（6）在"选择存储"中为虚拟机选择保存位置，本示例中选择 vsanDatastore 存储。

（7）在"选择网络"中为 NSX Manager 虚拟机选择网络，在本示例中，NSX Manager 规划的地址是 172.18.96.22，使用 DSwitch 的 vlan2006 端口组，如图 6-2-5 所示。

图 6-2-5　选择网络

（8）在"自定义模板"为 NSX 管理设置密码、主机名称和 IP 地址。密码应该同时包含大写字母、小写字母、数字、特殊字符，推荐密码长度最小为 12 位。密码设置界面如图 6-2-6 所示，主机名与 IP 地址设置如图 6-2-7 所示，DNS 等相关设置如图 6-2-8 所示。

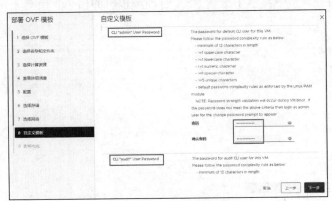

图 6-2-6　密码设置

在图 6-2-6 所示界面中，需要为 root、admin 和 audit 共 3 个账户分别设置密码。

在图 6-2-7 所示界面中，Hostname 设置为 nsx-manager，Rolename 选择 NSX Manager，

IP 地址设置为 172.18.96.22，子网掩码为 255.255.255.0，网关为 172.18.96.253。

在图 6-2-8 所示界面中，DNS 服务器为 172.18.96.1，域名为 heinfo.edu.cn，NTP 服务器为 172.18.96.252。如果没有配置内部 DNS 服务器，DNS 与域名可以留空。如果没有配置 NTP 服务器，NTP 服务器也可以留空。

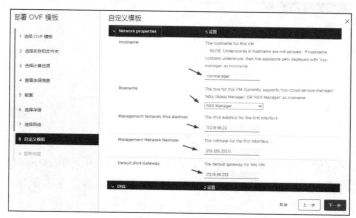

图 6-2-7　网络属性

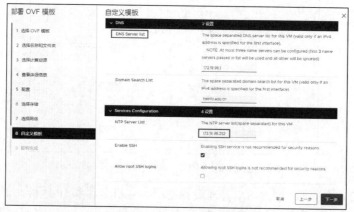

图 6-2-8　DNS 与 NTP 设置

（9）在"即将完成"中显示了部署 NSX 管理虚拟机的信息，检查无误之后单击"完成"按钮，如图 6-2-9 所示。

图 6-2-9　即将完成

（10）部署完成后，打开 NSX-Manager_172.18.96.22 虚拟机的电源。

6.2.2　注册计算管理器

打开 NSX Manager 虚拟机电源并等 NSX Manager 启动后，在浏览器中输入 https://172.18.96.22 登录 NSX 管理界面，然后使用用户名 admin 及密码登录。在"系统→设置→许可证"中添加 NSX 许可证之后，在 NSX Manager 中注册 vCenter Server，然后进行相关的配置。主要配置如下。

（1）在"系统→配置→Fabric→计算管理器"中单击"添加计算管理器"，如图 6-2-10 所示。

（2）在"新建计算管理器"对话框中的"名称"文本框中输入名称，本示例为 vcsa-96.20。在"FQDN 或 IP 地址"文本框中输入 vCenter Server 的 IP 地址，本示例为 172.18.96.20。"反向代理的 HTTPS 端口"为 443，"用户名"为 administrator@vsphere.local，"密码"为 vCenter Server 的 administrator@vsphere.local 账户的密码。然后单击"添加"按钮，如图 6-2-11 所示。

图 6-2-10　添加计算管理器　　　　　图 6-2-11　新建计算管理器

（3）在弹出的"警告：缺少指纹"对话框中单击"添加"按钮，如图 6-2-12 所示。
（4）添加之后如图 6-2-13 所示。

图 6-2-12　添加指纹　　　　　　　图 6-2-13　添加计算管理器完成

6.2.3　创建传输区域

传输区域和配置文件是为 NSX-T 网络准备主机的基础。传输区域确定哪些主机可以参与使用特定的网络，进而确定哪些虚拟机可以参与使用该网络。传输区域可以跨一台或多台主机的集群。

　　根据 NSX 的规划要求，NSX-T 环境可能包含一个或多个传输区域。一台主机可以属于多个传输区域，一台逻辑交换机只能属于一个传输区域。

　　NSX-T 不允许连接位于第 2 层网络中的不同传输区域的虚拟机。逻辑交换机的跨度仅限于一个传输区域，因此不同传输区域中的虚拟机不能位于同一个第 2 层网络。

　　在下面的操作中将创建 2 个传输区域，名称分别为 Overlay-TZ 和 VLAN-TZ，步骤如下。

　　（1）使用浏览器登录到 NSX Manager 管理界面，在"系统→配置→Fabric→传输区域"中单击"添加区域"，在弹出的"新建传输区域"对话框的"名称"文本框中输入 Overlay-TZ，在流量类型中选择"覆盖网络"，单击"添加"按钮，如图 6-2-14 所示。

　　（2）参照第（1）步的操作，创建名为 VLAN-TZ 的传输区域，流量类型为 VLAN，如图 6-2-15 所示。

图 6-2-14　创建覆盖网络传输区域

图 6-2-15　创建 VLAN 传输区域

　　（3）创建之后如图 6-2-16 所示，名称为 nsx-overlay-transportzone 和 nsx-vlan-transportzone 的传输区域是系统默认创建的。

图 6-2-16　传输区域

　　【说明】传输区域包括"覆盖网络"与"VLAN"两种类型。主机传输节点和 NSX Edge 都使用覆盖网络传输区域。将主机添加到覆盖网络传输区域后，管理员可以在该主机上配置 N-VDS 或 vSphere 分布式交换机。将 NSX Edge 传输节点添加到覆盖网络传输区域后，只能配置 N-VDS 交换机。

　　NSX Edge 和主机传输节点将 VLAN 传输区域用于其 VLAN 上行链路。在把 NSX Edge 添加到 VLAN 传输区域时，将在 NSX Edge 上安装 VLAN N-VDS。

6.2.4　创建 IP 地址池

　　在为主机传输节点配置 NSX-T 以及配置 Edge 传输节点时，可以使用 DHCP 或手动配置的 IP 地址池为隧道端点分配 IP 地址。本小节介绍 IP 地址池的配置方法。隧道端点是在外部 IP 标头中使用的源和目标 IP 地址。

在当前的实验环境中有 4 台主机，在为主机配置 NSX-T 的时候，每台主机都需要一个 TEP IP 地址。本示例中为 ESXi 主机传输节点分配 172.18.92.141 至 172.18.92.144 的 TEP IP 地址。在物理网络中，这个地址段属于 vlan2002。

在当前的实验环境中，为 2 台 Edge 虚拟机分配的管理 IP 地址是 172.18.96.23 和 172.18.96.24，除了管理 IP 地址外还需要用于上行链路和隧道的 TEP 地址。本示例中为 Edge 虚拟机分配的 TEP IP 地址为 172.18.93.141 和 172.18.93.144。在物理网络中，这个地址属于 vlan2003。ESXi 主机与 Edge 虚拟机的 TEP 地址之间可以路由才能满足要求。

下面将创建 2 个 IP 地址池，其中一个 IP 地址池的地址范围是 172.18.92.141 至 172.18.92.144，另一个 IP 地址池的地址范围是 172.18.93.141 至 172.18.93.144。如果实际的生产环境中有更多的 ESXi 主机，以及需要创建更多的 Edge 虚拟机，则需要分配更多的 IP 地址。

（1）在"网络→IP 管理→IP 地址池"中单击"添加 IP 地址池"，在"名称"文本框中输入新建 IP 地址池的名称，本示例为 Host-IP-Pool，在"子网"处单击"设置"，如图 6-2-17 所示。

图 6-2-17　设置 IP 地址池名称

（2）在"设置子网"对话框中单击"添加子网"，在弹出的下拉列表中选择"IP 范围"，如图 6-2-18 所示。

图 6-2-18　IP 范围

（3）在"IP 范围/块"中输入要添加的 IP 地址范围，本示例为 172.18.92.141-172.18.92.144，输入之后按 Enter 键确认。在 CIDR 后面输入 172.18.92.0/24，在"网关 IP"后面输入当前网段的网关 IP 地址，本示例为 172.18.92.253，设置之后单击"添加"按钮，如图 6-2-19 所示。

（4）添加之后如图 6-2-20 所示，单击"应用"按钮。

（5）在"IP 地址池"选项卡中单击"保存"按钮，如图 6-2-21 所示。

（6）参照第（1）至（5）的步骤创建名称为 Edge-IP-Pool 的地址池，IP 地址范围为 172.18.93.141-172.18.93.144，CIDR 为 172.18.93.0/24，网关 IP 为 172.18.93.253，如图 6-2-22 所示。创建 2 个 IP 地址池之后如图 6-2-23 所示。

图 6-2-19　添加 IP 地址范围

图 6-2-20　应用

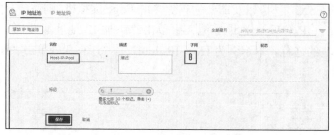

图 6-2-21　保存 IP 地址池设置

图 6-2-22　为 Edge 虚拟机创建 IP 地址池

图 6-2-23　创建的 2 个 IP 地址池

6.2.5　创建上行链路配置文件

上行链路是从 NSX Edge 节点到 ESXi 主机接入交换机或 NSX-T 分段（逻辑交换机）的链路。链路是从 NSX Edge 节点上的物理网络接口到交换机。

上行链路配置文件可定义上行链路的策略，上行链路配置文件所定义的设置可能包括绑定策略、活动链路及备用链路、传输 VLAN ID 以及 MTU 设置。

为基于虚拟机设备的 NSX Edge 节点和主机传输节点配置上行链路规则如下。

（1）如果为上行链路配置文件配置了故障切换绑定策略，则只能在该绑定策略中配置单个活动上行链路。不支持配置备用上行链路，并且不得在故障切换绑定策略中配置备用上行链路。将 NSX Edge 作为虚拟设备或主机传输节点安装时，应使用默认上行链路配置文件。

（2）如果为上行链路配置文件配置了负载均衡绑定策略，则可以在同一个 N-VDS 上配置多个活动上行链路。每个上行链路都与一个具有不同名称和 IP 地址的物理网卡相关联。分配给上行链路端点的 IP 地址可使用 N-VDS 的 IP 分配进行配置。

本小节将为 ESXi 主机传输节点创建上行链路配置文件，Edge 传输节点使用系统默认创建的上行链路配置文件。

（1）在"系统→配置→Fabric→配置文件→上行链路配置文件"中单击"添加配置文件"，在弹出的"新建上行链路配置文件"对话框的"名称"文本框中输入新建配置文件的名称，本示例为 nsx-hostswitch-uplink-profile，如图 6-2-24 所示。

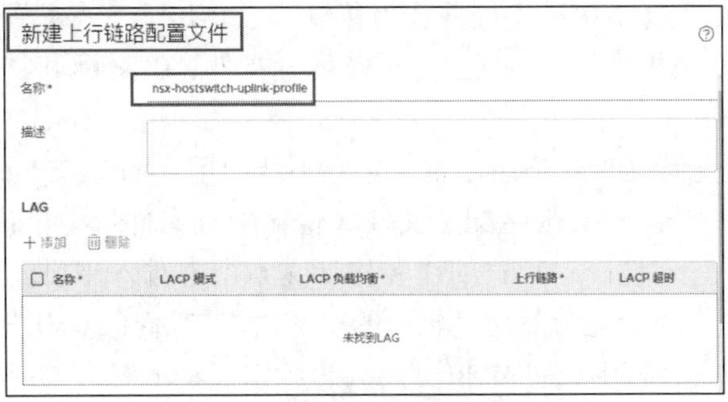

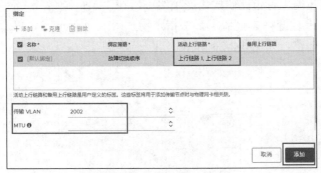

图 6-2-24　新建上行链路配置文件

（2）在"绑定"选项组"默认绑定"的"活动上行链路"中添加上行链路的名称，本示例为"上行链路 1,上行链路 2"（注意，上行链路 1 与上行链路 2 之间是英文的逗号。也可以使用英文的名称，例如 uplink1,uplink2），在"传输 VLAN"文本框中输入 2002。MTU留空将使用系统默认值 1600，单击"添加"按钮，如图 6-2-25 所示。

图 6-2-25　添加活动上行链路

【说明】在当前的示例中，ESXi 主机传输节点使用 172.18.92.141 至 172.18.92.144 的 IP地址，这些 IP 地址属于 vlan2002。并且 ESXi 主机传输节点使用的物理网卡 vmnic2 和 vmnic3连接到物理交换机的 Trunk 端口，所以需要在上行链路配置文件中指定 VLAN 的 ID。如果主机物理网卡 vmnic2 和 vmnic3 连接到交换机的 Access 端口并且这些端口划分为 vlan2002，则在"传输 VLAN"中不需要指定 VLAN 的 ID。

创建完上行链路配置文件之后如图 6-2-26 所示。其中上行链路配置文件前面有"默认"二字的是系统创建的配置文件。

图 6-2-26　上行链路配置文件

6.2.6　准备主机传输节点配置文件

传输节点配置文件是一个模板，用来定义应用于集群的配置，通过应用传输节点配置文件将 vCenter Server 集群主机准备好并作为传输节点。传输节点配置文件定义传输区域、成员主机和 N-VDS 交换机配置，包括上行链路配置文件、IP 分配和物理网卡到上行链路虚拟接口的映射等。

注意，传输节点配置文件仅适用于主机，它不能应用于 NSX Edge 传输节点。

（1）在"系统→配置→Fabric→配置文件→传输配置文件"中单击"添加配置文件"，在"添加传输节点配置文件"对话框的"名称"文本框中输入主机配置文件名称，本示例为 ESXi-TN-Profile。在"新建节点交换机"的"类型"中选择 N-VDS，模式选择标准；在"名称"文本框中输入新建 N-VDS 虚拟交换机的名称（本示例为 Overlay-NVDS），在"传输区域"下拉列表中选择 Overlay-TZ，如图 6-2-27 所示。在"NIOC 配置文件"下拉列表中选择 nsx-default-nioc-hostswitch-profile，在"上行链路配置文件"下拉列表选择 nsx-hostswitch-uplink-profile，在"LLDP 配置文件"下拉列表选择 LLDP [Send Packet Disabled]，在"IP 分配（TEP）"下拉列表选择使用 IP 池，在"IP 池"下拉列表选择 Host-IP-Pool，如图 6-2-28 所示。

（2）在"绑定策略上行链路映射"选项组中，在"上行链路 1（活动）"中指定物理网卡为 vmnic2，在"上行链路 2（活动）"中指定物理网卡为 vmnic3，单击"添加"按钮完成传输节点配置文件创建，如图 6-2-29 所示。

图 6-2-27　交换机类型　　　　图 6-2-28　选择配置文件　　　　图 6-2-29　指定上行链路映射

（3）创建传输节点配置文件之后如图 6-2-30 所示。

图 6-2-30　传输节点配置文件

创建传输节点配置文件时应注意以下几点。

（1）管理员最多可以为每种配置添加 4 个 N-VDS 或 VDS 交换机，这些交换机涵盖 3

种类型：为 VLAN 传输区域创建的增强型 N-VDS 或 VDS、为覆盖网络传输区域创建的标准 N-VDS 或 vSphere 分布式交换机、为覆盖网络传输区域创建的增强型 N-VDS 或 vSphere 分布式交换机。

（2）为 VLAN 传输区域创建的标准 N-VDS 交换机没有数量限制。

（3）在同一主机上运行多个标准覆盖网络 N-VDS 交换机和 Edge 虚拟机的单个主机集群拓扑中，NSX-T 提供了流量隔离以便通过第一个 N-VDS 的流量与通过第二个 N-VDS 的流量隔离，以此类推。每个 N-VDS 上的物理网卡必须映射到主机上的 Edge 虚拟机，以允许与外界的南北向流量通过。从第一个传输区域上的虚拟机传出的数据包必须通过外部路由器或外部虚拟机路由到第二个传输区域上的虚拟机。

（4）每个 N-VDS 交换机的名称都必须唯一，NSX-T 不允许使用重复的交换机名称。

（5）传输节点的配置或传输节点的配置文件中，与每个 N-VDS 或 vSphere 分布式交换机主机关联的每个传输区域 ID 都必须是唯一的。

6.2.7 准备 ESXi 主机作为传输节点

在为传输节点创建传输区域、IP 池和上行链路配置文件后，应准备主机以作为传输节点。可以将 ESXi、KVM 或裸机（物理服务器）准备为传输节点。仅 ESXi 主机同时支持 N-VDS 和 vSphere 分布式交换机，KVM 和物理服务器仅支持 N-VDS 主机交换机类型。本小节将在当前实验环境集群准备主机传输节点。

（1）在"系统→Fabric→节点→主机传输节点"的"托管主机"下拉列表中选择计算管理器，本示例中计算管理器名称为 vcsa-96.20，此时主机还没有安装 NSX，如图 6-2-31 所示。

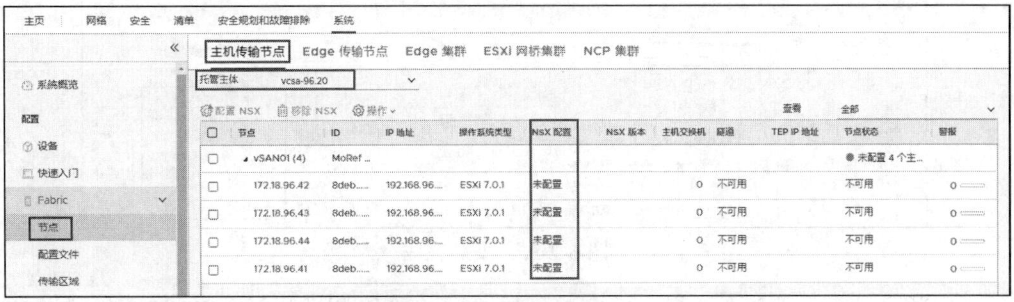

图 6-2-31 主机传输节点

（2）选择一个集群（本示例集群名称为 vSAN01），然后单击"配置 NSX"，如图 6-2-32 所示。

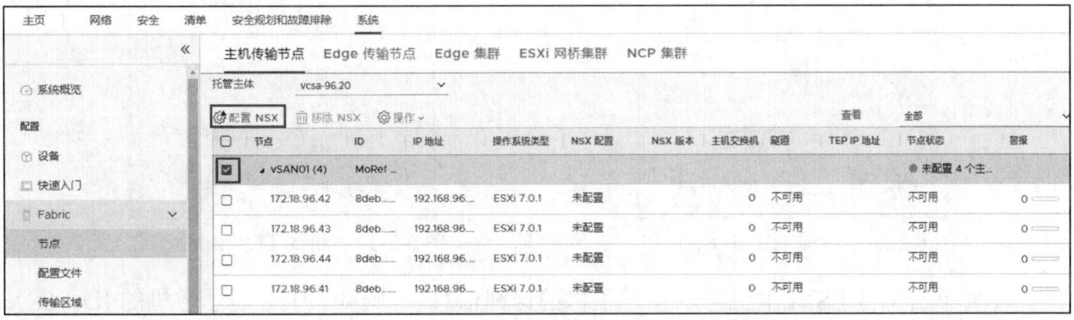

图 6-2-32 配置 NSX

（3）在弹出的"NSX 安装"对话框中的传输节点配置文件下拉列表中选择要应用于集群的传输节点配置文件，本示例传输节点配置文件名称为 ESXi-TN-Profile，如图 6-2-33 所示，单击"应用"按钮，开始执行为集群中的所有主机创建传输节点的过程。

图 6-2-33　应用传输配置文件

（4）在传输节点配置文件应用于 vCenter Server 集群后开始创建传输节点，如图 6-2-34 所示，NSX Manager 准备集群中的主机，并在所有主机上安装 NSX-T 组件。

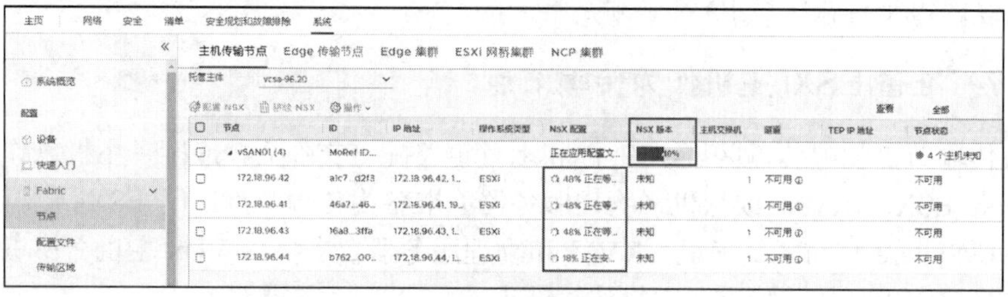

图 6-2-34　安装 NSX-T

（5）安装完成如图 6-2-35 所示。

图 6-2-35　安装完成

在安装完成后，进入命令提示符窗口，使用 ping 命令测试到每台 ESXi 主机隧道 IP 地址的连通性，这些 IP 地址是 172.18.92.141 至 172.18.92.144。正常情况下可以 ping 通每台主机的 TEP IP 地址，如图 6-2-36 和图 6-2-37 所示。

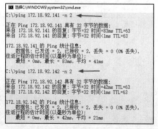

图 6-2-36　测试 TEP IP 地址（1）

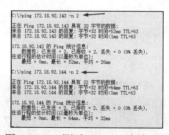

图 6-2-37　测试 TEP IP 地址（2）

（6）单击每台 ESXi 主机可以查看主机的详细信息。"概览"中会显示主机的 ID、ESXi 版本、NSX 版本等情况，如图 6-2-38 所示。

图 6-2-38 概览

（7）在"监控"选项卡可以查看主机系统使用情况、传输节点状态和隧道状态等信息，如图 6-2-39 所示。

（8）在"物理适配器"选项卡可查看主机物理网卡及 VMkernel 适配器信息，如图 6-2-40 所示。

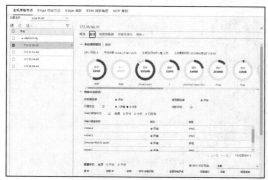

图 6-2-39 监控

图 6-2-40 物理适配器

（9）"切换可视化"选项卡会显示单台主机的 N-VDS 的精确视图。NSX-T 提供了 N-VDS 的上行链路与相关虚拟机之间连接状态的可视化表示，如图 6-2-41 所示。

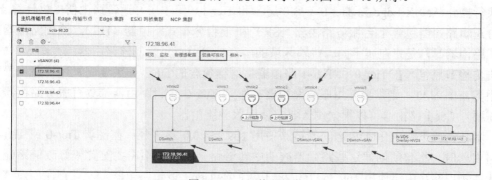

图 6-2-41 切换可视化

6.3 准备 Edge 传输节点

NSX Edge 为 NSX-T 部署外部的网络提供路由服务和连接。如果要使用 NAT、VPN 等有状态服务部署 Tier-0 路由器或 Tier-1 路由器，需要使用 NSX Edge。

每个 NSX Edge 节点只能具有一个 Tier-0 路由器。不过，可以在一个 NSX Edge 节点上托管多个 Tier-1 逻辑路由器。可以在同一集群中组合使用不同大小的 NSX Edge 虚拟机，但不建议这样做。只在 ESXi 或裸机上支持 NSX Edge，在 KVM 上不支持 NSX Edge。

6.3.1　传输区域中的 NSX Edge 的简要视图

NSX-T Data Center 的简要视图显示传输区域中的两个传输节点，一个传输节点是主机，另一个传输节点是 NSX Edge，如图 6-3-1 所示。

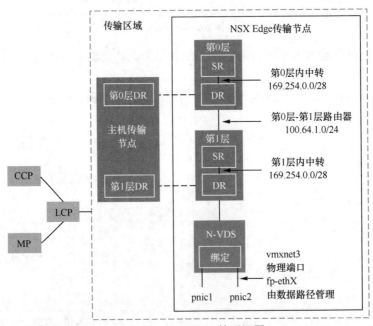

图 6-3-1　NSX Edge 简要视图

在首次部署 NSX Edge 时，可以将其视为空容器。在创建逻辑路由器后，NSX Edge 才会执行操作。NSX Edge 为 Tier-0（第 0 层）和 Tier-1（第 1 层）逻辑路由器提供计算支持。每台逻辑路由器包含 1 台服务路由器（SR）和 1 台分布式路由器（DR）。谈到路由器是分布式路由器时，是指在属于同一传输区域的所有传输节点上复制该路由器。在图 6-3-1 中，主机传输节点包含在 Tier-0 和 Tier-1 路由器上同样包含的 DR。如果要配置逻辑路由器以执行服务，如 NAT，则需要使用服务路由器。所有 Tier-0 逻辑路由器都具有服务路由器。如果需要，Tier-1 路由器可以根据设计要求使用服务路由器。

默认情况下，SR 和 DR 之间的链路使用 169.254.0.0/28 子网。在部署 Tier-0 或 Tier-1 逻辑路由器时，将自动创建这些路由器内的中转链路。管理员不需要配置或修改链路配置，除非在物理网络中已使用 169.254.0.0/28 子网。在 Tier-1 逻辑路由器上，只有在创建该逻辑路由器时选择了 NSX Edge 集群才会使用 SR。

为 Tier-0 到 Tier-1 的连接分配的默认地址空间为 100.64.0.0/10。将在 100.64.0.0/10 地址空间中为每个 Tier-0 到 Tier-1 的对等连接提供一个/31 子网，在创建 Tier-1 路由器并将其连接到 Tier-0 路由器时将自动创建该链路。同样,管理员也不需要在该链路上配置或修改接口,除非在物理网络中已使用 100.64.0.0/10 子网。

每个 NSX-T 部署具有一个管理层面集群（MP）和一个控制层面集群（CCP）。MP 和 CCP 将配置推送到每个传输区域的本地控制层面集群（LCP）。在主机或 NSX Edge 加入管理层面集群时，管理层面集群代理（MPA）将与主机或 NSX Edge 建立连接，并且主机或 NSX Edge 变为 NSX-T Fabric 节点。然后，在将 Fabric 节点添加为传输节点时，将与主机或 NSX Edge 建立 LCP 连接。

最后，图 6-3-1 显示了绑定在一起以提供高可用性的 2 个物理网卡（pnic1 和 pnic2）的示例。它们是数据路径管理物理网卡。可以作为到外部网络的 VLAN 上行链路，或者作为到 NSX-T 管理的内部虚拟机网络的隧道端点链路。

最佳做法是向部署为虚拟机的每个 NSX Edge 至少分配 2 个物理链路，或者在相同 pnic 上叠加使用不同 VLAN ID 的端口组。找到的第一个网络链路用于管理，例如，在 NSX Edge 虚拟机上，找到的第一个链路可能是 vnic1；在裸机上，找到的第一个链路可能是 eth0 或 em0。其余链路用于上行链路和隧道，例如，一个链路可能用于 NSX-T 管理的虚拟机使用的隧道端点，另一个链路可能用于 NSX Edge 到外部机柜接入交换机的上行链路。

无论将 NSX Edge 安装至虚拟机设备，还是安装在裸机上，管理员都可以使用多种方法进行网络配置，具体取决于实际的网络规划和部署。

6.3.2 传输区域和 N-VDS

要了解 NSX Edge 网络，必须了解有关传输区域和 N-VDS 的内容，传输区域控制 NSX-T 中的第 2 层网络的范围。共有两种类型的传输区域。

* 用于传输节点之间内部 NSX-T 隧道的覆盖网络传输区域。
* 用于 NSX-T 外部上行链路的 VLAN 传输区域。

NSX Edge 可以属于 0 个或多个 VLAN 传输区域。对于 0 个 VLAN 传输区域，NSX Edge 可能仍然具有上行链路，因为 NSX Edge 上行链路可以使用为覆盖网络传输区域安装的相同 N-VDS。如果希望每个 NSX Edge 仅具有 1 个 N-VDS，则可以这样做。另一个设计方法是，使 NSX Edge 属于多个 VLAN 传输区域，每个上行链路有 1 个传输区域。

最常见的设计方法是设置 3 个传输区域：1 个覆盖网络传输区域和 2 个 VLAN 传输区域（用于冗余的上行链路）。

要将同一 VLAN ID 用于覆盖网络流量的传输网络和 VLAN 流量的其他网络（如 VLAN 上行链路），应在 2 个不同的 N-VDS（一个用于 VLAN，另一个用于覆盖网络）上配置 ID。

在将 NSX Edge 安装为虚拟设备或虚拟机时，创建名为 fp-ethX 的内部接口，其中 X 为 0、1、2 和 3。将为到 ESXi 主机接入交换机的上行链路和 NSX-T 覆盖网络隧道分配这些接口。

在创建 NSX Edge 传输节点时，管理员可以选择 fp-ethX 接口，以便与上行链路和覆盖网络隧道相关联。管理员可以决定如何使用 fp-ethX 接口。

在 vSphere 分布式交换机或 vSphere 标准交换机上，必须为 NSX Edge 分配至少 2 个端口组：一个用于 NSX Edge 管理，另一个用于上行链路和隧道。

在图 6-3-2 的示例物理拓扑中，fp-eth0 用于 NSX-T 覆盖网络隧道，fp-eth1 用于 VLAN 上行链路，未使用 fp-eth2，vNIC1 分配给管理网络。

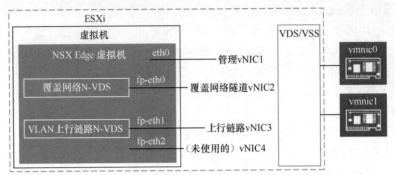

图 6-3-2　建议用于 NSX Edge 虚拟机网络的一种链路设置

该示例中显示的 NSX Edge 属于 2 个传输区域（一个是覆盖网络，另一个是 VLAN），因此，具有 2 个 N-VDS（一个用于隧道，另一个用于上行链路）。分布式交换机端口组示例如图 6-3-3 所示。

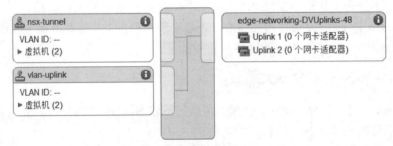

图 6-3-3　虚拟机端口组

在部署期间，管理员必须指定与在虚拟机端口组上配置的名称匹配的网络名称。在图 6-3-3 中显示的示例使用虚拟机端口组名称 nsx-tunnel 和 vlan-uplink，在实际的部署中，虚拟机端口组可以使用任意名称。

为 NSX Edge 配置的隧道和上行链路虚拟机端口组不需要与 VMkernel 端口或给定的 IP 地址相关联，这是因为它们仅在第 2 层中使用。如果在安装 NSX Edge 时使用 DHCP 为管理接口提供地址，应确保仅将 1 个网卡分配给管理网络。

应注意，VLAN 和隧道端口组必须配置为中继端口（Trunk）。例如，在标准交换机上，应创建 VLAN ID 为 4095 的端口组，在分布式交换机中应创建包括 VLAN 中继范围 "0-4094" 的 VLAN 中继端口。

6.3.3　为 NSX Edge 创建端口组

使用 vSphere Client 登录到 vCenter Server，在 vSphere 分布式交换机创建 2 个端口组用于 NSX Edge。根据前文的规划，创建一个 VLAN ID 为 2003 的端口组，本示例中该端口组名称为 Edge-Overlay-Uplink-vlan2003。另一个端口组名称为 Edge-VLAN-Uplink-Trunk，该端口组设置为 VLAN 中继（中继范围 "0-4094"），创建之后如图 6-3-4 所示。

图 6-3-4 为 NSX Edge 创建端口组

6.3.4 安装 NSX Edge

可以将 NSX Edge 虚拟机添加到 NSX-T Fabric，并继续将其配置为 NSX Edge 传输节点虚拟机。

NSX Edge 节点是一个传输节点，它会运行本地控制层面守护程序以及用于实现 NSX-T 数据层面的转发引擎。它会运行名为 NSX 虚拟分布式交换机（N-VDS）的 NSX-T 虚拟交换机实例。NSX Edge 可以属于一个覆盖网络传输区域和多个 VLAN 传输区域。NSX Edge 至少属于一个 VLAN 传输区域，以便提供上行链路访问。

（1）在"系统→配置→节点→Edge 传输节点"中单击"添加 EDGE 节点"，如图 6-3-5 所示。

图 6-3-5 Edge 传输节点

（2）在"添加 Edge 节点"对话框的"名称"文本框中输入第 1 个 Edge 节点的名称，本示例为 edge01，在"主机名/FQDN"中输入节点的主机名，本示例中为 edge01.heinfo.edu.cn（在部署 Edge 的过程中，DNS 并不是必需的，在此只是输入一个 FQDN 名称）。在"规格"选项组中为 NSX Edge 虚拟机设备选择规格，本示例选择"小型"。在"高级资源预留"中自定义分配给 NSX Edge 虚拟机设备的 CPU 和内存，要获得最佳性能，必须为 NSX Edge 虚拟机设备分配 100%的可用资源。本示例为 CPU 预留正常份额，内存预留 100%，如图 6-3-6 所示。

（3）在"凭据"中为 NSX Edge 指定 CLI 和 Root 密码，如图 6-3-7 所示。密码必须符合密码强度要求。NSX Edge 密码必须同时满足以下要求。

- 至少 12 个字符。
- 至少 1 个小写字母。
- 至少 1 个大写字母。
- 至少 1 个数字。
- 至少 1 个特殊字符。

- 至少 5 个不同的字符。
- 没有字典词语，如现成的英文单词。
- 没有回文数，如 1234554321 之类的数。
- 不允许使用超过 4 字符的单调序列。

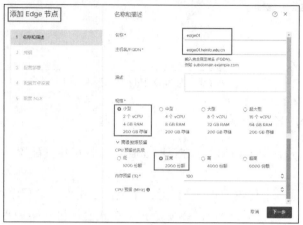

图 6-3-6　名称和描述

（4）在"部署配置"中输入 NSX Edge 详细信息，这包括计算管理器（本示例为 vcsa-96.20）、集群（本示例为 vSAN01）、资源池（本示例为 NSX-T）和数据存储（本示例 为 vsanDatastore），如图 6-3-8 所示。

图 6-3-7　凭据

图 6-3-8　配置部署

（5）在"配置节点设置"的"IP 分配"中为 NSX Edge 设置管理地址，与 NSX Manager 和 NSX Controller 通信时需要使用该 IP 地址。本示例中设置管理 IP 地址为 172.18.96.23。 "管理接口"选择管理网络的接口，此接口必须可从 NSX Manager 访问，或者必须与 NSX Manager 和 NSX Controller 位于同一管理接口组中，本示例选择分布式交换机 DSwitch 的 vlan2006 端口组，如图 6-3-9 所示。

（6）在"配置 NSX"中输入 N-VDS 信息。NSX Edge 传输节点属于至少 2 个传输区域： 用于 NSX-T 连接的覆盖网络以及用于上行链路连接的 VLAN。在"新建节点交换机"处先 添加第 1 台交换机，本示例中 edge01 节点的第 1 台 Edge 交换机名称为 Overlay01-NVDS（名 称可以任意定义），"传输区域"选择 Overlay-TZ，"上行链路配置文件"选择 nsx-edge-single-nic- uplink-profile，"IP 分配(TEP)"选择使用 IP 池，"IP 池"选择 Edge-IP-Pool，"DPDK

快速路径接口"选择上行链路接口的数据路径接口名称。默认绑定策略中的所有上行链路都必须映射到 Edge 虚拟机上的物理网络接口，这样流量才能流过使用指定绑定策略的逻辑交换机。本示例中使用分布式交换机 DSwitch 的 Edge-Overlay-Uplink-vlan2003 端口，如图 6-3-10 所示。设置完成后单击"添加交换机"，不要单击"完成"按钮。

图 6-3-9　配置节点设置

【说明】在当前的示例中，Edge 传输节点使用 172.18.93.141 至 172.18.93.144 的 IP 地址，这些 IP 地址属于 vlan2003。

（7）在"新建节点交换机"选项组的"Edge 交换机名称"中输入第 2 台交换机的名称，本示例为 VLAN01-NVDS，"传输区域"选择 VLAN-TZ，"上行链路配置文件"选择 nsx-edge-single-nic-uplink-profile，"上行链路"选择分布式交换机 DSwitch 的 Edge-VLAN-Uplink-Trunk 端口，如图 6-3-11 所示。设置完成后单击"完成"按钮。

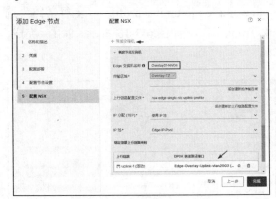

图 6-3-10　添加 Overlay NVDS

图 6-3-11　添加 VLAN NVDS

（8）在"Edge 传输节点"页面上查看连接状态。将 NSX Edge 添加为传输节点后，节点状态将在一段时间后变为"已启动"或"开启"，如图 6-3-12 所示。

图 6-3-12　添加第一台 Edge 传输节点

参照上述第（1）至（8）的操作步骤，创建第 2 台 Edge 传输节点，主要信息如下。

（1）在"名称和描述"中设置"名称"为 edge02，"主机名/FQDN"为 edge02.heinfo. edu.cn，"规格"为小型，"高级资源预留"为 CPU 预留正常份额、内存预留 100%，如图 6-3-13 所示。

（2）在"配置节点设置"中为第 2 台 Edge 传输节点设置 172.18.96.24 的管理 IP 地址，管理接口使用 DSwitch 的 vlan2006，如图 6-3-14 所示。

图 6-3-13　名称和描述

图 6-3-14　配置节点设置

（3）在"配置 NSX"中，添加第 1 台节点交换机的名称为 Overlay02-NVDS，"传输区域"选择 Overlay-TZ，"上行链路配置文件"选择 nsx-edge-single-nic-uplink-profile，"IP 分配(TEP)"选择使用 IP 池，"IP 池"选择 Edge-IP-Pool，"DPDK 快速路径接口"选择主机分布式交换机 DSwitch 的 Edge-Overlay-Uplink-vlan2003 端口，如图 6-3-15 所示。

（4）添加第 2 台节点交换机，第 2 台交换机的名称为 VLAN02-NVDS，"传输区域"选择 VLAN-TZ，"上行链路配置文件"选择 nsx-edge-single-nic-uplink-profile，"上行链路"选择分布式交换机 DSwitch 的 Edge-VLAN-Uplink-Trunk 端口，如图 6-3-16 所示。单击"完成"按钮。

图 6-3-15　添加 Overlay NVDS

图 6-3-16　添加 VLAN NVDS

使用 vSphere Client 登录到 vCenter Server，在 NSX-T 资源池中可以看到有 1 台 NSX Manager 虚拟机和 2 台 Edge 虚拟机，如图 6-3-17 所示。

等 2 台 Edge 节点状态正常后，在"Edge 传输节点"中可以看到每台节点虚拟机的管理 IP、TEP IP 地址和节点状态等信息，如图 6-3-18 所示。由于还没有配置 Edge 集群，所以此时隧道为不可用状态。

图 6-3-17 查看 NSX Edge 虚拟机

图 6-3-18 Edge 传输节点

使用 ping 命令检查 Edge 节点主机管理 IP 地址与 TEP IP 地址的连通性，检查结果如图 6-3-19 和图 6-3-20 所示。

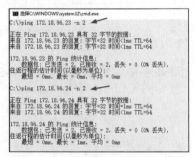

图 6-3-19 检查 Edge 管理 IP 地址

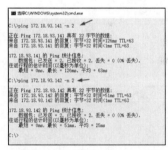

图 6-3-20 检查 TEP IP 地址

6.3.5 创建 Edge 集群

要使用 NAT 和负载均衡器等有状态服务创建 Tier-0 或 Tier-1 逻辑路由器，必须将其与 NSX Edge 集群相关联。因此，即使环境中只有 1 个 NSX Edge，它也必须属于 NSX Edge 集群才能使用。具有多节点的 NSX Edge 集群可以确保至少 1 个 NSX Edge 始终可用。

只能将 NSX Edge 传输节点添加到 1 个 NSX Edge 集群中，可以使用 NSX Edge 集群支持多个逻辑路由器。在创建 NSX Edge 集群后，可以编辑该集群以添加额外的 NSX Edge。

（1）在"系统→配置→Fabric→节点→Edge 集群"中单击"添加 Edge 集群"，在"添加 Edge 集群"对话框的"名称"文本框中输入新建集群的名称，本示例为 Edge-HA01，在"传输节点"选项的"可用"列表中将 edge01 和 edge02 添加到"选定"列表中，单击"添加"按钮，如图 6-3-21 所示；添加之后如图 6-3-22 所示。

图 6-3-21　添加 Edge 集群　　　　　　图 6-3-22　Edge 集群

（2）在"Edge 传输节点"可以看到隧道数量为 1，如图 6-3-23 所示。

图 6-3-23　　Edge 传输节点隧道

（3）在"主机传输节点"可以看到，其中 3 台主机的隧道数量为 2，如图 6-3-24 所示。

图 6-3-24　主机隧道

6.3.6　修改默认管理密码过期时间

NSX-T 从 2.4.0 版本开始增强了密码策略：强制默认密码的最小长度为 12 个字符。由于安全要求，NSX-T 2.4.0 中引入了密码过期功能，并在密码即将过期时生成警报。默认情况下，密码有效期配置为 90 天。

如果密码过期，管理员将无法登录和管理组件。此外，任何需要管理密码才能执行的任务或 API 调用都将失败。默认情况下，NSX Manager 和 NSX Edge 设备的管理密码将在 90 天后过期。管理员可以在初始安装和配置后重置有效期。

（1）打开 NSX Manager 管理控制台，使用 admin 账户登录。在 NSX Manager 上运行以下命令查看密码有效期天数。本示例以查看 admin 账户为例。

```
nsx-manager> get user admin password-expiration
```

在刚安装完成后执行此命令，会显示密码会在 90 天后过期。

（2）执行 set user admin password-expiration 命令可以将密码过期时间设置为最短 1 天、最长 9999 天。

（3）也可以禁用密码到期设置，以使密码永不过期。

```
clear user admin password-exp
iration
```

通常情况下，需要设置admin 和 audit 账户密码永不过期。相关设置如图 6-3-25 所示。

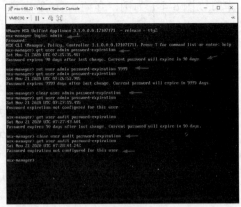

图 6-3-25　设置密码永不过期

6.4 配置 NSX-T 虚拟网络

如果要为虚拟机提供 NSX 虚拟网络连接，需要添加分段、Tier-1 和 Tier-0 网关。简单来说，虚拟机通过分段（相当于逻辑交换机）连接到 Tier-1，Tier-1 连接到 Tier-0，Tier-0 通过分段连接到 Edge，Edge 通过 vSphere 分布式交换机连接到物理网络。NSX-T 虚拟网络到物理网络的连接示意拓扑如图 6-4-1 所示。

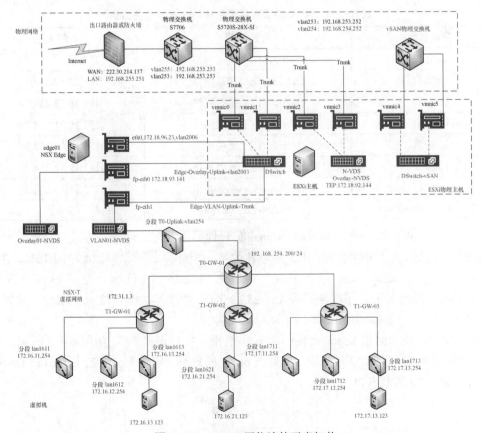

图 6-4-1　NSX-T 网络连接示意拓扑

本节以图 6-4-1 为例，介绍 NSX-T 虚拟网络组成以及分段、Tier-1 和 Tier-0 的创建与网络连接。

6.4.1　在 NSX-T 中创建分段

在 NSX-T 中，分段是第 2 层虚拟域，在 NSX-V 中分段称为逻辑交换机。NSX-T 中共有 2 种类型的分段：VLAN 支持的分段和覆盖网络支持的分段。

VLAN 支持的分段是作为物理基础架构中的传统 VLAN 实施的第 2 层广播域。这意味着 2 台不同主机上的 2 台虚拟机之间的流量（连接到同一个 VLAN 支持的分段）将通过 2 台主机之间的 VLAN 进行传输。由此产生的限制是，管理员必须在物理基础架构中置备相应的 VLAN，以使这两台虚拟机通过 VLAN 支持的分段在第 2 层上进行通信。

在覆盖网络支持的分段中，不同主机上的 2 台虚拟机之间的流量（连接到同一覆盖网络分段）的第 2 层流量由主机之间的隧道传输。NSX-T Data Center 实例化并维护此 IP 隧道，而无须在物理基础架构中进行任何特定于分段的配置。因此，虚拟网络基础架构将与物理网络基础架构分离。也就是说，管理员可以在不配置物理网络基础架构的情况下动态创建分段。

简单来说，覆盖网络支持的分段用于连接虚拟机与 Tier-1 路由器，VLAN 支持的分段用于连接 Tier-0 路由器与物理网络。根据图 6-4-1 所示拓扑，创建 7 个覆盖网络分段和 1 个 VLAN 分段，各分段名称、传输区域和网关/网段如表 6-4-1 所列。

表 6-4-1　NSX-T 实验需要创建的分段及相关信息

分段名称	传输区域	网关/网段
lan1611	Overlay-TZ｜覆盖网络	172.16.11.254/24
lan1612	Overlay-TZ｜覆盖网络	172.16.12.254/24
lan1613	Overlay-TZ｜覆盖网络	172.16.13.254/24
lan1621	Overlay-TZ｜覆盖网络	172.16.21.254/24
lan1711	Overlay-TZ｜覆盖网络	172.17.11.254/24
lan1712	Overlay-TZ｜覆盖网络	172.17.12.254/24
lan1713	Overlay-TZ｜覆盖网络	172.17.13.254/24
T0-Uplink-vlan254	VLAN-TZ｜VLAN	

（1）使用管理员账户登录到 NSX Manager 管理界面，在"网络→连接→分段"中单击"添加分段"按钮，在"分段名称"中输入创建的第一个分段名称，本示例为 lan1611；在"传输区域"选择 Overlay-TZ；在"子网"中输入 172.16.11.254/24，这表示该分段使用 172.16.11.0/24 的地址段，子网掩码为 255.255.255.0，网关地址为 172.16.11.254。设置完成之后单击"保存"按钮，如图 6-4-2 所示。

（2）在"已成功创建 Segment lan1611……"提示中单击"否"，如图 6-4-3 所示。

（3）参照第（1）至（2）的步骤，根据表 6-4-1 的规划，创建 lan1612、lan1613、lan1621、lan1711、lan1712 和 lan1713 分段。

图 6-4-2　创建分段

图 6-4-3　创建覆盖网络分段完成

（4）在添加了 7 个覆盖网络分段之后，创建用于 Tier-0 网关上行链路的 VLAN 分段。单击"添加分段"按钮，在"分段名称"处输入 T0-Uplink-vlan254，在"传输区域"下拉列表选择 VLAN-TZ，在"VLAN"后面输入 Tier-0 上行链路所使用的 VLAN 网段——在规划中是 254，添加之后单击"保存"按钮，如图 6-4-4 所示。

（5）在"已成功创建 Segment T0-Uplink-vlan254……"提示中单击"否"按钮，如图 6-4-5 所示。

图 6-4-4　添加 VLAN 分段

图 6-4-5　创建 VLAN 分段完成

（6）创建分段之后如图 6-4-6 所示。

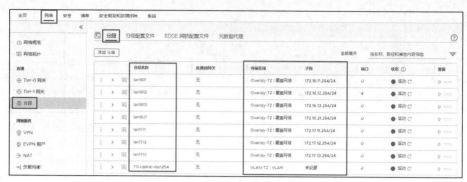

图 6-4-6　创建分段完成

在创建分段之后，使用 vSphere Client 登录到 vCenter Server，在网络中可以看到创建的分段名称，如图 6-4-7 所示。在虚拟机中可以使用这些分段。

图 6-4-7　分段

6.4.2　创建 Tier-1 网关

Tier-1 网关具有通往分段的下行链路连接和通往 Tier-0 网关的上行链路连接。Tier-1 网关通常在北向方向连接到 Tier-0 网关，在南向方向连接到分段。管理员可以在 Tier-1 网关上配置路由通告和静态路由，支持递归静态路由。

（1）在"网络→连接→Tier-1 网关"中单击"添加 Tier-1 网关"按钮，如图 6-4-8 所示。

图 6-4-8　添加 Tier-1 网关

（2）在"Tier-1 网关名称"中输入 T1-GW-01（名称可以任意设置），展开"路由通告"选项组，开启所有静态路由、所有已连接分段和服务端口及所有 IPSec 本地端点，设置之后单击"保存"按钮，如图 6-4-9 所示。

（3）在"已成功创建 Tier-1 网关 T1-GW-01……"提示中单击"否"按钮，如图 6-4-10 所示。

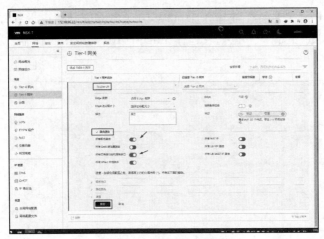

图 6-4-9　设置 Tier-1 网关

图 6-4-10　Tier-1 网关创建完成

（4）参照第（1）至（3）的步骤，创建名为 T1-GW-02 和 T1-GW-03 的网关，创建之后如图 6-4-11 所示。

图 6-4-11　创建其他网关

6.4.3　创建配置 Tier-0 网关

Tier-0 网关执行 Tier-0 逻辑路由器的功能。Tier-0 网关具有到 Tier-1 网关的下行链路连接，以及到物理网络的上行链路连接，它负责处理逻辑网络和物理网络之间的流量。每个 Edge 节点只能支持一个 Tier-0 网关或逻辑路由器。在创建 Tier-0 网关或逻辑路由器时，应确保创建的 Tier-0 网关或逻辑路由器数量没有超过 NSX Edge 集群中的 Edge 节点数。

（1）在"网络→连接→Tier-0 网关"中单击"添加网关→Tier-0"，如图 6-4-12 所示。

图 6-4-12　添加 Tier-0 网关

（2）在"Tier-0 网关名称"处输入 T0-GW-01（名称可以随意设置），"HA 模式"选择
"主动-主动"，"Edge 集群"下拉列表选择 Edge-HA01，单击"保存"按钮，如图 6-4-13
所示。

图 6-4-13　配置 Tier-0 网关

（3）在"已成功创建 Tier-0 网关 T0-GW-01。是否要继续配置该 Tier-0 网关?"提示中
单击"是"，如图 6-4-14 所示。

图 6-4-14　继续配置

（4）打开 Tier-0 网关设置界面，展开"接口"选项组，然后单击"设置"，如图 6-4-15
所示。

（5）在"设置接口"对话框中单击"添加接口"按钮，如图 6-4-16 所示。

图 6-4-15　接口设置　　　　　　　　　　图 6-4-16　添加接口

（6）在"设置接口→添加接口"对话框的"名称"中输入新添加的接口名称，本示例为
T0-Uplink，"类型"选择外部，"IP 地址/掩码"输入 192.168.254.200/24 后按 Enter 键（这是
与物理网络互联的 IP 地址，前文做过规划），"已连接到（分段）"选择 T0-Uplink-vlan254，"Edge
节点"选择 edge01 或 edge02（本示例选择 edge01），单击"保存"按钮，如图 6-4-17 所示。

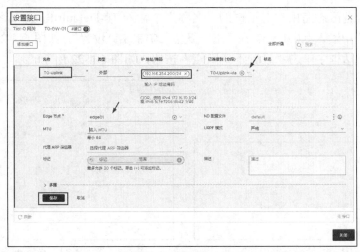

图 6-4-17　设置接口完成

【说明】每个 Edge 可以提供一个接口。本小节介绍了为 T0-GW-01 创建 1 个到外网的连接的方法，下一章将介绍为 T0-GW-01 创建第 2 个连接实现冗余的方法。

（7）在"设置接口"对话框中显示了添加的接口信息，单击"关闭"按钮，如图 6-4-18 所示。

图 6-4-18　添加接口完成

（8）在"Tier-0 网关"的"接口"中显示添加了 1 个接口，展开"路由"选项组，在"静态路由"后面单击"设置"，如图 6-4-19 所示；在"设置静态路由"对话框中单击"添加静态路由"按钮，如图 6-4-20 所示。

图 6-4-19　添加静态路由（1）

图 6-4-20　添加静态路由（2）

（9）在"设置静态路由"对话框的"名称"中输入 T0-Default-Route（名称可以任意设置），在"网络"中输入 0.0.0.0/0，在"下一跃点"中单击"设置"，如图 6-4-21 所示；在"设置下一跃点"对话框中单击"设置下一跃点"按钮，如图 6-4-22 所示。

图 6-4-21　添加静态路由（3）

图 6-4-22　设置下一跃点

（10）在"设置下一跃点"对话框的"IP 地址"中输入 Tier-0 路由器出口 IP 地址，本示例为 192.168.254.252（这是物理交换机接口地址），然后按 Enter 键，在"范围"下拉列表中选择 T0-Uplink，单击"添加"按钮，如图 6-4-23 所示；在"设置下一跃点"对话框中单击"应用"按钮，如图 6-4-24 所示。

图 6-4-23　设置出口 IP 地址

图 6-4-24　添加下一跃点完成

（11）在"设置静态路由"对话框中单击"保存"按钮，如图 6-4-25 所示；然后单击"关闭"按钮，如图 6-4-26 所示。

图 6-4-25　保存

图 6-4-26　添加静态路由完成

（12）展开"路由重新分发"选项组，在"路由重新分发"后面单击"设置"，如图 6-4-27 所示。

（13）在"设置路由重新分发"对话框中单击"添加路由重新分发"按钮，如图 6-4-28 所示；在"设置路由重新分发"对话框的"名称"中输入 Route Re-distribution（名称可以任意设置），单击"设置"，如图 6-4-29 所示。

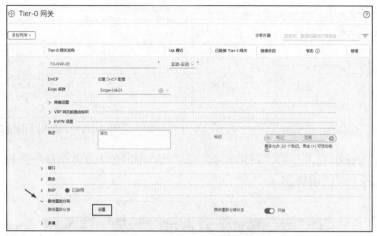

图 6-4-27　路由重新分发

图 6-4-28　添加路由重新分发

图 6-4-29　设置

（14）在"设置路由重新分发"对话框的"Tier-0 子网"中选中静态路由和"已连接接口和分段"，并选中"已连接接口和分段"下所有选项；在"已通告的 Tier-1 子网"中选中静态路由和"已连接接口和分段"，并选中"已连接接口和分段"下所有选项，然后单击"应用"按钮，如图 6-4-30 所示。

图 6-4-30　设置完毕

（15）在"设置路由重新分发"对话框中单击"添加"按钮，如图 6-4-31 所示；然后单击"应用"按钮，如图 6-4-32 所示。

图 6-4-31 添加　　　　　　　　　　图 6-4-32 应用路由重新分发

（16）在"Tier-0 网关"的"路由重新分发"选项组中单击"保存"按钮，如图 6-4-33 所示，然后单击"关闭编辑"。

图 6-4-33 保存设置

6.4.4 将分段连接到 Tier-1 网关

根据图 6-4-1 的规划，将分段连接到对应的 Tier-1 网关。

（1）在"网络→连接→分段"中选中一个分段，例如 lan1611，单击分段名称前面的 ⋮ 图标，在弹出的菜单中选择"编辑"，如图 6-4-34 所示。

图 6-4-34 编辑分段

（2）进入分段编辑界面，在"连接的网关"中选择该分段需要连接的网关，本示例为 T1-GW-01 | Tier1，如图 6-4-35 所示，单击"保存"按钮，然后单击"关闭编辑"按钮。

图 6-4-35　将分段连接到网关

（3）参照第（1）至（2）步的操作，将分段 lan1612 和 lan1613 连接到 T1-GW-01 网关，将分段 lan1621 连接到 T1-GW-02 网关，将分段 lan1711、lan1712 和 lan1713 连接到 T1-GW-03 网关，连接之后如图 6-4-36 所示。

图 6-4-36　查看分段连接到的网关

6.4.5　将 Tier-1 连接到 Tier-0 网关

在本小节的操作中，将 3 个 Tier-1 网关连接到 Tier-0 网关，步骤如下。

（1）在"网络→连接→Tier-1 网关"中，选中一个网关，例如 T1-GW-01，单击网关名称前面的 ⋮ 图标，在弹出的菜单中选择"编辑"，如图 6-4-37 所示。

图 6-4-37　编辑 Tier-1 网关

（2）进入分段编辑界面，在"已链接 Tier-0 网关"中选择 T1-GW-01 需要连接的 Tier-0 网关，本示例为 T0-GW-01，单击"保存"按钮，然后单击"关闭编辑"按钮，如图 6-4-38 所示。

图 6-4-38 连接 Tier-0 网关

（3）参照第（1）至（2）步的操作，将 T1-GW-02 和 T1-GW-03 连接到 T0-GW-01 网关，连接之后如图 6-4-39 所示。

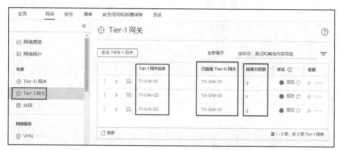

图 6-4-39 查看 Tier-1 网关连接信息

6.4.6 虚拟机使用分段

将分段连接到 Tier-1 网关，再将 Tier-1 网关连接到 Tier-0 网关，并在 Tier-0 网关添加上行链路出口并添加静态路由之后，NSX-T 网络已经配置完成。此时使用 ping 命令测试到各分段的网关 IP 地址的连通性，例如 ping 分段 lan1611 网关地址 172.16.11.254。虚拟机使用这些分段并配置对应分段的 IP 地址、子网掩码和网关之后即可访问外网。

（1）修改虚拟机的设置并使用分段网络，本示例使用 lan1611，如图 6-4-40 所示。

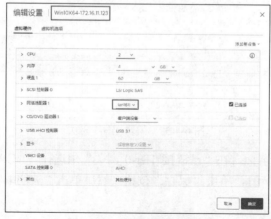

图 6-4-40 修改虚拟机设置

（2）参照第（1）步的设置，准备其他测试虚拟机。虚拟机网卡依次使用 lan1613、lan1621、lan1713，然后进入每台虚拟机控制台，将 4 台测试虚拟机的网卡依次修改为 172.16.11.123（网关为 172.16.11.254）、172.16.13.123（网关为 172.16.13.254）、172.16.21.123（网关为 172.16.21.254）和 172.17.13.123（网关为 172.17.13.254）。设置之后在虚拟机列表中显示每台虚拟机的名称和 IP 地址，如图 6-4-41 所示。

图 6-4-41　查看测试虚拟机的名称和 IP 地址

（3）在这 4 台虚拟机的防火墙设置中允许 ICMP 回显，然后使用 ping 命令依次测试这 4 台虚拟机到网关的通断，检查网络的连通性，测试结果如图 6-4-42 和图 6-4-43 所示。

图 6-4-42　测试结果 1

图 6-4-43　测试结果 2

配置 NSX-T 网络就介绍到这里，下一章介绍 NSX-T 的网络应用。

第7章 为 NSX-T 配置 DHCP 服务器与负载均衡器

在组建 NSX-T 网络之后，本章介绍在 NSX-T 中配置 DHCP 服务器和分布式负载均衡器等内容，还介绍为 Tier-0 路由器增加上行链路和将物理网络下移到 NSX-T 网络的内容。

7.1 在 NSX-T 中配置 DHCP 服务器

NSX-T 在分段上支持 3 种类型的 DHCP 服务器：DHCP 本地服务器、网关 DHCP 服务器和 DHCP 中继服务器。

（1）DHCP 本地服务器。顾名思义，它是分段的本地 DHCP 服务器，不能用于网络中的其他分段。本地 DHCP 服务器仅为连接到分段的虚拟机提供动态 IP 分配服务。本地 DHCP 服务器的 IP 地址必须位于分段中配置的子网中。

（2）网关 DHCP 服务器。它类似于一个中央 DHCP 服务器，可将 IP 地址和其他网络配置动态分配给连接到该网关并使用网关 DHCP 服务器的所有分段上的虚拟机。根据附加到网关的 DHCP 配置文件的类型，管理员可以在分段上配置网关 DHCP 服务器或网关 DHCP 中继器。默认情况下，连接到 Tier-1 或 Tier-0 网关的分段使用网关 DHCP 服务器。网关 DHCP 服务器的 IP 地址可以不同于在分段中配置的子网。

（3）DHCP 中继服务器。它是分段的本地 DHCP 中继服务器，不能用于网络中的其他分段。DHCP 中继服务器可将连接到分段的虚拟机的 DHCP 请求中继到远程 DHCP 服务器。远程 DHCP 服务器可以位于当前 NSX-T 外部的任何子网中，也可以位于物理网络中。

无论分段是否连接到网关，管理员都可以在每个分段上配置 DHCP 服务器。DHCP for IPv4（DHCP v4）和 DHCP for IPv6（DHCP v6）服务器均受支持。

对于连接到网关的分段，支持所有 3 种 DHCP 服务器类型，但是，仅在分段的 IPv4 子网中支持网关 DHCP 服务器。对于未连接到网关的独立分段，仅支持本地 DHCP 服务器。

7.1.1 使用 DHCP 中继服务器

NSX-T 虚拟网络在配置 DHCP 中继服务器时，DHCP 中继服务器可以使用物理交换机提供的 DHCP 服务，也可以使用物理服务器或虚拟机提供的 DHCP 服务。本示例中使用物理交换机提供的 DHCP 服务。

（1）在"网络→IP 管理→DHCP"中单击"添加 DHCP 配置文件"，在"添加 DHCP 配置文件"的"配置文件名称"中输入 DHCP relay（名称可以任意设置），"配置文件类型"选择 DHCP 中继，在"服务器 IP 地址"中输入 DHCP 服务器的 IP 地址，本示例为 172.18.96.252，这是当前实验环境中 ESXi 物理主机接入交换机的管理 IP 地址。添加之后单击"保存"按钮，如图 7-1-1 所示。

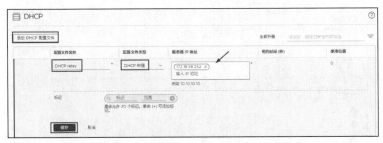

图 7-1-1 指定 DHCP 中继服务器的 IP 地址

（2）添加之后如图 7-1-2 所示。

图 7-1-2 添加 DHCP 中继服务器

（3）在添加 DHCP 中继配置文件之后，还需要在"分段"中选定 DHCP 配置文件。在"网络→连接→分段"中选中一个分段，例如 lan1611，单击分段名称前面的 ⋮ 图标，在弹出的菜单中选择"编辑"，进入分段编辑界面之后单击"设置 DHCP 配置"按钮，如图 7-1-3 所示。

图 7-1-3 设置 DHCP 配置

（4）在"设置 DHCP 配置"对话框的"DHCP 类型"下拉列表中选择 DHCP 中继，在"DHCP 配置文件"下拉列表中选择第（1）步创建的 DHCP 配置文件，本示例中配置文件名称为 DHCP relay，单击"应用"按钮，如图 7-1-4 所示。

（5）单击"保存"按钮，然后单击"关闭编辑"，如图 7-1-5 所示。

参照第（3）至（5）步的操作，可以为其他分段配置 DHCP 中继服务，例如为 lan1612 选择 DHCP relay 配置文件。

图 7-1-4   选择 DHCP 中继及 DHCP 配置文件

图 7-1-5   保存设置

（6）在 172.18.96.252 的交换机上启用 DHCP 服务并创建 IP 地址，本示例中为 lan1611 和 lan1612 的分段创建地址池，交换机配置如下。

```
DHCP enable
DHCP server detect

ip pool vlan1611
 gateway-list 172.16.11.254
 network 172.16.11.0 mask 255.255.255.0
 excluded-ip-address 172.16.11.1 172.16.11.99
 lease day 0 hour 10 minute 0
 dns-list 172.18.96.1

ip pool vlan1612
 gateway-list 172.16.12.254
 network 172.16.12.0 mask 255.255.255.0
 excluded-ip-address 172.16.12.1 172.16.12.99
 lease day 0 hour 10 minute 0
 dns-list 172.18.96.1
```

（7）修改一台测试虚拟机的配置，虚拟机网卡选择使用 lan1612 分段。进入虚拟机之后，将 IP 地址设置为自动获得，然后查看网络详细信息，此时该虚拟机获取 172.16.12.0/24 网段的 IP 地址，本示例为 172.16.12.161，如图 7-1-6 所示。

图 7-1-6　客户端测试

7.1.2　使用 DHCP 本地服务器

本小节介绍使用 DHCP 本地服务器。

（1）在"网络→IP 管理→DHCP"中单击"添加 DHCP 配置文件"，在"配置文件名称"中输入 DHCP 本地服务器（名称可以任意设置），"配置文件类型"选择 DHCP 服务器，"Edge 集群"选择 Edge-HA01，单击"保存"按钮，如图 7-1-7 所示。添加之后如图 7-1-8 所示。

图 7-1-7　添加 DHCP 本地服务器

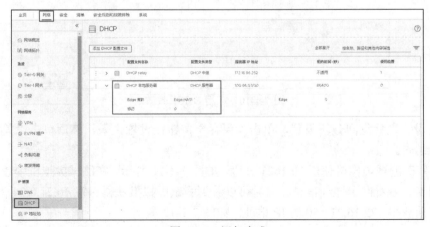

图 7-1-8　添加完成

（2）在添加 DHCP 本地服务器之后，还需要在分段中选定 DHCP 配置文件。在"网络→连接→分段"中选中一个分段，例如 lan1621，单击分段名称前面的 ⋮ 图标，在弹出的菜单中选择"编辑"，进入分段编辑界面之后单击"设置 DHCP 配置"按钮，如图 7-1-9 所示。

图 7-1-9　设置 DHCP 配置

（3）在"设置 DHCP 配置"对话框的"DHCP 类型"下拉列表中选择本地 DHCP 服务器，在"DHCP 配置文件"下拉列表中选择 DHCP 本地服务器。在"IPv4 服务器"选项卡中启用"DHCP 配置"，在"DHCP 服务器地址"中输入 172.16.21.253/24（不能与当前网段网关地址 172.16.21.254 冲突，也可以使用其他未使用的 IP 地址）。在"DHCP 范围"中输入当前 DHCP 作用域地址范围，本示例为 172.16.21.150-172.16.21.199。在"DNS 服务器"中输入 DNS 服务器的 IP 地址，本示例为 172.18.96.1、172.18.96.4。添加完成之后单击"应用"按钮，如图 7-1-10 所示。

图 7-1-10　应用 DHCP 设置

（4）设置之后返回分段设置，单击"保存"按钮让设置生效，然后单击"关闭编辑"退出分段编辑。

（5）修改测试虚拟机使用 lan1621 分段，如图 7-1-11 所示。在测试虚拟机中禁用网卡然后启用网卡，查看网卡详细信息，此时可以看到测试虚拟机获得 172.16.21.0/24 范围的 IP 地址，当前获得 172.16.21.150 的 IP 地址，如图 7-1-12 所示。

图 7-1-11　修改虚拟机使用 lan1621 分段

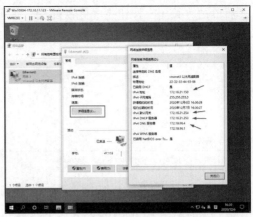

图 7-1-12　测试虚拟机获得分配的 IP 地址

7.1.3　在分段配置静态绑定

在 DHCP for IPv4 和 DHCP for IPv6 服务器上均可以配置静态绑定。在典型的网络环境中，某些虚拟机可能需要获得固定的 IP 地址，在这种情况下，管理员可以将静态 IP 地址绑定到每台虚拟机的 MAC 地址（DHCP 客户端）。静态 IP 地址不得与 DHCP IP 范围和 DHCP 服务器 IP 地址重叠。

在分段上配置本地 DHCP 服务器或网关 DHCP 服务器时，允许使用 DHCP 静态绑定。当分段使用 DHCP 中继服务时不会阻止管理员配置 DHCP 静态绑定。

（1）在"网络→连接→分段"中选中一个分段，例如 lan1621，单击分段名称前面的 ⋮ 图标，在弹出的菜单中选择"编辑"，进入分段编辑界面之后展开"DHCP 静态绑定"选项组，单击"设置"，如图 7-1-13 所示。

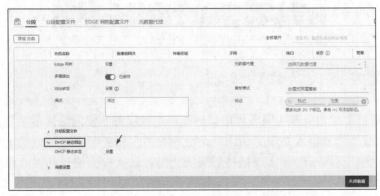

图 7-1-13　设置

（2）在"设置静态绑定→添加 IPv4 静态绑定"的"名称"中输入 vm01（可以使用任意名称），在"MAC 地址"处输入要分配固定 IP 地址虚拟机的 MAC 地址（本示例为 22-22-33-44-55-66）。在"IP 地址"中输入分配的 IP 地址，本示例为 172.16.21.21。在"网关地址"中输入网关地址，本示例为 172.16.21.254。在"主机名"中输入名称，例如 vm01。添加之后单击"保存"按钮，如图 7-1-14 所示。

（3）在"设置静态绑定"中可以单击"添加 IPv4 静态绑定"继续添加绑定，添加完成之后单击"关闭"按钮完成此次配置，如图 7-1-15 所示。

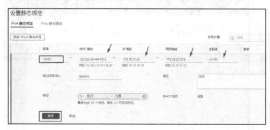 

图 7-1-14　添加静态绑定　　　　　　　　　　　　图 7-1-15　关闭

（4）在分段 lan1621 界面单击"关闭编辑"退出此次设置。

（5）打开使用 lan1621 分段的虚拟机，禁用网卡并再次启用，在"详细信息"中查看获得的 IP 地址，正是图 7-1-14 中为该虚拟机指定的 IP 地址 172.16.21.21，如图 7-1-16 所示。

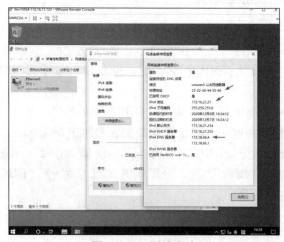

图 7-1-16　测试成功

7.2　配置分布式负载均衡器

NSX-T 逻辑负载均衡器为应用程序提供高可用性服务并将网络流量负载分布在多台服务器之间。负载均衡器将入站服务请求均匀分布在多台服务器中，从方式上确保负载分配对用户透明。负载均衡有助于实现最佳的资源利用，最大程度地提高吞吐量和减少响应时间，并避免过载。

管理员可以将虚拟 IP 地址映射到一组池服务器进行负载均衡。负载均衡器可接受虚拟 IP 地址上的 TCP、UDP、HTTP 或 HTTPS 请求，并确定要使用的池服务器。

根据环境要求，管理员可以增加现有的虚拟服务器和池成员来处理繁重的网络流量负载，从而提高负载均衡器性能。

在 NSX-T 中，仅在 Tier-1 网关上支持逻辑负载均衡器。一个负载均衡器只能连接到一个 Tier-1 网关。负载均衡器包括虚拟服务器、服务器池和运行状况检查监控器。

负载均衡器连接到 Tier-1 逻辑路由器。负载均衡器托管一个或多个虚拟服务器，虚拟服务器是应用程序服务的一种抽象，由 IP 地址、端口和协议的唯一组合表示。虚拟服务器与单个或多台服务器池相关联。服务器池包含一组服务器，也包括各服务器池成员。

要测试每台服务器是否在正常运行应用程序，可以添加运行状况检查监控器来检查服务器的运行状况。

7.2.1 逻辑负载均衡实验环境

为了介绍分布式负载均衡器实验，本小节准备了图 7-2-1 所示的实验环境。在 Tier-1 网关上配置逻辑负载均衡器之后，当有多个外网用户访问负载均衡器（本示例 IP 地址为 172.16.12.200）时会将流量依次分配到 3 台不同的 Web 服务器，实现负载均衡。在实际的生产环境中，实现负载均衡的每台服务器其配置和内容应该相同，本实验为了验证在外网用户访问负载均衡器时，可以直观地显示出访问被重定向到不同的服务器，在 3 台实验服务器配置了不同的网页内容。负载均衡器与 3 台服务器简易实验拓扑如图 7-2-1 所示。

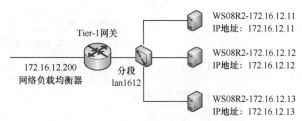

图 7-2-1 负载均衡器简易实验拓扑

这 3 台实验服务器使用 lan1612 分段，这一网段使用 172.16.12.0/24 的地址段。准备好实验服务器之后，根据图 7-2-1 的规划，对 3 台实验服务器设置 IP 地址，依次是 172.16.12.11、172.16.12.12 和 172.16.12.13，子网掩码为 255.255.255.0，网关为 172.16.12.254。然后在每台服务器上安装 IIS，并创建简单的测试网页，每台显示的内容不同，如图 7-2-2 至图 7-2-4 所示。

图 7-2-2 第 1 台服务器测试网页　　图 7-2-3 第 2 台服务器测试网页　　图 7-2-4 第 3 台服务器测试网页

配置好的 3 台实验服务器如图 7-2-5 所示。

图 7-2-5 配置好的 3 台实验服务器

7.2.2 为 Tier-1 网关连接 Edge 集群

在 NSX-T 中只在 Tier-1 网关上支持逻辑负载均衡器。要在 Tier-1 上支持逻辑负载均衡器，需要将 Tier-1 网关连接到 Edge 集群。

（1）在"网络→连接→Tier-1 网关"中，选中 T1-GW-01 网关，单击网关名称前面的 ⋮ 图

标，在弹出的菜单中选择"编辑"，进入 Tier-1 网关后，在"Edge 集群"下拉列表中选择
Edge-HA01，如图 7-2-6 所示，单击"保存"按钮，然后单击"关闭编辑"按钮。

图 7-2-6   为 Tier-1 选择 Edge 集群

（2）如果其他 Tier-1 网关需要连接到集群，可以参考第（1）步的操作执行。

7.2.3   添加服务器池

服务器池包含一个或多个已配置并运行相同应用程序的服务器。可以将单个池与第 4
层和第 7 层虚拟服务器相关联。本小节创建一
个名为 Web_Ser_11-13 的服务器池，该池中包
括图 7-2-5 中的 3 台实验服务器。

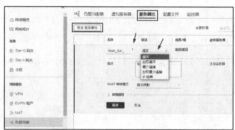

（1）在"网络→网络服务→负载均衡→服务
器池"中单击"添加服务器池"按钮，在"名称"
中输入 Web_Ser_11-13，"算法"选择循环（算法
包括循环、加权循环、最少连接、加权最少连接
和 IP 哈希，每个算法说明如表 7-2-1 所列），如
图 7-2-7 所示。

图 7-2-7   服务器池名称和算法选择

表 7-2-1   服务器池算法说明

算法名称	算法说明
循环 （ROUND_ROBIN）	在能够处理入站客户端请求的可用服务器列表中循环遍历请求。忽略服务器池成员权重（即使已配置）
加权循环 （WEIGHTED_ROUND_ROBIN）	每台服务器都会分配到一个权重值，表示该服务器相对于池中其他服务器的权重。该值决定了发送到某服务器的客户端请求数量（与池中的其他服务器相比）。此负载均衡算法侧重于在可用服务器资源之间公平地分发负载
最少连接 （LEAST_CONNECTION）	根据服务器上已存在的连接数将客户端请求分发到多台服务器。新连接会被发送到连接数最少的服务器。忽略服务器池成员权重（即使已配置）
加权最少连接 （WEIGHTED_LEAST_CONNECTION）	每台服务器都会分配到一个权重值，表示该服务器相对于池中其他服务器的权重。该值决定了发送到某台服务器的客户端请求数量（与池中的其他服务器相比）。 此负载均衡算法侧重于使用权重值在可用服务器资源之间分布负载。在默认情况下，如果未配置权重值且已启用启动缓慢，则权重值为 1
IP 哈希 （IP-HASH）	根据源 IP 地址的哈希值以及所有运行的服务器的总权重选择服务器

（2）单击"选择成员"，在"配置服务器池成员"对话框中单击"选择组"，然后单击"添加组"按钮，在"名称"处输入组名称，本示例为 VM-Web_11-13，单击"设置成员"，如图 7-2-8 所示。

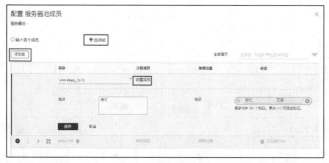

图 7-2-8　设置成员

（3）在"选择成员 | VM-Web_11-13"对话框中单击"成员资格条件"，然后单击"添加条件"，选择虚拟机、名称、开头为，输入条件为 WS08R2-172.16.12.，单击"应用"按钮，如图 7-2-9 所示。根据当前条件，虚拟机名称为 WS08R2-172.16.12.11、WS08R2-172.16.12.12、WS08R2-172.16.12.13 的 3 台虚拟机符合条件。而后在图 7-2-10 中单击"保存"按钮保存设置。

图 7-2-9　设置成员条件

图 7-2-10　保存

（4）在"配置服务器池成员"对话框中单击"查看成员"，如图 7-2-11 所示，会根据图 7-2-9 所示条件列出符合条件的虚拟机，如图 7-2-12 所示。

图 7-2-11　查看成员

图 7-2-12　成员列表

（5）在"配置服务器池成员"对话框中单击"应用"按钮，如图 7-2-13 所示。

（6）在"服务器池"的"添加服务器池"清单中单击"选择成员"，如图 7-2-14 所示。

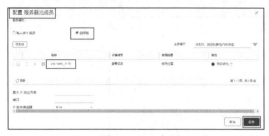 

图 7-2-13　应用　　　　　　　　　　　　　　　　图 7-2-14　选择成员

（7）在"配置服务器池成员"对话框中单击"选择组"，然后选择 VM-Web_11-13，单击"应用"按钮，如图 7-2-15 所示。

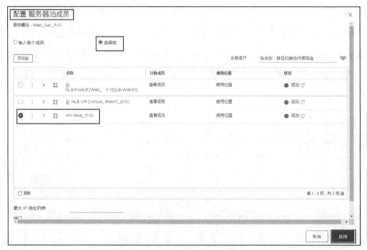

图 7-2-15　应用

（8）在"服务器池"的"添加服务器池"清单中单击"保存"按钮，如图 7-2-16 所示。创建服务器池完成后如图 7-2-17 所示。

图 7-2-16　保存

图 7-2-17　添加服务器池完成

7.2.4　添加负载均衡器

本小节创建负载均衡器并将其连接到 Tier-1 网关。在本示例中，为创建的负载均衡器设置 172.16.12.200 的 IP 地址。在配置之前，这一地址应在当前网段中未被使用。

（1）在"网络→网络服务→负载均衡→负载均衡器"中单击"添加负载均衡器"按钮，在"名称"中输入新建的负载均衡器名称，本示例为 LB-Web01，在"大小"下拉列表选择小型，在"连接"下拉列表选择 T1-GW-01，单击"保存"按钮，如图 7-2-18 所示。

（2）在"已成功创建负载均衡器 LB-Web01……"的提示中单击"是"。创建完成之后如图 7-2-19 所示。

图 7-2-18　创建负载均衡器

图 7-2-19　负载均衡器列表

7.2.5　添加虚拟服务器

虚拟服务器接收所有客户端连接请求并在服务器之间进行分发，它具有 IP 地址、端口和协议 TCP。如果虚拟服务器状态为已禁用，则会通过发送 TCPRST（对于 TCP 连接）或 ICMP 错误消息（对于 UDP）拒绝对虚拟服务器的任何新连接尝试。即使新连接存在匹配的持久性条目，也会拒绝这些连接。活动连接将继续进行处理。如果虚拟服务器从负载均衡器中删除或与负载均衡器解除关联，则到该虚拟服务器的活动连接将失败。

NSX-T 虚拟服务器支持第 4 层虚拟服务器和第 7 层 HTTP 虚拟服务器。

本小节将创建一个名为 Virtual_Web01_200 的虚拟服务器，该虚拟服务器使用 IP 地址 172.16.12.200，端口为 80，使用的负载均衡器是 LB-Web01。

（1）在"网络→网络服务→负载均衡→虚拟服务器"中单击"添加虚拟服务器"，在"名称"中输入 Virtual_Web01_200，IP 地址输入 172.16.12.200，端口输入 80，负载均衡器选择 LB-Web01，服务器池选择 Web_Ser_11-13，如图 7-2-20 所示，单击"保存"按钮。

（2）添加之后如图 7-2-21 所示。

图 7-2-20　添加虚拟服务器

图 7-2-21　添加完成

7.2.6　客户端测试

在不同客户端的浏览器中输入负载均衡器的 IP 地址 172.16.12.200 并按 Enter 键，如果能打开不同的测试网站，表示测试正常，如图 7-2-22 至图 7-2-24 所示。

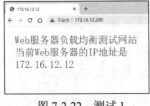

图 7-2-22　测试 1

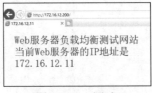

图 7-2-23　测试 2

图 7-2-24　测试 3

为了显示负载均衡的效果，3 台内部服务器的网页内容不一样。在实际的生产环境中，负载均衡器后端各台内部服务器的网页应该具有相同的内容。

7.3　为 Tier-0 网关增加上行链路

如果查看图 6-4-1 的拓扑，以及第 6.4.3 小节"创建配置 Tier-0 网关"的内容，读者就会发现，从 Tier-0 到物理网络只有 1 条上行链路，此上行链路通过 edge01 虚拟机进行连接。如果 edge01 虚拟机关闭，Tier-0 到物理网络的连通将会中断。为了避免这个问题，应该再为 Tier-0 增加 1 条上行链路并且使用 edge02 虚拟机进行连接。此时网络拓扑修改为图 7-3-1 所示。

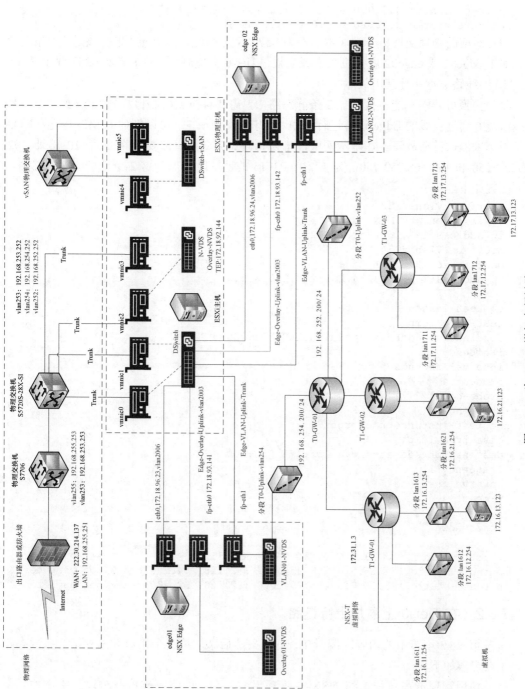

图 7-3-1 为 Tier-0 增加上行链路

7.3.1　在物理交换机配置 IPv4 静态路由与 NQA 联动

在为 Tier-0 增加上行链路之后，Tier-0 出口静态路由将增加为 2 个，此静态路由表示如下。

```
ip route-static 0.0.0.0 0.0.0.0 192.168.254.252
ip route-static 0.0.0.0 0.0.0.0 192.168.252.252
```

同样对应的物理交换机一端（本示例为 S5720S 交换机）到 Tier-0 也应该是 2 个静态路由。如果 edge01 或 edge02 虚拟机关机或死机，Tier-0 会检测到 192.168.254.252 或 192.168.252.252 的线路故障并且禁用故障路由。

物理交换机一端不能直接添加 2 条静态路由，需要有检测机制检测到 Edge 网关这一级离线情况并通过在线的 Edge 设备进行路由。在华为交换机中，可以创建 ICMP 类型的 NQA 测试用例来测试链路故障。在本示例中，华为 S5720S 交换机需要检测 2 个 IP 地址 192.168.254.250 和 192.168.252.250，为 172.16.0.0/15 的地址段添加到这 2 个地址的静态路由。主要配置如下。

```
interface Vlanif252
 description "to NSX Edge"
 ip address 192.168.252.252 255.255.255.0
interface Vlanif254
 description "to NSX Edge"
 ip address 192.168.254.252 255.255.255.0

nqa test-instance user test1
 test-type icmp
 destination-address ipv4 192.168.254.200
 frequency 11
 interval seconds 5
 timeout 4
 probe-count 2
 start now
nqa test-instance user test2
 test-type icmp
 destination-address ipv4 192.168.252.200
 frequency 11
 interval seconds 5
 timeout 4
 probe-count 2
 start now

ip route-static 0.0.0.0 0.0.0.0 192.168.255.251
ip route-static 172.16.0.0 255.254.0.0 192.168.254.200 track nqa user test1
ip route-static 172.16.0.0 255.254.0.0 192.168.252.200 track nqa user test2
```

7.3.2　在 Tier-0 上添加上行链路

参考第 6.4.3 小节中的内容，编辑 Tier-0 网关然后添加第 2 个接口并添加第 2 条静态路由，主要内容如下。

（1）使用管理员账户登录到 NSX-T 管理界面，在"网络→连接→分段"中添加一个 VLAN 分段，分段名称为 T0-Uplink-vlan252，VLAN 的 ID 设置为 252，如图 7-3-2 所示。

图 7-3-2　添加分段

（2）在"网络→连接→Tier-0 网关"中编辑 T0-GW-01，在"设置接口"对话框中单击"添加接口"，名称为 T0-Uplink-vlan252，在"IP 地址/掩码"处输入 192.168.252.200/24，"已连接到（分段）"选择 T0-Uplink-vlan252，"Edge 节点"选择 edge02，单击"保存"按钮，如图 7-3-3 所示。

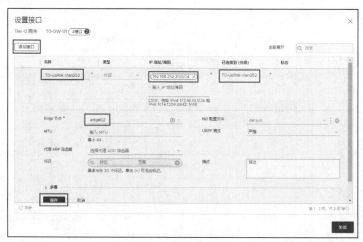

图 7-3-3　添加接口

（3）添加接口之后，将原来的接口名称重命名为 T0-Uplink-vlan254，单击"保存"，然后单击"关闭"按钮，如图 7-3-4 所示。

（4）在"Tier-0 网关→路由→静态路由"中添加静态路由，设置静态路由的名称为 T0-Backup-Route，网络为 0.0.0.0/0，如图 7-3-5 所示；设置下一跃点的 IP 地址为 192.168.252.252，范围为 T0-Uplink-vlan252，如图 7-3-6 所示。

（5）此时 T0-GW-01 会有两条静态路由，如图 7-3-7 所示。

添加出口上行链路和静态路由后，保存 T0-GW-01 的设置。

经过上述设置之后，T0-GW-01 到物理网络有 2 个出口，其中一个出口出现问题之后会自动切换到另一个出口。读者可以自行测试。

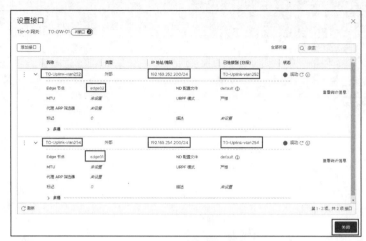

图 7-3-4　设置接口

图 7-3-5　添加静态路由

图 7-3-6　设置下一跃点

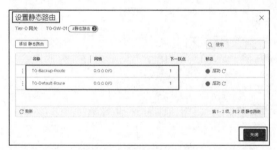

图 7-3-7　两条静态路由

7.4　将物理网络下移到 NSX-T 虚拟网络

在 NSX-V 与 NSX-T 的网络规划中，为 NSX-V 与 NSX-T 虚拟网络连接规划了与主机物理网络不同网段的 IP 地址。例如在作者的环境中，物理网络使用 172.18.0.0/16 的地址段，为 NSX-V 与 NSX-T 规划了 172.16.0.0/16 和 172.17.0.0/16 的地址段。如果 NSX-V 与 NSX-T 不使用新规划的 IP 地址段，而要使用原来的 IP 地址段，该怎么办？例如，在当前的实验环境中，物理网络规划了 172.18.0.0/16 的地址段，要在 NSX-T 的虚拟网络中添加 172.18.98.0/24 这一地址段，其物理实现网络拓扑如图 7-4-1 所示。

图 7-4-1 物理网络拓扑

7.4.1 在物理交换机上移除 IP 地址配置信息

在图 7-4-1 所示的网络拓扑中，物理网络原来使用了 172.18.98.0/24 的地址段。如果希望将此地址段用于 NSX-T 虚拟网络，应该在物理交换机中删除该地址段的 VLAN。例如在原来的配置中 172.18.98.0/24 属于 vlan2008，在 S7706 交换机中 vlan2008 的配置如下。

```
vlan 2008
interface Vlanif2008
ip address 172.18.98.1 255.255.255.0
DHCPselect global
```

登录到 S7706 交换机，将 vlan2008 的配置删除，命令如下。

```
interface Vlanif2008
undo ip address
quit
undo inte vlan2008
undo vlan 2008
```

在 S7706 交换机上添加静态路由，将 172.18.98.0/24 的路由指向 S5720S，命令如下。

```
ip route-static 172.18.98.0 255.255.255.0 192.168.253.252
```

在 S5720S 交换机上添加静态路由，将 172.18.98.0/24 的路由指向 Tier-0 的上行链路出口地址，命令如下。

```
ip route-static 172.18.98.0 255.255.255.0 192.168.254.200 track nqa user
test1
ip route-static 172.18.98.0 255.255.255.0 192.168.252.200 track nqa user
test2
```

7.4.2 配置 NSX-T 虚拟网络

在 NSX-T 管理界面的"网络→连接→分段"中创建名为 lan1898 的覆盖网络分段，并将其连接到 Tier-1 网关，本示例连接到 T1-GW-03 网段，设置分段子网为 172.18.98.1/24，其中 172.18.98.1 是原来物理网络 vlan2008 的网关地址，如图 7-4-2 所示。

图 7-4-2 创建分段

在 vSphere Client 中，将原来使用 vlan2008 虚拟网络的虚拟机迁移到 lan1898。其中一台虚拟机迁移之后网络配置如图 7-4-3 所示。

打开测试虚拟机控制台，查看虚拟机网络设置（使用原来的 IP 地址、子网掩码和网关），使用 ping 命令测试网络连通性，测试结果如图 7-4-4 所示。

图 7-4-3　虚拟机网络

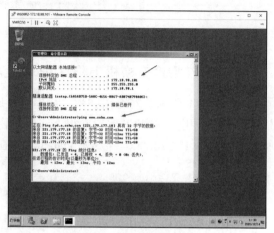

图 7-4-4　测试网络连通性

7.4.3　查看拓扑图

在"网络→网络拓扑"中，可以查看当前 NSX-T 网络的拓扑图，如图 7-4-5 所示。

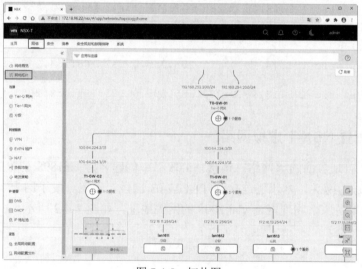

图 7-4-5　拓扑图

单击右下角的 图标可以全屏查看拓扑图，单击 可以以 PDF 格式导出拓扑图。

另外，在 Tier-0 网关、Tier-1 网关和分段中，单击网关或分段中的 也能显示拓扑图，如图 7-4-6 所示。拓扑图也能移动、放大、缩小和导出。

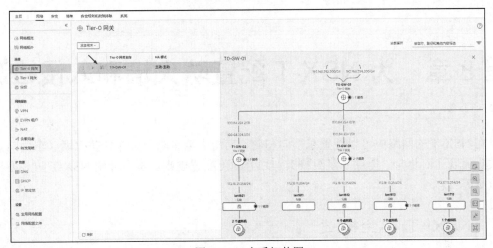

图 7-4-6　查看拓扑图

NSX-T 网络应用就介绍到这里，下一章介绍 NSX-T 网络安全的内容。

第8章 为 NSX-T 配置防火墙和入侵检测

在 NSX-T 的网络中可以配置东西向和南北向防火墙策略。分布式防火墙（东西向）和网关防火墙（南北向）提供了多组按类别划分的可配置规则。本章介绍 NSX-T 防火墙和入侵检测等内容。

8.1 NSX-T 安全概述

本节简要概述 NSX-T 安全选项卡包含的选项以及各选项的功能。

8.1.1 安全概览

在"安全→安全概览"仪表板中有 3 个选项卡：分析、配置和容量，如图 8-1-1 所示。"分析"选项卡将显示入侵检测摘要、URL 分析摘要和分布式防火墙规则利用率。

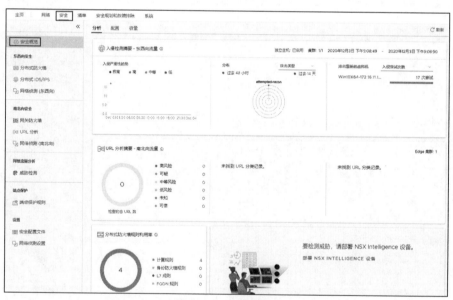

图 8-1-1 安全概览

在"配置"选项卡中可查看分布式防火墙策略、网关策略、端点策略、网络侦测东西向策略、网络侦测南北向策略和分布式 IDS 策略的计数，还可以查看分布式防火墙策略的详细信息以及每个类别的计数等，如图 8-1-2 所示。

"容量"选项卡列出了侦测规则南北向 Tier-1、Active Directory 组（身份防火墙）、服务链、保存的防火墙规则配置、侦测策略东西向、侦测策略南北向 Tier-0、侦测服务路径、系统范围的防火墙规则、侦测规则东西向、启用了系统范围端点保护的虚拟机、侦测规则南北向 Tier-0、分布式防火墙区域、侦测策略南北向 Tier-1、系统范围的防火墙区域、Active Directory 域（身份防火墙）、启用了系统范围端点保护的主机和分布式防火墙规则的相关信息（最大容量、最小容量阈值、最大容量阈值等），如图 8-1-3 所示。

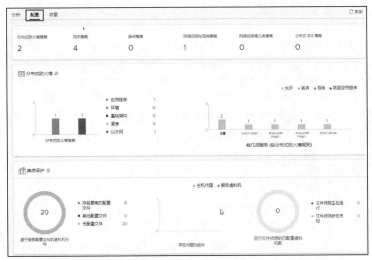

图 8-1-2　配置

限制	当前清单		最大容量	最小容量阈值	最大容量阈值
侦测规则南北向 Tier-1	0	0%	10,000	70%	100%
Active Directory 组（身份防火墙）	0	0%	100,000	70%	100%
服务链	0	0%	24	70%	100%
保存的防火墙规则配置	14	14%	100	70%	100%
侦测策略东西向	1	0.2%	500	70%	100%
侦测策略南北向 Tier-0	0	0%	1,000	70%	100%
侦测服务路径	0	0%	4,000	70%	100%
系统范围的防火墙规则	8	0%	100,000	70%	100%
侦测规则东西向	1	0.01%	10,000	70%	100%
启用了系统范围端点保护的虚拟机	0	0%	7,500	70%	100%
侦测规则南北向 Tier-0	0	0%	10,000	70%	100%
分布式防火墙区域	2	0.02%	10,000	70%	100%
侦测策略南北向 Tier-1	0	0%	400	70%	100%
系统范围的防火墙区域	6	0.06%	10,000	70%	100%
Active Directory 域（身份防火墙）	0	0%	4	70%	100%
启用了系统范围端点保护的主机	0	0%	256	70%	100%
分布式防火墙规则	4	0%	100,000	70%	100%

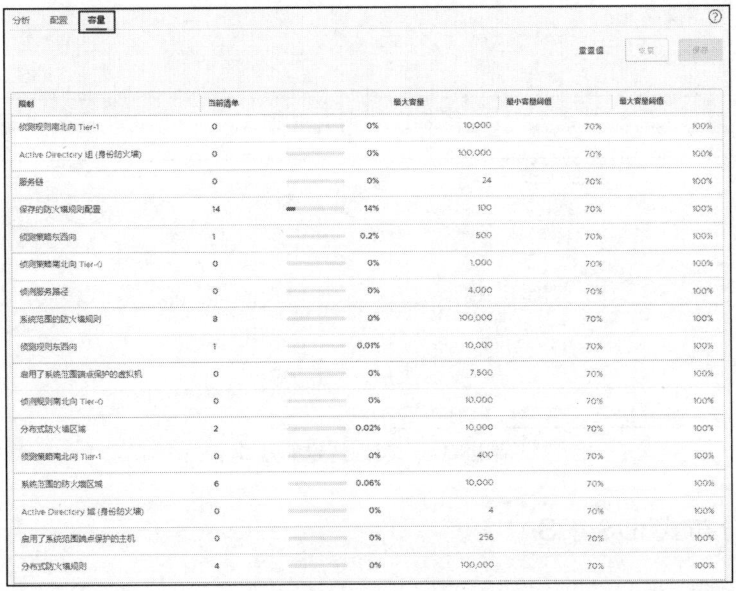

图 8-1-3　容量

8.1.2 分布式防火墙

在“网络→东西向安全→分布式防火墙”中包括“所有规则”和“类别特定的规则”选项卡。分布式防火墙按照从上到下、从左到右的顺序对规则进行评估。分布式防火墙规则类别包括以太网、紧急、基础架构、环境和应用程序共 5 类规则，规则类别及说明如表 8-1-1 所列。

表 8-1-1　分布式防火墙规则类别及说明

类别	说明
以太网	用于基于第 2 层的规则
紧急	用于隔离和允许规则
基础架构	定义对共享服务的访问。全局规则：AD、DNS、NTP、DHCP、备份、管理服务器
环境	区域之间的规则：如生产与开发、业务单位之间的规则
应用程序	应用程序、应用程序层之间的规则，或微服务之间的规则

　　分布式防火墙会监控虚拟机上的所有东西向流量。"所有规则"选项卡是一个"只读视图"，在此可查看分布式防火墙的所有规则，如图 8-1-4 所示。如果要修改分布式防火墙规则，可在"类别特定的规则"选项卡进行设置，如图 8-1-5 所示。

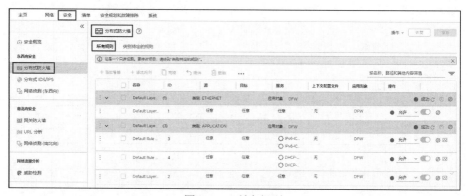

图 8-1-4　所有规则

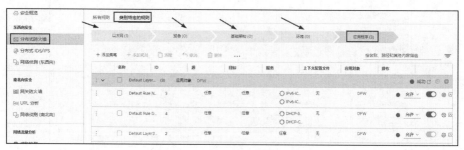

图 8-1-5　类别特定的规则

8.1.3　分布式 IDS/IPS

　　分布式入侵检测和防御系统（Intrusion Detection Systems and Intrusion Prevention Systems，IDS/IPS）监控主机上的网络流量是否存在可疑活动。可以根据严重性启用特征码，严重性评分越高，表示与入侵事件相关的风险越大。严重性取决于以下内容。

● 　特征码本身指定的严重性。

● 　特征码中指定的 CVSS（通用漏洞评分系统）评分。

● 　与分类类型关联的类型评级。

　　IDS 根据已知的恶意指令序列检测入侵尝试，在 IDS 中检测到的模式称为特征码。管理员可以按全局方式或通过配置文件设置特定的特征码执行警示、丢弃或拒绝的操作，各操作及说明如表 8-1-2 所列。

表 8-1-2 特征码操作及说明

操作	说明
警示	生成警示并且不执行自动预防措施
丢弃	生成警示并丢弃违规的数据包
拒绝	生成警示并丢弃违规的数据包。对于 TCP 流量，IDS 生成 TCP 重置数据包，并将其发送到连接的源和目标；对于其他流量，将 ICMP 错误数据包发送到连接的源和目标

在"分布式 IDS/IPS→设置"选项卡中，选中"自动更新新版本（建议）"后，NSX Manager 在从云端下载特征码后会自动将其应用于主机，如图 8-1-6 所示。如果未选中该项，则特征码将停留在系统列出的版本。

图 8-1-6 入侵检测和防御特征码

8.1.4 网络侦测（东西向）

在"安全→东西向安全→网络侦测（东西向）"中可添加用于重定向东西向流量以进行网络侦测的规则，如图 8-1-7 所示。

图 8-1-7 网络侦测

在策略中定义规则。策略的概念类似于防火墙区域的概念，规则定义包含流量的源和目标、自检服务、要应用规则的对象和流量重定向策略。发布规则后，找到匹配的流量模式时 NSX Manager 便触发规则，规则开始自检流量。例如，NSX Manager 对必须进行自检的流量进行分类时，不会将其转发到常规的分布式防火墙，而是沿着在策略中指定的服务链重定向该流量。服务链中定义的服务配置文件将自检合作伙伴提供的网络服务的流量。如果某服务配置文件完成自检时未检测到流量中存在任何安全问题，则流量将转发到服务链中的下一个服务配置文件。服务链结束时，流量将转发到目标。

8.1.5 网关防火墙

网关防火墙表示在边界防火墙应用的规则。"所有共享规则"选项卡中有预定义的类别，在该选项卡中可以查看跨所有网关的规则。网关防火墙按照从上到下、从左到右的顺序对规则进行评估。"所有共享规则"选项卡中包括紧急、系统、预规则、本地网关、自动服务和默认共 6 项，如图 8-1-8 所示，每项的用途如表 8-1-3 所列。

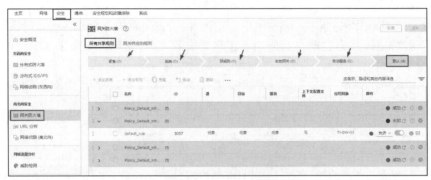

图 8-1-8　所有共享规则

表 8-1-3　网关防火墙规则类别

规则类别	用途
紧急	用于隔离。还可用于"允许"规则
系统	由 NSX-T 自动生成且用于内部控制层面流量，如 BFD 规则、VPN 规则等。注意，不要编辑系统规则
预规则	跨网关全局应用
本地网关	用于特定网关
自动服务	应用于数据层面的自动连接规则。可以根据需要编辑这些规则
默认	定义默认网关防火墙行为

8.1.6 URL 分析

通过 URL 分析功能，管理员可以深入了解组织内访问的网站的类型，并了解访问的网站的信誉和风险。在"安全→南北向安全→URL 分析→设置"中可以查看 URL 数据版本等，如图 8-1-9 所示。

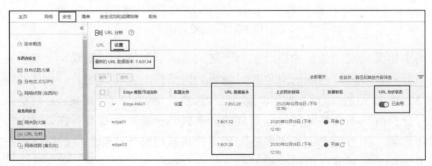

图 8-1-9　URL 分析

在启用 URL 分析后，检查连接是否已开启并且 URL 数据版本不是 0.0.0。在当前的示例中 URL 数据版本是 7.601.X。如果要使用 URL 分析，需要满足如下条件。

● URL 分析可用于网关防火墙。

● URL 分析需要具有 Enterprise Plus 许可证。

● Edge 节点的管理接口必须具有 Internet 连接。

● 必须在 Edge 节点上配置 DNS 服务器。

如果在创建 NSX Edge 节点时没有配置 DNS 服务器，可以参照下面的操作步骤为 Edge 节点添加 DNS 服务器。

（1）在"系统→配置→节点→Edge 传输节点"中选中一个 Edge 设备，例如 edge01，单击◎，在弹出的下拉列表中选择"更改节点设置"，如图 8-1-10 所示。

（2）在"更改节点设置 - edge01"对话框中添加搜索域名（本示例为 heinfo.edu.cn）、DNS 服务器（本示例为 172.18.96.1）和 NTP 服务器（本示例为 172.18.96.252），单击"保存"按钮，如图 8-1-11 所示。

图 8-1-10　更改节点设置

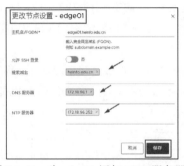

图 8-1-11　为 edge01 添加 DNS 服务器等

（3）参照第（1）至（2）步的操作，为 edge02 节点添加 DNS 服务器等。

如果在"安全→南北向安全→URL 分析→设置"中的"最新的 URL 数据版本"是 0.0.0，但"设置"选项卡下面显示的"URL 数据版本"不是 0.0.0，应检查 Edge 虚拟机能否访问 Internet。同时还要在"网络→连接→Tier-1 网关"中，检查 Tier-1 网关是否使用了 Edge 集群服务，如图 8-1-12 所示。

图 8-1-12　检查 Tier-1 网关是否使用 Edge 集群服务

8.1.7　网络侦测（南北向）

NSX-T 提供了在数据中心插入 Tier-0 或 Tier-1 路由器以将流量重定向到第三方服务进

行自检的功能。此功能仅支持使用 ESXi 主机部署南北向服务虚拟机，不支持 KVM 主机。

8.2　NSX-T 分布式防火墙实验

NSX-T 的分布式防火墙需要使用 NSX-T 虚拟网络，不能将使用 vSphere 标准交换机或分布式交换机端口组的虚拟机用于 NSX-T 分布式防火墙策略的目标策略。

8.2.1　分布式防火墙实验环境介绍

在当前的实验环境中准备了 4 台虚拟机，这 4 台虚拟机使用 lan1612 分段，虚拟机名称依次为 Win10X64-172.16.12.227、WS08R2-172.16.12.11、WS08R2-172.16.12.12 和 WS08R2-172.16.12.13，每台虚拟机的 IP 地址依次对应 172.16.12.227、172.16.12.11、172.16.12.12 和 172.16.12.13，如图 8-2-1 所示。

图 8-2-1　实验虚拟机

名称为 WS08R2-172.16.12.11、WS08R2-172.16.12.12、WS08R2-172.16.12.13 的虚拟机配置了 Web 服务器。当前这 4 台虚拟机都开启了远程桌面并可以被 ping 通。部分测试如图 8-2-2 和图 8-2-3 所示。

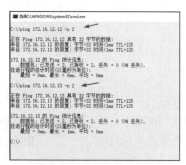

图 8-2-2　测试连通性

图 8-2-3　远程桌面可以连接

在当前的实验操作中，允许网络中的用户使用 HTTP 协议访问名称为 WS08R2-172.16.12.11、WS08R2-172.16.12.12 和 WS08R2-172.16.12.13 这 3 台虚拟机的 Web 服务，其他服务（如远程桌面）或其他访问方式（如使用 ping 命令检查目标虚拟机）等都被禁止。下面介绍分布式防火墙的配置方法和步骤。

8.2.2　配置分布式防火墙策略

本小节将为指定的 3 台虚拟机配置防火墙策略。首先在"清单→组"中创建一个组以包括这 3 台虚拟机，在第 7.2.1 小节中已经为 WS08R2-172.16. 12.11、WS08R2-172.16.12.12 和 WS08R2-172.16.12.13 这 3 台虚拟机创建了一个名为 VM-Web_11-13 的组，如图 8-2-4 所示。单击"查看成员"可以查看组中的虚拟机成员，如图 8-2-5 所示。下面创建防火墙策略。

图 8-2-4 组

图 8-2-5 查看组成员

（1）在"安全→东西向安全→分布式防火墙→类别特定的规则"中单击"添加策略"，设置名称为 Web 网站策略，然后在"源"中单击▤（笔形图标），在"选择应用对象"中选中"组"，在"添加组"列表中选择 VM-Web_11-13，如图 8-2-6 所示，单击"应用"按钮。

图 8-2-6 设置应用对象

（2）添加策略之后，在新添加的策略中创建 2 条规则，第 1 条规则名称为"允许 HTTP 访问 Web 服务器"，目标为 VM-Web_11-13 组，服务选 HTTP，如图 8-2-7 所示，操作为允许。

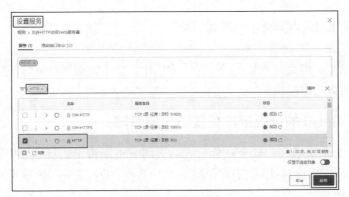

图 8-2-7 设置服务

（3）设置第 2 条规则名称为"禁止其他访问"，源、目标和服务都选择任意，操作选择拒绝或丢弃，配置之后如图 8-2-8 所示，然后单击"发布"按钮，完成防火墙策略的创建。

图 8-2-8　创建防火墙策略完成

8.2.3　客户端测试

在配置好分布式防火墙规则之后，下面测试防火墙策略是否生效。

（1）在网络中的一台计算机上依次使用浏览器访问 172.16.12.11、172.16.12.12 和 172.16.12.13 的 Web 页面，经过测试发现网站都能打开，如图 8-2-9 所示是访问 172.16.12.12 时的截图。

（2）使用远程桌面尝试连接 IP 地址为 172.16.12.12 的虚拟机，提示出错，如图 8-2-10 所示。

（3）此时可以使用远程桌面连接 IP 地址为 172.16.12.227 的虚拟机（该虚拟机在规则组外）。

图 8-2-9　测试网站

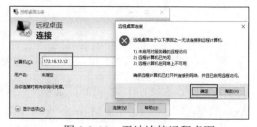

图 8-2-10　无法连接远程桌面

8.3　NSX-T 网关防火墙实验

本节介绍 NSX-T 网关防火墙实验。在本实验中，禁止物理网络计算机使用 RDP 协议访问 NSX-T 虚拟网络的虚拟机。

8.3.1　在 Tier-0 的上行链路配置防火墙策略

首先修改"安全→东西向安全→分布式防火墙→类别特定的规则"中的"Web 网站策略"，允许访问 VM-Web_11-13 组中虚拟机的 HTTP 和 RDP 服务，如图 8-3-1 所示。然后继续执行下面的操作。

图 8-3-1 允许访问 HTTP 和 RDP 服务

（1）在"安全→南北向安全→网关防火墙→网关特定的规则"的"网关"下拉列表中选择 T0-GW-01 网关，如图 8-3-2 所示。

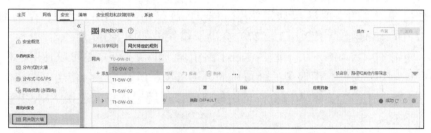

图 8-3-2 选择要配置防火墙策略的网关

（2）选中 T0-GW-01 网关后，单击"添加策略"，设置策略名称为 RDP（可以使用任意名称），然后在新建策略中创建规则，设置规则名称为"禁止物理网络以 RDP 访问"，在"服务"中选择 RDP 服务，在"应用对象"中单击笔形图标，在弹出的"应用对象 | 禁止物理网络以 RDP 访问"对话框中，取消选中 T0-GW-01，选中 T0-Uplink-vlan252 和 T0-Uplink-vlan254，单击"应用"按钮，如图 8-3-3 所示。

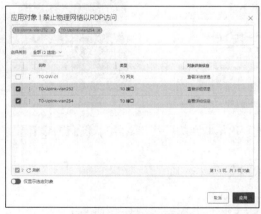

图 8-3-3 选择上行链路

（3）设置"禁止物理网络以 RDP 访问"。在"操作"下拉列表中选择拒绝或丢弃，然后单击"发布"按钮让策略生效，如图 8-3-4 所示。

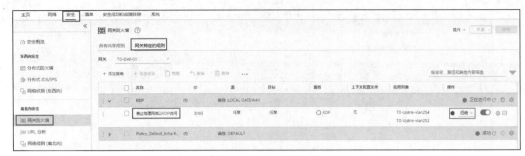

图 8-3-4　让策略生效

8.3.2　客户端测试

物理网络中的物理机或者使用 vSphere 虚拟网络的虚拟机（使用 vSphere 标准交换机或分布式交换机端口组的虚拟机），如果使用远程桌面连接访问 NSX-T 分段网络的虚拟机（本示例中虚拟机的 IP 地址为 172.16.12.227）会出现错误，如图 8-3-5 所示。

但是，使用 T0-GW-01 网关下面各 Tier-1 路由器下的虚拟机，是可以使用远程桌面连接 T0-GW-01 下启用了远程桌面服务的虚拟机的。图 8-3-6 所示是一台使用 lan1613 分段网络（IP 地址为 172.16.13.123）的虚拟机，该虚拟机可以使用远程桌面连接 NSX-T 虚拟网络，如图 8-3-6 所示。

图 8-3-5　物理网络中的物理机无法连接

图 8-3-6　NSX-T 网络中的虚拟机可以连接

通过上述测试，验证 NSX-T 网关防火墙达到了我们的设计要求。

8.4　配置分布式入侵检测

本节通过实验介绍 NSX-T 的分布式入侵检测功能。

8.4.1　配置并启用分布式入侵检测功能

登录到 NSX-T 管理界面，在"安全→东西向安全→分布式 IDS/IPS"中的"设置"选项卡中，在"入侵检测和防御特征码"中启用"自动更新新版本（建议）"功能，为所有独立主机启用入侵检测和防御功能，为当前集群（名称为 vSAN01）启用入侵检测和防御功能，如图 8-4-1 所示。

图 8-4-1 启用分布式 IDS/IPS 功能

（1）在"安全→东西向安全→分布式 IDS/IPS→配置文件"中单击"添加配置文件"，在"名称"处输入新建配置文件名称，本示例为 IDS_Test_Profile，在"入侵严重性"处选中极高、高、中等和低共 4 个选项，单击"保存"按钮，如图 8-4-2 所示。

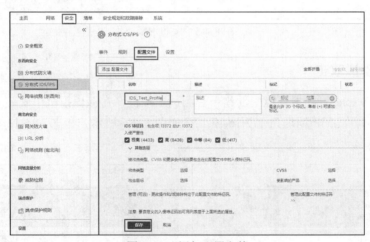

图 8-4-2 添加配置文件

（2）在"规则"选项卡中单击"添加策略"，设置策略名称为 IDS_Policy，然后在 IDS_Policy 策略中添加规则，设置规则名称为 IDS_Rule，在"IDS 配置文件"中单击"选择 IDS 配置文件"，如图 8-4-3 所示。

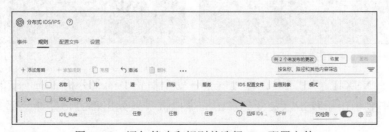

图 8-4-3 添加策略和规则并选择 IDS 配置文件

（3）在"设置入侵检测服务配置文件"对话框中选择名称为 IDS_Test_Profile 的配置文件，如图 8-4-4 所示。

图 8-4-4　选择服务配置文件

（4）在"模式"下拉列表中选择"仅检测"，然后单击"发布"按钮，如图 8-4-5 所示。

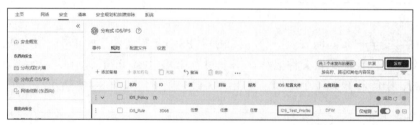

图 8-4-5　发布规则

8.4.2　模拟攻击

在当前的 vSphere 虚拟环境中创建一台测试虚拟机，在该虚拟机中安装 DDOS 工具，使用 DDOS 工具攻击 IP 地址为 172.16.12.12（如图 8-4-6 所示）和 172.16.12.13（如图 8-4-7 所示）的虚拟机。

图 8-4-6　攻击 172.16.12.12

图 8-4-7　攻击 172.16.12.13

然后登录 NSX-T 管理工具，在"安全→安全概览"的"分析"选项卡的"排名靠前的虚拟机"中显示出了攻击以及受到攻击的虚拟机（只列出部分，并非全部），如图 8-4-8 所示。

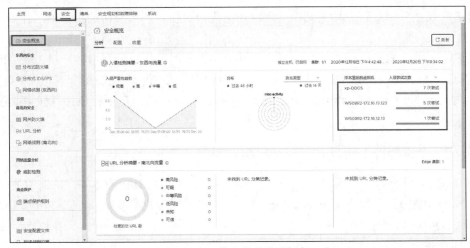

图 8-4-8　排名靠前的虚拟机

单击其中某个虚拟机的名称，可以查看攻击者和攻击类型等信息，如图 8-4-9 所示。

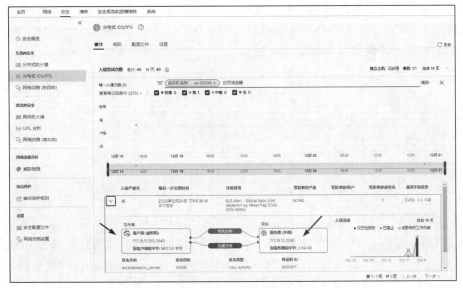

图 8-4-9　攻击信息

8.5　使用身份防火墙

通过使用身份防火墙（IDFW）功能，NSX 管理员可以创建基于 Active Directory 用户的分布式防火墙（DFW）规则。

IDFW 可用于虚拟桌面（VDI）或远程桌面会话（RDSH），从而允许多个用户同时登录、访问用户应用程序并且能够保持独立的用户环境。VDI 管理系统控制向哪些用户授予对 VDI 虚拟机的访问权限。NSX-T 从启用了 IDFW 的源虚拟机控制对目标服务器的访问。使用 RDSH，管理员在 Active Directory 中可以创建具有不同用户的安全组，并根据角色设定允许或拒绝这些用户访问应用程序服务器。例如，人力资源和工程部门可以连接到同一个 RDSH 服务器，并且可以访问该服务器中不同的应用程序。

IDFW 仅在分布式防火墙规则中处理源中的用户身份,基于身份的组不能用作 DFW 规则中的目标。

IDFW 依赖于客户机操作系统的安全性和完整性。用户身份信息由客户机(虚拟机)中的 NSX Guest Introspection Thin Agent 提供,安全管理员必须确保已在每个客户机(虚拟机)中安装并运行 NSX Guest Introspection Thin Agent。已登录的用户不应该具有移除或停止该代理的特权。

8.5.1 在 NSX-T 中注册 Active Directory

在 NSX-T 身份防火墙实验中,仍然使用第 4.4 节"使用身份防火墙"的实验环境。在当前的实验环境中有 2 台 Active Directory 服务器,IP 地址分别是 172.18.96.1 和 172.18.96.4。在 Active Directory 中创建了运维一组、运维二组两个用户组,域用户张三在运维一组,域用户李四在运维二组。

本示例将把 IP 地址为 172.18.96.1、域名为 heinfo.edu.cn 的服务器在 NSX-T 中注册。

(1)在"系统→配置→身份防火墙 AD→Active Directory"中单击"添加 Active Directory",在"名称"中输入要添加的域名,本示例为 heinfo.edu.cn;在"NetBIOS 名称"处输入域的 NetBIOS 名称,本示例为 heinfo。"基本标识名"为"DC=heinfo,DC=edu,DC=CN",在"LDAP 服务器"右侧单击"设置",如图 8-5-1 所示。

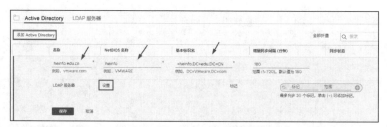

图 8-5-1 添加 Active Directory

(2)在"设置 LDAP 服务器"对话框中,单击"添加 LDAP 服务器",在"主机"中输入 Active Directory 域服务器的 IP 地址(本示例为 172.18.96.1),"协议"选择 LDAP,"端口"为 389,"用户名"输入域管理员用户名(本示例为 administrator),在"密码"中输入 administrator 的密码,如图 8-5-2 所示,单击"添加"按钮,然后单击"应用"按钮。

图 8-5-2 添加 LDAP 服务器

(3)在"添加 Active Directory"中单击"保存"按钮,至此添加 Active Directory 完成。添加之后如图 8-5-3 所示。

图 8-5-3 添加 Active Directory 完成

8.5.2 为身份防火墙配置组

在本示例中，在 NSX-T 中创建两个组（组名分别为 heinfo-yy01 和 heinfo-yy02），每个安全组包含 1 个 Active Directory 用户组，其中 heinfo-yy01 包含 Active Directory 中的运维一组，heinfo-yy02 包含运维二组。下面介绍主要步骤。

（1）登录到 Active Directory 服务器，在"Active Directory 用户和计算机"中创建运维一组和运维二组共 2 个安全组，再创建张三和李四两个用户，如图 8-5-4 所示。将张三添加到运维一组，如图 8-5-5 所示；将李四添加到运维二组，如图 8-5-6 所示。

图 8-5-4 创建 2 个组和 2 个用户　　图 8-5-5 运维一组　　图 8-5-6 运维二组

（2）登录到 NSX-T 管理界面，在"清单→组"中单击"添加组"，设置名称为 heinfo-yy01，单击"设置成员"，如图 8-5-7 所示。

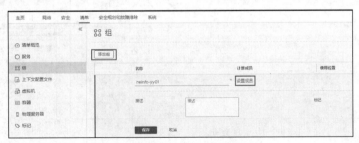

图 8-5-7 添加组并设置成员

（3）在"选择成员"对话框中单击"AD 组"选项卡，搜索"运维"关键字，会显示运维一组和运维二组两个用户组，选中运维一组，然后单击"应用"按钮，如图 8-5-8 所示。

图 8-5-8　选择成员

（4）在"添加组"对话框中单击"保存"按钮，如图 8-5-9 所示。

图 8-5-9　添加 heinfo-yy01 组完成

（5）参照第（2）至（4）的步骤，添加名为 heinfo-yy02 的组，该组包括 Active Directory 的运维二组。添加之后如图 8-5-10 所示。

（6）创建一个名为 AD-WS08R2-172.16.12.177 的组，该组中包括名称为 WS08R2-172.16.12.177 的虚拟机。该虚拟机的 IP 地址为 172.16.12.177，安装了 Windows Server 2008 R2，并加入 heinfo.edu.cn 的域，是域中的成员服务器，如图 8-5-11 所示，后文将使用这台虚拟机进行测试。

图 8-5-10　查看组

图 8-5-11　查看成员

8.5.3　启用身份防火墙

必须启用身份防火墙，IDFW 防火墙规则才能生效。

（1）登录 NSX-T 管理界面，在"安全→东西向安全→分布式防火墙"中单击"操作"，在下拉列表中选择"常规设置"，如图 8-5-12 所示。

图 8-5-12 常规设置

（2）在"常规防火墙设置"对话框中单击"身份防火墙设置"选项卡，为独立主机和集群启用身份防火墙，然后单击"保存"按钮，如图 8-5-13 所示。

图 8-5-13 启用身份防火墙

8.5.4 配置身份防火墙

本小节通过具体的实验介绍身份防火墙策略。策略规则及说明如表 8-5-1 所列。

表 8-5-1 身份防火墙规则与说明

序号	规则名称	源	目标	服务	规则说明
1	允许访问 AD 服务器	组：Domain Users	IP 地址：172.18.96.1、172.18.96.4	Microsoft Active Directory V1	NSX 的安全组 heinfo-yy01 包括 AD 用户组运维一组，heinfo-yy02 包括 AD 用户组运维二组。本策略是允许这两个 AD 用户组访问 2 台 AD 服务器
2	运维一组访问规则	组：heinfo-yy01	IP 地址：172.18.96.2	RDP	允许 AD 用户组运维一组的用户使用 RDP 协议访问 IP 地址为 172.18.96.2 的服务器
3	运维二组访问规则	组：heinfo-yy02	IP 地址：172.18.96.3	RDP	允许 AD 用户组运维二组的用户使用 RDP 协议访问 IP 地址为 172.18.96.3 的服务器
4	禁止规则	组：heinfo-yy01、heinfo-yy02	任意	任意	禁止 AD 用户组运维一组、运维二组的用户访问其他服务器

登录到 NSX-T 管理界面，在"安全→东西向安全→分布式防火墙"中创建策略，本示例中策略名称为 AD 访问策略，应用对象为组（组名称为 AD-WS08R2-172.16.12.177）。然后再在策略中创建 4 条规则，规则名称、源、目标和服务如表 8-5-1 所列，前 3 条规则操作为允许，最后一条规则操作为拒绝，配置之后如图 8-5-14 所示。

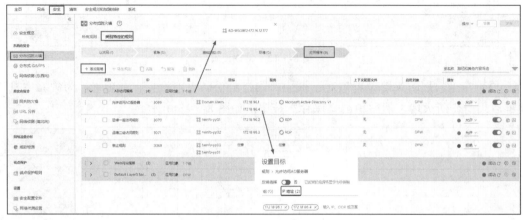

图 8-5-14　创建策略和规则

8.5.5　客户端验证

下面通过具体的实验验证身份防火墙。

（1）使用域账户李四以远程桌面方式连接到 IP 地址为 172.16.12.177 的计算机，在该计算机中使用远程桌面可以连接 IP 地址为 172.18.96.3 的计算机，如图 8-5-15 所示；但不能连接 IP 地址为 172.18.96.2 的计算机，如图 8-5-16 所示。

图 8-5-15　李四可以连接 172.18.96.3

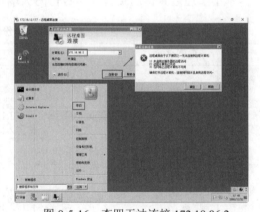

图 8-5-16　李四无法连接 172.18.96.2

（2）使用域账户张三以远程桌面方式连接到 IP 地址为 172.16.12.177 的计算机，在该计算机中使用远程桌面可以连接 IP 地址为 172.18.96.2 的计算机，如图 8-5-17 所示。但不能连接 IP 地址为 172.18.96.3 的计算机，如图 8-5-18 所示。

图 8-5-17 张三可以连接 172.18.96.2 图 8-5-18 张三无法连接 172.18.96.3

关于 NSX-T 的身份防火墙就介绍到这里。